イッキにう[illegible]
建設業[illegible]士

❖はしがき

建設業界における簿記検定試験である登録経理試験は，国土交通省に登録した機関が実施します。登録経理試験の１級，２級に合格した者は公共工事の入札に係る経営事項審査（いわゆる経審）の評価対象になりますので，登録機関である一般財団法人建設業振興基金が実施する建設業経理士２級は，ますますの地位の向上と活躍の場を求められている資格です。

本書『イッキにうかる！　建設業経理士２級　速習テキスト』は，簿記の知識ゼロの方を想定しており，一気に２級に合格できるよう，随所に工夫をこらしています。

日常の業務をこなしながらでも無理なく学習を進められるよう，学習する論点を最小限に絞り込むとともに，知識の習得というインプットだけではなく，制限時間内で効率よく正確に解くというアウトプットも並行して進めていけるよう，仕訳例以外に基本例題を多く織り込んでいます。

試験に合格するためには，最近の試験傾向を十分に把握しておくことが重要です。最近２回分（第33回：令和５年９月実施，第34回：令和６年３月実施）の過去問題と解説を織り込んでいますので，何度も繰り返し解くようにしてください。また，直近までの出題状況について，問題別・出題分野別の一覧表により，重要度が高い分野は確実に得点できるように学習してください。

本書は，今後出題が予想される事項，最新の情報，受験者に役立つ情報をいち早く織り込んでおり（収益の認識が変わっていますが，これについては［テーマ21❶工事進行基準〈参考〉］を参照してください。），他の受験者に先駆けて学習をスタートすることができますので，あせることなく余裕を持って安心して学習してください。

皆さんが，本書を活用し建設業経理士２級に合格し，合格後も実務で活躍なさることを心からお祈りいたします。

2024年４月　仙台にて
公認会計士　　西村　一幸

第13版への改訂について

本書は，『イッキにうかる！　建設業経理士２級　速習テキスト』第12版について，以下の論点を加筆するとともに，第５部の過去問題を最新のものに差し換え，刊行しております。

・工事原価・販売費及び一般管理費（期間原価）・非原価に関する選択問題文例

❖ 第１回から第34回までの出題状況

【第１問】

第１回から第34回までの出題内容		参照ページ	第29回まで	30	31	32	33	34	重要度
現金過不足	現金不足額の原因判明による適正処理	34	1						
	現金不足額を雑損失へ振替え	34	2						●
当座借越（二勘定制）		37	6						●
銀行勘定調整表	支払未通知	39	1						●
手形の割引き・裏書き	遡及義務は評価勘定	49	2						●
	遡及義務は対照勘定	52	3						●
	遡及義務は記録しない	－	1						
手形貸付金		58		○					
手形借入金		58	4						●
有価証券	株式購入	65	7						●
	売却	66	3					○	●
	期末評価	68	3						●
	社債購入	74	2		○		○		●
	有価証券利息（利付国債）の処理（再振替、満期日）	74	2						●
	借入れにおける担保提供（投資有価証券の差入）	76	2						●
	保有目的の変更に伴い関係会社株式へ振替え	－	1						
未成工事支出金（工事完成基準による原価の計上）		81	2						
前渡金を未成工事支出金へ振替え		－	1						
材料の購入	仕入割戻し	85	3						●
	仕入割引	85	9						●
建設仮勘定	建設代金の一部支払い	99	2					○	
	本勘定、修繕費へ振替え	103	2				○		
	材料の自家消費	102	2						
	未成工事支出金から振替え	－	1						
有形固定資産	固定資産関係の経費計上額の振替え	－	1						
	取得（購入、未払金・営業外支払手形）	99,100	5				○		●
	取得（交換）	101	1			○			●
	改良	103	6		○				●
	修繕（営業外支払手形）	103	7		○				●

第1回から第34回までの出題内容		参照ページ	第29回まで	30	31	32	33	34	重要度
有形固定資産	除却（評価額は貯蔵品、除却費用は固定資産除却損）	108	5						●
	売却（直接記入法）	105		○					
	売却（未収入金あり）	108	3						●
火災未決算（固定資産の減額処理・火災保険の入金）		111	2				○		●
償却債権取立益		121				○			
社債発行費	発行時・償却時	143,144	2						
未成工事受入金	受け取り	117	3						●
	工事完成基準による収益の計上	117	2						
前受収益 （収益計上額のうち翌期分を振替え）		126	1						
貸倒引当金	前期発生債権の貸倒れ （貸倒損失なし）	134	2						
	前期発生債権の貸倒れ （貸倒損失あり）	135	8					○	●
	当期発生債権の貸倒れ	135	1						
引当金	完成工事補償引当金	139	2		○		○		●
	退職給付引当金	139	1						●
	修繕引当金	–	3						
未払法人税等（中間納付あり）		149	1						●
未払法人税等の現金納付		–				○			
未払消費税		154	2	○					●
新株発行（申込期日）		160	2	○					
買収（のれんの計上）		165	1						●
減資		168				○			
のれんの償却		164	1						
資本準備金の資本組み入れ		169	2		○			○	●
利益処分（剰余金の処分）		175	8				○		●
中間配当		179	1						
工事進行基準	収益の計上（未成工事受入金なし）	183	5	○	○	○		○	
	収益の計上（未成工事受入金あり）	183	7						●
	原価の計上	183	9						●
	工事完成基準からの変更	–	2						
仮設材料費（すくい出し方式）		232	2						●
労務費の支払い（天引きあり）		235	3						
外注費の未払計上（請求書受取時）		238	1						
売上割引		–	2						

【第２問】

第１回から第34回までの出題内容			参照ページ	第29回まで	30	31	32	33	34	重要度
当座借越（二勘定制）			38	1						●
銀行勘定調整表	入金未通知		39	6					○	●
	未渡小切手		39	1	○		○			●
	支払未通知		39	4	○		○		○	●
	時間外預入（仕訳不要）		39	3	○		○		○	●
	未取立小切手（仕訳不要）		39	2					○	●
	未取付小切手（仕訳不要）		40	4			○			●
支払手形（推定問題）			45	1						
営業外支払手形（推定問題）			56	1						
手形借入金			58	2						●
営業保証支払手形			61	1						
手形貸付金の評価（償却原価法）			60	3						●
有価証券	表示科目（売買目的有価証券・満期保有目的債券・親会社株式）		64	1						
	取得価額		65	2						●
	売却		66	3						●
材料の購入（仕入値引き・仕入割戻し・仕入割引）			85	1						●
材料評価損（推定問題）			85,86	2	○			○		
経費・前払費用・長期前払費用の金額算定			–	1						
未収利息・受取利息（推定問題）			96	2						
支払利息	前払利息からの推定問題		–	2						
	未払利息からの推定問題		124	2						
当月の労務費	賃金支払い総額からの推定問題		234	1					○	
未払賃金	賃金支払い総額からの推定問題		236				○			
有形固定資産	取得価額	交換差金（推定問題）	101	4		○				●
		売却あり（推定問題）	108	2						●
	総合償却法		104	8	○			○		●
	減価償却費	定額法	106	3						●
		定率法	107	2						
		生産高比例法	107	1						●
	売却益または売却損の算定		108	2			○			
	保険差益から保険金受取額を推定		111				○			
貸倒引当金繰入額（推定問題）			137	2						●
賞与引当金			129					○		
退職給付引当金（推定問題）			–	1						
社債	発行		143	2						●

第1回から第34回までの出題内容			参照ページ	第29回まで	30	31	32	33	34	重要度
社債	社債発行費償却		143	1						
	評価（償却原価法）		144	2						●
	買入償還（社債償還損・償還益の算定）		145	3		○				●
未払法人税等（中間納付あり）			149	1						●
未払消費税			154	5		○				●
未収消費税			155	1						
最低資本金組み入れ額、資本準備金組み入れ額（設立時）			157	3						
買収（のれんの算定）			165	2						●
のれんの償却			164	2					○	
減資（買入消却）			167	1						
剰余金の配当	資本準備金の積み立て		158	2						●
	利益準備金の積み立て		175	4						●
工事完成基準（収益額の算定、原価に異常仕損あり）			–	1						
工事進行基準	収益額の算定		183	10				○		●
	工事完成基準からの変更		–	2						
本支店会計	本支店間取引	支店設立	187	2						●
		送金	187						○	
		固定資産の付け替え	–		○				○	
		経費の付け替え	–	3					○	
		未達取引（現金）	192	4		○				●
		未達取引（完成工事未収入金）	–			○				
		未達取引（材料）	193	2		○				●
		未達取引（備品）	–	2						
		未達取引（経費）	–	2		○				
		内部利益の控除	196	9						●
	支店間取引	本店集中計算制度（経費の立替払い）	191	6						●
		本店集中計算制度（完成工事未収入金の回収）	191	2						●
材料費（推定問題、割引・値引き・割戻し・減耗損（営業外））			–	2						
完成工事原価報告書における材料費（材料・未成工事支出金・完成工事原価の関係）			–	1						
原価（推定問題、原価補償契約）			–	1						
3伝票制（推定問題、一部振替取引は現金取引と振替取引に分けて起票する方法）			–	1						
特殊仕訳帳	受取手形記入帳		–	1						
	当座預金出納帳		–	1						

【第３問】【第４問】

<table>
<tr><th colspan="3">第１回から第34回までの出題内容</th><th>参照ページ</th><th>第29回まで</th><th>30</th><th>31</th><th>32</th><th>33</th><th>34</th><th>重要度</th></tr>
<tr><td colspan="3">原価の本質</td><td>211</td><td>2</td><td></td><td>○</td><td></td><td></td><td></td><td>●</td></tr>
<tr><td colspan="3">原価計算の種類</td><td>213</td><td>6</td><td></td><td></td><td></td><td></td><td></td><td>●</td></tr>
<tr><td colspan="3">原価計算制度</td><td>214</td><td>3</td><td></td><td></td><td></td><td></td><td></td><td>●</td></tr>
<tr><td colspan="3">工事原価・期間原価・非原価の峻別</td><td>214</td><td>11</td><td></td><td></td><td></td><td>○</td><td>○</td><td>●</td></tr>
<tr><td colspan="3">原価の基礎的分類基準</td><td>218</td><td>5</td><td></td><td></td><td></td><td></td><td></td><td>●</td></tr>
<tr><td colspan="3">原価計算基準に照らして妥当かどうか</td><td>−</td><td>1</td><td></td><td></td><td></td><td></td><td></td><td></td></tr>
<tr><td rowspan="3">材料元帳</td><td colspan="2">移動平均法（現場より戻入れ・棚卸減耗損）</td><td>229</td><td>5</td><td></td><td>○</td><td></td><td></td><td></td><td>●</td></tr>
<tr><td colspan="2">先入先出法（現場より戻入れ）</td><td>229</td><td>4</td><td></td><td>○</td><td></td><td></td><td></td><td>●</td></tr>
<tr><td colspan="2">総平均法</td><td>229</td><td></td><td></td><td>○</td><td></td><td></td><td></td><td></td></tr>
<tr><td colspan="3">経費消費額の算定と直接経費・間接経費・期間費用への区別</td><td>240</td><td>1</td><td></td><td></td><td></td><td></td><td></td><td></td></tr>
<tr><td colspan="3">未成工事支出金の費目別金額の算定</td><td>−</td><td>1</td><td></td><td></td><td></td><td></td><td></td><td></td></tr>
<tr><td rowspan="8">工事間接費の配賦</td><td colspan="2">通常の配賦問題</td><td>243</td><td>7</td><td></td><td></td><td>○</td><td></td><td></td><td>●</td></tr>
<tr><td colspan="2">直接原価基準</td><td>−</td><td>2</td><td></td><td>○</td><td></td><td>○</td><td></td><td></td></tr>
<tr><td rowspan="3">直接材料費基準における直接材料費の修正</td><td>仕入割戻しの処理</td><td>−</td><td>1</td><td></td><td></td><td></td><td></td><td></td><td></td></tr>
<tr><td>引取運賃の処理</td><td>−</td><td>2</td><td></td><td></td><td></td><td></td><td></td><td></td></tr>
<tr><td>返品の処理</td><td>−</td><td>1</td><td></td><td></td><td></td><td></td><td></td><td></td></tr>
<tr><td rowspan="2">工事間接費の修正</td><td>経費から立替金を控除</td><td>−</td><td>1</td><td></td><td></td><td></td><td></td><td></td><td></td></tr>
<tr><td>経費から本社負担旅費交通費を控除</td><td>−</td><td>1</td><td></td><td></td><td></td><td></td><td></td><td></td></tr>
<tr><td colspan="2">配賦基準の種類</td><td>246</td><td>1</td><td></td><td></td><td></td><td></td><td></td><td></td></tr>
</table>

第１回から第34回までの出題内容		参照ページ	第29回まで	30	31	32	33	34	重要度
部門費配分表		260	2						
部門共通費の配賦基準		260				○			
補助部門費配賦表（部門費振替表）	直接配賦法	263	3	○				○	
	相互配賦法（簡便法）	263	2						
	階梯式配賦法	263	4				○		●
勘定科目間の繋がり	未成工事支出金・完成工事原価・完成工事高・販売費及び一般管理費・支払利息・損益	–	2	○				○	
工事別原価計算表		224	5		○		○		
営業費の種類		226		○					
完成工事原価報告書の作成		225	16	○		○		○	●
工事原価明細表の作成（発生工事原価と完成工事原価）		226	5						
当月完成工事原価と月末未成工事原価の計算		225	1						
工事間接費配賦差異		243	24		○	○	○		●

【第5問】

第1回から第34回までの出題内容		参照ページ	第29回まで	30	31	32	33	34	重要度
通貨代用証券（期限の到来した公社債利札）		33	2						●
現金過不足（雑損失へ振替え）		34	8	○		○	○	○	●
銀行勘定調整表	入金未通知	39	8						●
	支払未通知（経費）	39	6		○				●
	支払未通知（前払費用）	39	2						●
	未渡小切手	39	3		○				●
	時間外預入（仕訳不要）	39			○				
	未取付小切手（仕訳不要）	40	3						●
科目の振替え	受取手形から不渡手形へ	55	9						●
	支払手形から営業外支払手形へ	–	1						
	有価証券から投資有価証券・子会社株式へ	–	2						
	未成工事支出金から前渡金へ	82	1						
	建設仮勘定から本勘定へ	100	6			○		○	●
期末の評価	手形貸付金（償却原価法）	60	1						●
	売買目的有価証券（時価法）	68	3				○		●
	投資有価証券（評価損）	68	4						●
	材料貯蔵品から棚卸減耗の振替え（原価（未成工事支出金）、営業外費用）	232	11		○		○		●
仮払金の精算	前払費用へ	91	9	○		○			●
	販売費及び一般管理費へ（管理部門の出張旅費・修繕費・事務用消耗品購入代金・保険料）	91	13		○				●
	完成工事補償引当金の充当	91	3					○	
	立替金へ（従業員が負担すべきもの）	91	1						
	建物へ（登記費用・改良費）	–	2						
	完成工事原価へ（賃率差異）	–	1						
	雑損失へ（修繕費）	–	1						
	前渡金へ	82	1						
	修繕引当金の充当	–	1						
	支払利息へ	91	5	○		○			●
	法人税等へ（中間納付額）	149	16	○		○		○	●
	仮払額を越えた管理部門の出張旅費の未払計上	91	5						●
	仮払金を越えない管理部門の出張旅費の返金	90	1		○		○		
仮受金の精算	未成工事受入金へ	121	8	○			○	○	●
	完成工事未収入金の回収	121	10	○	○	○	○	○	●
	貯蔵品の減額（原価での売却代金）	121	1						
	差入保証金の返還	121	1						

第１回から第34回までの出題内容		参照ページ	第29回まで	30	31	32	33	34	重要度
仮受金の精算	償却債権取立益へ	−	2						
	機械装置の売却代金（売却損あり）	−	1						
	仮払金と相殺（損害保険料の受取り）	−	1						
	スクラップ売却代金（未成工事支出金）	−	1	○					
経過勘定	前払費用・長期前払費用（経費計上額のうち翌期以降分を振替え）	93	13						●
	未払費用	123	5						●
工事未払金	仮設撤去代金の未払計上	116	6						●
	現場駐車代金の未払計上	−	1						
	現場作業員賃金の未払計上	−	1						
外注費	未払計上（未成工事支出金経由）	116	3						●
	未払計上（直接完成工事原価に計上）	−	1						
販売費及び一般管理費	未払計上（製本印刷費）	−	1						
償却債権取立益		−	2						
引当金	修繕引当金	129	1						
	工事損失引当金	−	1						
	賞与引当金（一般管理部門）	130				○			
	賞与引当金（施工部門（未成工事支出金へ））	130				○			
新株発行（払込期日到来時）		161	1						
仮設物撤去時に仮設材料を未成工事支出金から材料貯蔵品に振り替え（すくい出し方式）		232	4	○		○		○	●
〔以下は毎回のように出題〕									
減価償却費	建物（販売費及び一般管理費へ）	−	3			○		○	
	機械装置（月次計上）	285	27	○	○	○	○	○	●
	機械装置（未成工事支出金へ）	−	1						
	車両運搬具（月次計上）	−	1						
	車両運搬具（未成工事支出金へ）	−	1						
	備品（販売費及び一般管理費へ）	−	27	○	○	○	○	○	●
引当金	貸倒引当金（差額補充法）	134	29	○	○	○	○	○	●
	完成工事補償引当金（差額補充法）	138	28	○	○	○	○	○	●
	退職給付引当金（一般管理部門）	139	28	○	○	○	○	○	●
	退職給付引当金（施工部門（月次計上））	140	24						●
	退職給付引当金（施工部門（未成工事支出金へ））	−	3	○	○	○	○	○	●
未成工事支出金から完成工事原価への振替え		−	29	○	○	○	○	○	●
法人税等	中間納付なし	149	10						●
	中間納付あり（仮払金処理）	149	17	○	○	○	○	○	●
	中間納付あり（販管費処理）	−	2						

❖最近の試験傾向と本書の対応

最近の試験傾向を分析すると，大問題が５問出題されており，それぞれに特徴的なパターンがあります。

〔第１問〕　配点：20点

仕訳問題が５問出題され，使用する勘定科目は問題用紙の勘定科目群から選択します。最近は消費税に関する問題が出題されていますので，注意が必要です。

〔第２問〕　配点：12点

金額等の推定問題が３問から４問出題され，本支店会計，工事進行基準，総合償却，買収，伝票制度，特殊仕訳帳といった特殊な分野や，特定の勘定科目の流れの理解が問われています。

〔第３問〕または〔第４問〕　配点：14点

費目別計算（材料費，労務費，工事間接費）や部門別計算といった原価計算に関する基本的な問題が出題されています。

〔第４問〕または〔第３問〕　配点：24点

問１・問２の小問から構成されています。

（問１）

原価計算の種類や工事原価・販売費及び一般管理費・非原価項目の峻別など，原価計算の基本概念について出題されています。

（問２）

完成工事原価報告書や工事原価計算表を作成させるとともに，工事間接費を予定配賦することに伴う工事間接費配賦差異の月末残高を算定させています。また，たまに工事原価明細表が出題されています。

〔第５問〕　配点：30点

日常的な仕訳を集約した残高試算表を与え，これに10項目程度の決算整理事項を加減して損益計算書及び貸借対照表を導く，八桁式の精算表を作成させています。法人税、住民税及び事業税の算定は必須事項ですが，この金額を求めるには，損益計算書を正しく計算する必要があります。

本書は，最近の試験傾向に対応するため，次のような構成になっています。

試　験　問　題		本　書
		第１部……建設業経理のための予備知識
第１問・第２問	――――――→	第２部
第３問・第４問	――――――→	第３部
第５問	――――――→	第４部
		第５部……２回分の過去問題と解説

❖ 本書の使い方

本書は簿記の知識がまったくない人を対象に，一気に２級合格をめざす目的で編集してあります。したがって，建設業経理士の試験に関係がない，またはめったに出題されない論点は省いてあります。また，各論点についてもあまりくどくど説明せず，むしろ実際に問題を解く過程で理解してもらうことを想定しています。

このような趣旨から本書は次のような特色があります。

・学習する論点を必要最小限に絞り込んだ。
・実際に問題を解きながら理解してもらうため，豊富な基本例題とていねいな解説をつけた。

このような特色を生かして，次のような方法で学習するのがベストと考えます。

1　数少ない論点を何度も繰り返して，学習すること。
2　一度に完璧に理解しようとしないで，先に進んでからもう一度戻ってくるつもりで学習すること。
3　基本問題（仕訳例）には仕訳の意味の詳しい説明（▶▶▶）をつけてあるので，慣れるまではこれをきちんと読んで，その仕訳の増減を理解すること。
4　重要なところは，［ここがポイント］として考え方を示している。その意味を理解すること。
5　最後に過去問題にチャレンジすること。

以上の点に注意して学習を進め，ぜひ合格を勝ち取ってください。

● 学習サポートについて ●

ＴＡＣ建設業経理士検定講座では，皆さんの学習をサポートするために受験相談窓口を開設しております。ご相談は文書にて承っております。住所，氏名，電話番号を明記の上，返信用切手84円を同封し下記の住所までお送りください。なお，返信までは７～10日前後必要となりますので，予めご了承ください。

〒101-8383　東京都千代田区神田三崎町３－２－18
資格の学校ＴＡＣ　建設業経理士検定講座講師室「受験相談係」宛

（注）受験相談窓口につき書籍に関するご質問はご容赦ください。

個人情報の取扱いにつきまして

1. **個人情報取扱事業者の名称**
TAC 株式会社
代表取締役　多田　敏男
2. **個人情報保護管理者**
個人情報保護管理室　室長
連絡先　privacy@tac-school.co.jp
3. **管理**
学習サポートに伴いご提供頂きました個人情報は、安全かつ厳密に管理いたします。
4. **利用目的**
お預かりいたしました個人情報は、学習サポートに関して利用します。ただし、取得した閲覧履歴や購買履歴等の情報は、サービスの研究開発等に利用及び興味・関心に応じた広告やサービスの提供にも利用する場合がございます。
5. **安全対策の措置について**
お預かりいたしました個人情報は、正確性及びその利用の安全性の確保のため、情報セキュリティ対策を始めとする必要な安全措置を講じます。
6. **第三者提供について**
お預かりいたしました個人情報は、お客様の同意なしに業務委託先以外の第三者に開示、提供することはありません。（ただし、法令等により開示を求められた場合を除く。）
7. **個人情報の取扱いの委託について**
お預かりいたしました個人情報を業務委託する場合があります。
8. **情報の開示等について**
ご提供いただいた個人情報の利用目的の通知、開示、訂正、削除、利用又は提供の停止等を請求することができます。請求される場合は、当社所定の書類及びご本人確認書類のご提出をお願いいたします。詳しくは、下記の窓口までご相談ください。
9. **個人情報提供の任意性について**
当社への個人情報の提供は任意です。ただし、サービスに必要な個人情報がご提供いただけない場合等は、円滑なサービスのご提供に支障をきたす可能性があります。あらかじめご了承ください。
10. **その他**
個人情報のお取扱いの詳細は、TAC ホームページをご参照ください。
https://www.tac-school.co.jp
11. **個人情報に関する問合せ窓口**
TAC 株式会社　個人情報保護管理室
住所：東京都千代田区神田三崎町 3-2-18
E メール：privacy@tac-school.co.jp

❖ 試験概要

建設業経理士検定試験とは，国土交通省に登録経理試験の実施機関として登録された一般財団法人建設業振興基金が実施する検定試験であり，主に建設業の企業内で経理部門に従事する方を対象に，建設業経理に関する知識および処理能力の向上を図ることを目的とする検定試験です。一般財団法人建設業振興基金は建設業経営の合理化に寄与するため昭和56年度より「建設業経理事務士検定試験」を実施しておりましたが，平成18年度より法令が改正され，１・２級は登録経理試験として実施されることに伴い「建設業経理士検定試験」として実施されています。また，「建設業経理士検定試験」の１・２級合格者は公共工事受注の際，経営事項審査において加点対象となります。

※　試験の合格判定は，正答率70%を標準としています。

級		時間	受験料等（税込）	程度
建設業経理事務士 ３級		120分	5,820円	基礎的な建設業簿記の原理及び記帳並びに初歩的な原価計算を理解しており，決算等に関する初歩的な実務を行えること。
建設業経理士 ２級		120分	7,120円	実践的な建設業簿記，基礎的な建設業原価計算を修得し，決算等に関する実務を行えること。
建設業 経理士 １級	財務諸表	90分	（３科目） 14,720円	上級の建設業簿記，建設業原価計算及び会計学を修得し，会社法その他会計に関する法規を理解しており，建設業の財務諸表の作成及びそれに基づく経営分析が行えること。
	財務分析	90分	（２科目） 11,420円	
	原価計算	90分	（１科目） 8,120円	

上記受験料等には申込書代金（郵送申込の場合），決済手数料（インターネット申込の場合）を含みます。

※　建設業経理検定入門者向けに，４級試験（90分，５題）も実施されています。
　１級は，１～３科目までの同日受験が可能です。また，建設業経理事務士３級と建設業経理士２級の同日受験も可能ですが，１級と２級の同日受験はできません。

主催団体	一般財団法人　建設業振興基金
受験資格	特に制限なし
試験日	９月中旬，３月中旬の日曜日
試験級	１級・２級・３級（３月のみ）・４級（３月のみ）
申込手続き	インターネットでの申込，所定の申込書で簡易書留郵便による申込
申込期間	５月中旬～６月中旬，11月中旬～12月中旬（申込期間は変更されることがあります）

※　試験概要については，変更される可能性がございます。詳細につきましては一般財団法人建設業振興基金〈https://www.keiri-kentei.jp〉へお問い合わせください。

（2024年４月現在）

❖ 建設業経理士検定試験　出題区分表（1級・2級）

1．特に明示がない限り，同一の項目または範囲については，級の上昇において高くなるものとする。

2．１級は２級の出題区分が含まれる。

2級	1級
第1　簿記・会計の基礎 　1　基本用語 　　ア　資産，負債，資本（純資産） 　　イ　収益，費用 　　ウ　損益計算書と貸借対照表との関係 　2　取引 　　ア　取引の意味と種類 　　イ　取引の８要素とその結び付き 　3　勘定と勘定記入 　　ア　勘定の意味と分類 　　イ　勘定記入の法則 　　ウ　仕訳の意味 　　エ　貸借平均の仕組みと試算表 　4　帳簿 　　ア　主要簿（仕訳帳，総勘定元帳） 　　イ　補助簿 　5　伝票と証憑 　　ア　伝票と伝票記入 　　イ　帳簿への転記 　　ウ　証憑	6　会計公準 7　会計基準 8　会計法規
第2　建設業簿記・会計の基礎 　1　建設業の経営及び簿記の特徴 　2　建設業の勘定 　　ア　完成工事高 　　イ　完成工事原価 　　　a　材料費 　　　b　労務費 　　　c　外注費 　　　d　経費 　　ウ　未成工事支出金 　　エ　完成工事未収入金（得意先元帳） 　　オ　未成工事受入金（得意先元帳） 　　カ　工事未払金（工事未払金台帳） 　3　完成工事原価報告書	
第3　完成工事高の計算 　1　工事収益の認識 　　ア　工事完成基準 　　イ　工事進行基準 　　ウ　工事部分完成基準	

2級	1級
2　工事収益の計算	
第4　原価計算の基礎	
1　原価計算の目的	
2　原価計算システム	
ア　原価計算制度の意義	
イ　特殊原価調査の意義	
3　原価の一般概念	
ア　原価の本質	
	イ　非原価項目
4　原価の基本的諸概念	
ア　事前原価，事後原価	
イ　プロダクトコスト，ピリオドコスト	
ウ　全部原価，部分原価	
	エ　実際原価，標準原価
5　制度的原価の基礎的分類基準	
ア　発生形態別分類	
イ　作業機能別分類	
ウ　計算対象との関連性分類	
エ　操業度との関連性分類	
	オ　その他の分類
6　原価計算の種類	
ア　事前原価計算，事後原価計算	
イ　総原価計算，製造原価計算	
ウ　形態別原価計算，機能別原価計算	
エ　個別原価計算，総合原価計算	
	オ　付加原価計算，分割原価計算
第5　建設工事の原価計算	
1　建設業の特質と原価計算	
2　原価計算期間，原価計算単位	
3　積算上の工事費の概念と会計上の工事原価との関係	
4　工事契約における原価計算	
ア　収益認識と原価計算の関係	
	イ　工事進行基準における工事進捗度
	ウ　工事進行基準における原価の範囲
5　工事原価計算の基本ステップ	
ア　費目別計算	
イ　部門別計算	
ウ　工事別計算	
第6　材料費の計算	
1　材料，材料費の分類	
2　材料の購入原価	
ア　購入時資産処理法	
イ　購入時材料費処理法	
3　材料費の計算	
ア　消費量の計算	
イ　消費単価の計算	
a　原価法（先入先出法，移動平均法，総平均法）	

2級	1級
	b　予定価格法
4　期末棚卸高の計算	
ア　棚卸減耗損	
イ　材料評価損	
5　材料元帳	
6　仮設材料費の計算	
ア　すくい出し法	
	イ　損料計算方式
第7　労務費の計算	
1　労務費の分類	
2　労務費の計算	
ア　作業時間の計算	
イ　消費賃率の計算	
第8　外注費の計算	
1　外注費の分類	
2　外注費の計算	
3　労務外注費の意義と処理	
第9　経費の計算	
1　経費の分類	
ア　工事経費	
イ　現場管理費	
2　経費の計算	
第10　工事間接費（現場共通費）の意義と配賦	
1　工事間接費の意義	
2　工事間接費の配賦	
ア　実際配賦法	
イ　予定配賦法	
a　予定配賦率の計算	
	b　固定予算と変動予算
c　操業度の意義	
d　配賦差異の計算	
	ウ　正常配賦法
	エ　活動基準原価計算（ＡＢＣ）
第11　工事原価の部門別計算	
1　部門別計算の意義	
2　原価部門の意義	
3　部門共通費の配賦	
4　補助部門費の配賦	
a　直接配賦法	
b　階梯式配賦法	
c　相互配賦法（簡便法）	
	d　相互配賦法（連立方程式法）
5　部門費の工事への配賦	
ア　配賦の方法	
イ　配賦差異の計算	
	ウ　配賦差異の期末処理
	6　補助部門の施工部門化
	7　社内センター制度

2級	1級
	8　損料計算制度 ア　機械の損料計算 イ　仮設材料の損料計算
第12　工事別原価計算 1　個別原価計算の手続き 2　工事台帳と原価計算表 3　完成工事原価報告書 ア　労務外注費の表示 イ　人件費の内書 4　工事に係る営業費・財務費の処理	
	第13　総合原価計算の基礎 1　建設業と総合原価計算 2　総合原価計算の体系 3　単純総合原価計算 4　等級別総合原価計算 5　組別総合原価計算 6　連産品，副産物の原価計算 7　工程別総合原価計算
	第14　原価管理（コスト・マネジメント）の基本 1　内部統制と実行予算管理 2　標準原価計算制度と原価差異分析 3　原価企画・原価維持・原価改善 4　品質原価計算 5　ライフサイクル・コスティング
	第15　経営意思決定の特殊原価分析 1　短期差額原価収益分析 2　設備投資の経済性計算
第16　取引の処理 1　現金・預金 ア　現金 イ　現金過不足 ウ　当座預金，その他の預金 エ　当座借越 オ　小口現金 カ　現金出納帳 キ　当座預金出納帳 ク　小口現金出納帳 ケ　銀行勘定調整表 2　有価証券 ア　有価証券の売買 イ　有価証券の評価 ウ　有価証券の預かり，差入れ エ　投資有価証券 3　債権，債務 ア　貸付金，借入金 イ　未収入金，未払金 ウ　前渡金，前受金	

2級	1級
エ　立替金，預り金	
オ　仮払金，仮受金	
4　手形	
ア　手形の振出し，受入れ，引受け，支払い	
イ　営業外支払（受取）手形	
ウ　手形の裏書，割引	
エ　手形の更改，不渡	
オ　保証債務の計上・取崩	
カ　受取手形記入帳，支払手形記入帳	
キ　手形貸付，手形借入	
5　社債	
ア　発行	
イ　利払	
ウ　償還	
	エ　新株予約権付社債
	6　デリバティブ取引とヘッジ会計
7　棚卸資産	
ア　未成工事支出金	
a　工事完成基準の場合の処理	
b　工事進行基準の場合の処理	
	c　期末評価と工事損失引当金
イ　材料貯蔵品	
	ウ　販売用不動産
	a　取得
	b　建設途中の処理
	c　期末評価
8　固定資産	
ア　固定資産の取得	
イ　建設仮勘定	
ウ　減価償却	
a　直接法，間接法	
b　定額法，定率法，生産高比例法	
	c　級数法
d　総合償却法	
	e　取替法
	エ　固定資産の減損
オ　固定資産の売却，除却	
カ　無形固定資産	
キ　投資その他の資産	
ク　固定資産台帳	
	9　資産除去債務
	10　リース会計
11　繰延資産	
12　引当金	
ア　貸倒引当金	
イ　完成工事補償引当金	
ウ　退職給付引当金	
	エ　工事損失引当金
	オ　偶発債務に関する引当金
カ　その他の引当金	
	13　退職給付会計

2級	1級
14　収益，費用	
ア　販売費及び一般管理費	
イ　営業外損益	
ウ　特別損益	
エ　費用の前払い，未払い	
オ　収益の未収，前受け	
カ　租税公課，法人税等，消費税	
	15　収益認識基準　※
	16　税効果会計
	17　外貨換算会計
	18　企業結合会計
	19　事業分離会計
	20　会計上の変更および誤謬の訂正
第17　決算	
1　試算表	
2　精算表	
3　決算整理	
4　収益・費用の損益勘定への振替	
5　純損益の振替	
ア　資本金勘定への振替	
イ　繰越利益剰余金勘定への振替	
6　帳簿の締切	
ア　英米式	
イ　大陸式	
7　繰越試算表	
第18　個人の会計	
1　個人の資本金	
2　事業主勘定（追加出資と引出し）	
第19　会社の会計	
1　会社の資本金	
ア　設立	
a　金銭の出資	
	b　現物出資
イ　資本金の変動	
	ウ　株式の転換
	エ　株式の償還，消却
	オ　株式分割
2　資本剰余金	
ア　資本準備金	
a　株式払込剰余金	
b　合併差益	
	c　株式交換剰余金，株式移転剰余金
	d　会社分割剰余金
	イ　資本準備金の変動
ウ　その他資本剰余金	
	エ　その他資本剰余金の変動
3　利益剰余金	
ア　利益準備金	
	イ　利益準備金の変動

2級	1級
ウ　その他利益剰余金	
a　任意積立金	
b　繰越利益剰余金	
	エ　その他利益剰余金の変動
	4　自己株式
	5　評価・換算差額等
	6　新株予約権
第20　計算書類と財務諸表	
1　計算書類，財務諸表の種類	
ア　貸借対照表	
イ　損益計算書	
	ウ　株主資本等変動計算書
	エ　キャッシュ・フロー計算書
	オ　個別注記表
	カ　附属明細表，附属明細書
2　計算書類，財務諸表の区分表示	
	3　四半期財務諸表，中間財務諸表
第21　本支店会計	
1　本支店間取引の処理	
2　未達事項の処理	
3　内部利益の除去	
4　本支店損益計算書の合併	
5　本支店貸借対照表の合併	
	第22　連結財務諸表
	1　一般原則
	2　一般基準
	3　連結貸借対照表
	4　連結損益計算書
	5　連結包括利益計算書
	6　連結株主資本等変動計算書
	7　連結キャッシュ・フロー計算書
	8　四半期財務諸表，中間連結財務諸表
	9　連結注記表
	10　連結附属明細表
	第23　共同企業体の会計
	1　共同企業体の性格と種類
	2　共同企業体会計の基本原則
	3　共同企業体取引の会計処理
	ア　独立会計方式による会計処理
	イ　代表（スポンサー）企業の会計処理
	ウ　その他構成員（サブ）企業の会計処理
	4　共同企業体の決算
	第24　財務分析
	1　財務分析の意義
	2　財務分析の基本的手法
	ア　静態分析・動態分析

2級	1級
	イ　自己単一分析・自己比較分析・企業間比較分析 ウ　実数分析・比率分析 3　財務諸表の分析 ア　貸借対照表の分析 イ　損益計算書の分析 ウ　キャッシュ・フロー計算書の分析 4　収益性の分析 ア　資本利益率分析 イ　対完成工事高分析 ウ　損益分岐点分析・CVP分析 5　安全性の分析 ア　流動性分析 イ　健全性分析 ウ　資金変動性分析 6　活動性の分析 7　生産性の分析 8　成長性の分析 9　総合評価の方法 10　経営事項審査の総合評価

※　企業会計基準第29号「収益認識に関する会計基準」および企業会計基準適用指針第30号「収益認識に関する会計基準の適用指針」により、会計処理や財務諸表上の表示が従前と変わる部分については、当面の間、出題しないこととする。

❖ 建設業経理士検定試験　級別勘定科目表（参考）

1．勘定科目は典型的なものの例示であり，出題範囲を示すものではない。

2．１級の勘定科目には，２級の勘定科目が含まれる。

	２級	１級
資産系統	現金 小口現金 当座預金 普通預金 通知預金 定期預金 別段預金 受取手形 完成工事未収入金 有価証券 未成工事支出金 材料 貯蔵品 前渡金 貸付金 手形貸付金 前払保険料 前払地代 前払家賃 前払利息 未収家賃 未収利息 未収手数料 営業外受取手形 未収入金 立替金 仮払金 仮払法人税等 仮払消費税 未収消費税 貸倒引当金 建物 構築物 機械装置 船舶 車両運搬具 工具器具 備品 減価償却累計額 土地 建設仮勘定 のれん 特許権	親会社株式 販売用不動産 繰延税金資産 リース資産 前払年金費用 長期性預金 関係会社株式 関係会社出資金 投資不動産 創立費 開業費 開発費 JV出資金 金利スワップ（資産） オプション（資産）

<table>
<tr><th></th><th>２級</th><th>１級</th></tr>
<tr><td>資産系統</td><td>借地権
実用新案権
電話加入権
施設利用権
投資有価証券
出資金
長期貸付金
破産債権，更生債権等
不渡手形
長期前払費用
差入保証金
差入有価証券
株式交付費
社債発行費</td><td></td></tr>
<tr><td>負債系統</td><td>支払手形
工事未払金
借入金
手形借入金
当座借越
未払金
未払地代
未払家賃
未払利息
未払配当金
未払法人税等
未成工事受入金
預り金
前受家賃
前受地代
前受利息
仮受金
仮受消費税
未払消費税
賞与引当金
修繕引当金
完成工事補償引当金
営業外支払手形
社債
長期借入金
長期未払金
退職給付引当金
保証債務</td><td>繰延税金負債
資産除去債務
リース債務
工事損失引当金
債務保証損失引当金
損害補償損失引当金
特別修繕引当金
新株予約権付社債
○○社出資金（JV会計）
金利スワップ（負債）
オプション（負債）</td></tr>
</table>

	2級	1級
資本（純資産）系統	資本金 事業主借勘定 事業主貸勘定 新株式申込証拠金 資本剰余金 資本準備金 株式払込剰余金 資本金減少差益（減資差益） 合併差益 利益剰余金 利益準備金 新築積立金 配当平均積立金 減債積立金 別途積立金 繰越利益剰余金	資本準備金減少差益 自己株式処分損益 圧縮記帳積立金 海外投資等損失準備金 自己株式 自己株式申込証拠金 その他有価証券評価差額金 繰延ヘッジ損益 土地再評価差額金 為替換算調整勘定 新株予約権 非支配株主持分
収益・利益系統	受取利息 受取地代 完成工事高 有価証券利息 受取配当金 受取家賃 受取手数料 有価証券売却益 仕入割引 雑収入 償却債権取立益 貸倒引当金戻入 完成工事補償引当金戻入 固定資産売却益 投資有価証券売却益 社債償還益 保険差益 保証債務取崩益	負ののれん 為替差益 オプション評価益 スワップ評価益 国庫補助金 工事負担金 有価証券評価益

	2級	1級
費用・損失系統	完成工事原価 役員報酬 役員賞与 給料手当 賞与引当金繰入額 退職金 退職給付引当金繰入額 法定福利費 福利厚生費 修繕維持費 事務用消耗品費 通信費 旅費交通費 水道光熱費 調査研究費 広告宣伝費 貸倒引当金繰入額 貸倒損失 交際費 寄付金 支払地代 支払家賃 減価償却費 租税公課 保険料 雑費 支払利息 社債利息 社債発行費償却 株式交付費償却 有価証券売却損 有価証券評価損 手形売却損（手形割引料） 保証料 売上割引 材料評価損 棚卸減耗損 雑損失 前期工事補償費 固定資産売却損 固定資産除却損 投資有価証券売却損 投資有価証券評価損 社債償還損 災害損失 保証債務費用	退職給付費用 のれん償却 開発費償却 創立費償却 開業費償却 為替差損 オプション評価損 スワップ評価損 資産圧縮損 減損損失

	2級	1級
工事 原価系統	完成工事原価 材料費 労務費 外注費 経費 未成工事支出金 仮設材料費 人件費 動力用水光熱費 機械等経費 設計費 労務管理費 租税公課 地代家賃 保険料 従業員給料手当 退職金 退職給付引当金繰入額 法定福利費 福利厚生費 事務用品費 通信交通費 交際費 補償費 雑費 出張所等経費配賦額 保証料 工事間接費（現場共通費） 施工部門費 補助部門費 仮設部門費 機械部門費 車両部門費 工事間接費配賦差異 部門費配賦差異	純工事費 直接工事費 共通仮設費 現場管理費 材料価格差異 材料消費量差異 材料副費 材料副費配賦差異 賃率差異 作業時間差異 損料差異 予算差異 操業度差異 能率差異

	2級	1級
その他	損益 残高 当座 現金過不足 火災未決算 法人税、住民税及び事業税 積立金目的取崩額 配当金 割引（裏書）手形 手形割引（裏書）義務 手形割引（裏書）義務見返 本店 支店 内部利益控除引当金 内部利益控除 内部利益控除引当金戻入 材料売上 材料売上原価	法人税等調整額 積立金目的外取崩額 中間配当額 利益準備金積立額 非支配株主損益

❖電卓の活用法

簿記では，さまざまな計算をするため，電卓が必需品です。最近では，小学校の授業でも電卓を使うようになってきました。電卓には，携帯に便利なカードタイプのものから業務用の本格的なものまであり，各メーカーが用途に応じて製品化しています。

現在皆さんがお使いの電卓は，何を基準に選びましたか？　金額ですか？　それとも，大きさですか？

建設業経理士２級に合格するためには，学習することが何より大切ですが，計算道具である電卓選びも重要なポイントとなります。また，電卓にはいろいろなボタンがついていますが，その活用方法を知っているか否かで，計算速度に大きな差が生じます。計算に時間がかかる人は，電卓のボタンを上手に活用できていないのです。

そこで，計算に適した（試験合格後の実務でも十分使えることも考慮した）電卓の選び方および電卓の上手な活用方法について，以下に記載しました。勉強前にひととおり確認しておいてください。

1　電卓の選び方

皆さんは，どの電卓も同じだと思っていませんか？　電卓は多種多様なので，用途に応じて選択することが大切です。試験では，時間制限があるので，計算に要する時間をいかに短縮するかが重要なポイントです。

試験用としては，次のボタン・機能を備えた電卓をお勧めします。すでにお持ちの電卓と比べてみてください。

チェック欄	ボタン・機能
	[00]ボタン（[0]以外の[00]ボタン）
	[+/−]ボタン
	[→]ボタン
	[C]〔Clear〕ボタン（[AC][CA]〔Clear　All：オールクリア〕以外のボタン）
	[MC][CM]〔Clear　Memory：メモリークリア〕ボタン （[MR][RM]〔Round　Memory：メモリー合計〕以外のボタン）
	他の数字ボタンに比べて，[5]のボタンが盛り上がっている（盛り上がっていなければ，自分でわかるようにすればよいので，必須事項ではありません）
	計算過程で四則（＋，－，×，÷）がディスプレイに表示される
	早押しに対応している
	12桁表示（実務対応として）
	消費税に関する税込みボタンと税抜きボタン（実務対応として）

最近の電卓は，ほとんどが早押しに対応していますが，購入する際は，念のため[1][2][3]と連続して早押しし，ディスプレイに１２３と表示されていることを確認してください。

計算過程で四則がディスプレイに表示されていれば，計算過程を視覚的に確認できるので，四則ボタンの押し忘れを軽減でき，計算の正確性が向上します。12桁の単位は千億円ですので，試験では使いませんが，実務で使う可能性がありますので，12桁表示の電卓をお勧めします。

消費税に関する税込みボタンと税抜きボタンは，試験では使いませんが，実務で頻繁に使いますので，税込みボタンと税抜きボタンを備えた電卓をお勧めします。

小さい電卓は，たたきづらいので，自分なりにたたきやすい大きさの電卓をお勧めします。

なお，同じ機能でもメーカーによりボタンの名称が異なることがあるので注意してください。

2　電卓のたたき方

計算に要する時間を短縮するには，右利きの場合，右手にペンを持ち，電卓は左側に置き，左手でたたくのが効率的です。初めのうちは時間がかかりよくまちがえますが，慣れてくれば，頭の中で電卓のボタンがイメージでき，ボタンを見なくても正確にたたけるようになります（以下の説明では，右利きを前提とします）。

また，左腕の動かし方には，2つのポイントがあります。

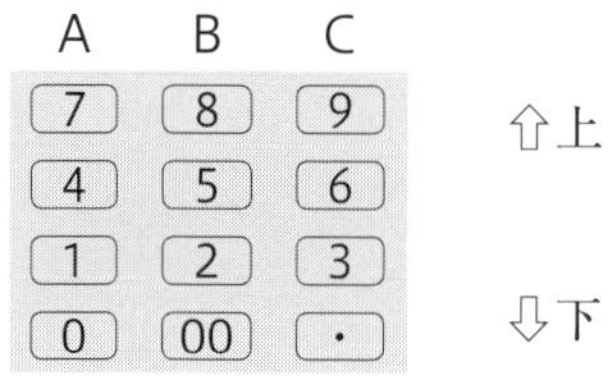

A	B	C	
7	8	9	⇧上
4	5	6	
1	2	3	
0	00	・	⇩下

●ポイント1●

電卓が，上記の配列になっている場合，5に左中指を置き，ここを中心として左腕を上下に動かします（したがって，目印となる5のボタンが盛り上がっている電卓をお勧めします）。その際，A列は左薬指，B列は左中指，C列は左人差し指でたたき，また，通常，四則（＋，－，×，÷）ボタンは，数字ボタンの右列にあるので，左親指でたたきます。なお，計算後，左中指はつねに5の上に戻します。

●ポイント2●

ボタンをたたく場合には，指を伸縮させるのではなく，左肩から左ひじまでと左ひじから左の手のひらまでを直角にし，左の手のひらから左ひじまでを机と平行にし，机から少し浮かせ，左肩を支点として，左ひじを上下に動かします。左の各指は，ソフトボールを軽く握ったとき，あるいはピアノを弾くときの基本のように，力を抜いて全体的に少し曲がった状態にします。

たとえば，[2] [9]とたたくプロセスは，次のようになります。

> 左中指が[5]の上の状態
> →ひじを１段下に移動
> →左中指で[2]をたたく
> →ひじを２段上に移動
> →左人差し指で[9]をたたく
> →作業終了後，左中指を[5]の上に戻す

3　電卓の便利な機能

以下の機能は，覚えておくと便利なもので，計算時間の短縮にも役立ちます。

① [00]ボタン

1,000,000と入力する場合，[00]がなければ，

[1] [0] [0] [0] [0] [0] [0]

と[0]を6回もたたかなければなりませんが，[00]があれば，

[1] [00] [00] [00]

とたたけばいいので，計算時間を短縮できます。

② [+/−]ボタン

1－3÷20（答えは0.85）を計算する場合，

[1] [−] [3] [÷] [2] [0] [=]

とたたいては，答えが出ません。3÷20を先に計算しなければならないからです。そこで，

[3] [+/−] [÷] [2] [0] [+] [1] [=]

とたたきます。－3÷20を計算し，１を足すという計算プロセスです。

（なお，[−] [3] [÷] [2] [0] [+] [1] [=]とたたいても答えは出ます。）

このように，[+/−]ボタンは，ディスプレイに表示された数字の符号を逆にする機能を持ちます。

－5×－6（答えは30）

を計算する場合は，

[5] [+/−] [×] [6] [+/−] [=]

とたたきます。

③ [→]ボタン

13＋2,548（答えは2,561）

を計算するときに，

[1] [3] [+] [2] [4] [5]

とまちがえてたたいてしまった場合，最初から計算し直すより，たたきまちがえた[4]と[5]だけやり直したほうが計算時間を短縮できます。そこで，

[→] [→]

と[→]を2度たたきます。これにより，[4]と[5]をたたく前の状態（[1] [3] [+] [2]）に戻るので，

[5] [4] [8] [=]

とたたきます。

このように，[→]ボタンは，ディスプレイに表示された数字を1の位から順に取り消す機能を持ちます。

なお，

[1] [3] [+] [1] [3] [2] [5] [4] [8] [=]

とたたいてしまうと，

132,561（13＋132,548の答え）

と表示されるので，[→]ボタンをたたいても，1，6，5，2，3，1の順に取り消されるだけになります。したがって，四則など（＋，－，×，÷，＝）をたたく前に，表示されている内容が正しいかどうか必ず確認しましょう。

④ [C]ボタン

13＋2,548（答えは2,561）

を計算するときに，

[1] [3] [+] [1] [3] [2] [5] [4] [8]

とまちがえてたたいてしまった場合，

[→][→][→][→][→][→]

と[→]を6度たたくことにより[1] [3] [2] [5] [4] [8]をたたく前の状態（[1] [3] [+]）に戻りますが，[C]をたたいても同じ状態に戻ります。

このように，[C]ボタンは，ディスプレイに表示された数字を一括して取り消す機能を持ちます。

なお，

[1] [3] [+] [1] [3] [2] [5] [4] [8] [=]

とたたいてしまうと，

132,561（13＋132,548の答え）

と表示されるので，[C]ボタンをたたいても，132,561が一括して取り消されるだけになります。したがって，四則などをたたく前に，表示されている内容が正しいかどうか必ず確認しましょう。

⑤ [M+]，[M−]，[MR]，[MC]ボタン

Mがついたボタンをまとめてメモリーボタンといいます。メモリーとは，ディスプレイに表示された数字を一時記憶することをいいます。

20×3＋15×4－6×7（答えは78）

を計算する場合，単純に計算すれば，

(20×3)＋(15×4)－(6×7)

より，下書き用紙に60，＋60，－42と書き，電卓で 60＋60－42を計算することになりますが，これでは時間がかかります。そこで，下書き用紙に部分的な答えを書く代わりに，メモ

リーを活用して計算時間の短縮を図ります。

[2] [0] [×] [3] [M+]

とたたいてみてください。これは，20 × 3 = 60をメモリーに加えるという意味になります。続いて，

[1] [5] [×] [4] [M+]，[6] [×] [7] [M−]

とたたいてみてください。これで，部分的な答えである60，+ 60，− 42がメモリーに加減されています。最後に，

[MR]

をたたいてください。最終的な答えである78が表示されます。

　このように，[M+]ボタンは，メモリーに加える機能を持ち，[M−]ボタンは，メモリーから差し引く機能を持ち，[MR]ボタンは，メモリーに加減された数字を合計する機能を持ちます。

　それでは，

700 ÷｛42,000 ÷（20 × 3 + 15 × 4）｝（答えは2）

を計算するには，どうしたらいいでしょうか。20 × 3と15 × 4を計算し，60 + 60で120と計算し，42,000を120で割って350と計算し，最後に700を350で割って2を計算するプロセスです。

[2] [0] [×] [3] [M+] [1] [5] [×] [4] [M+] [4] [2] [00] [0] [÷] [MR] [=]

で350までは計算できますが，この350だけを新たに記憶させなければ700 ÷ 350は計算できません。そこで，今まで記憶した内容を消すために，

[MC]

をたたき，新たに350として記憶させるために，

[M+]

をたたきます。最後に，

[7] [00] [÷] [MR] [=]

で2という答えを導きます。

　このように，[MC]ボタンは，いままで記憶した内容を消す機能を持ちます。計算が複雑になればなるほど，[MC]ボタンが有効です。

　なお，[MC]と[MR]が一体で[MC/MR]ボタンとなっている電卓では，

[MC/MR]

と1回たたくことにより，[MR]として機能し，

[MC/MR] [MC/MR]

と2回たたくことにより[MC]として機能しますが，これでは上記のような複雑な計算は困難ですので，[MC]と[MR]が別のボタンになっている電卓をお勧めします。

20,000 + 4,000（答えは24,000）

20,000 + 8,000（答えは28,000）

のように，繰り返し同じ数が出てくる場合にもメモリーボタンは有効です。

　20,000をメモリーに記憶させ，繰り返し呼び出して利用します。

[2] [00] [00] [M+]

とたたいた後，

MR　＋　4　00　0　＝

で24,000，

MR　＋　8　00　0　＝

で28,000が表示されます。

2　00　00を何度もたたく手間が省け，計算時間が短縮できます。同じ数が繰り返される引き算，掛け算，割り算でも応用できます。

4　実践演習

過去に出題された問題の類題を使って，電卓をたたいてみましょう。なお，内容についてはこれから学習しますので，ここでは電卓のたたき方を学習してください。

実践演習　1

当月の材料の受払状況は，（資料）のとおりであった。移動平均法により，当月払出価額および当月末残高を計算しなさい。なお，計算過程において算出される払出単価は円位未満を四捨五入すること。

（資料）

	摘　　要	数　量 （kg）	単　価 （円）
1日	前月繰越	100	248
4日	払　　出	80	
8日	受　　入	120	361
15日	払　　出	110	
25日	受　　入	40	420

【解答】

当月払出価額　57,790円

当月末残高　　27,130円

【解き方】

前月繰越額＋当月受入価額－当月払出価額＝当月末残高

がなりたちますので，当月末残高を先に求め，差額で当月払出価額を求めます。

なお，問題文より払出単価は円位未満を四捨五入するので，電卓に四捨五入機能がついていれば，桁を0にセットしてください。

① 当月末残高の算定

前月繰越　[1][00][×][2][4][8][=]　(24,800) [M+]

4日払出　[8][0][×][2][4][8][=]　(19,840) [M−]

8日受入　[1][2][0][×][3][6][1][=]　(43,320) [M+]

15日払出

移動平均単価の算定　[MR]　(48,280) [÷][1][4][0]

[=]　(345)

《電卓に四捨五入機能がない場合》

344.8571……と表示されますので[→]を数回たたいて344と表示し，

[+][1][=]により345に切り上げます。

払出額の算定　[×][1][1][0][=]　(37,950) [M−]

25日受入　[4][0][×][4][2][0][=]　(16,800) [M+]

当月末残高　[MR]　(27,130)

② 当月払出価額の算定

当月払出価額＝前月繰越額＋当月受入価額－当月末残高より，

当月末残高の符号変え　[MC][M−]

前月繰越額の加算　[1][00][×][2][4][8][=]　(24,800) [M+]

当月受入価額の加算　[1][2][0][×][3][6][1][=]　(43,320) [M+]

[4][0][×][4][2][0][=]　(16,800) [M+]

当月払出価額の算定　[MR]　(57,790)

実践演習 2

下記の（資料）により，各工事の工事間接費当月予定配賦額，工事間接費配賦差異当月残高を計算しなさい。

（資料）

1．前月から繰り越した工事間接費配賦差異　6,200円（貸方差異）

2．工事間接費の配賦

(1)　予定配賦率　　機械運転1時間あたり　1,255円

(2)　当月の工事別機械運転時間（単位：時間）

工事番号	1	2	3	合計
運転時間	9	40	48	97

(3)　工事間接費当月実際発生額　　128,235円

【解答】

各工事の工事間接費当月予定配賦額

工事1　11,295円

工事2　50,200円

工事3　60,240円

工事間接費配賦差異当月残高　300円（借方差異）

【解き方】

①　各工事の工事間接費当月予定配賦額の算定

工事1	1 2 5 5 × × (注) 9 =	(11,295) M+
工事2	4 0 =	(50,200) M+
工事3	4 8 =	(60,240) M+

②　工事間接費当月予定配賦額の算定

MR　(121,735)

③　工事間接費配賦差異当月発生額の算定

工事間接費当月予定配賦額－工事間接費当月実際発生額より，

－ 1 2 8 2 3 5 =　(－6,500)

当月の工事間接費配賦差異は，6,500円の借方差異となります。

④　工事間接費配賦差異当月残高の算定

工事間接費配賦差異当月残高＝

工事間接費配賦差異前月繰越額＋工事間接費配賦差異当月発生額より，

＋ 6 2 00 =　(－300)

工事間接費配賦差異当月残高は，300円の借方差異となります。

（注）メーカーによっては × 1回で同様の機能になるものもあります。

建設業経理士２級　速習テキスト　CONTENTS

〈第2部〉第1問・第2問を解くための基礎知識

テーマ 06

現金・預金／ 32ページ

テーマ 07

手形取引／ 44ページ

テーマ 08

有価証券／ 64ページ

テーマ 09

貸付金と建設業特有の債権／ 78ページ

テーマ 10

材料・貯蔵品／ 84ページ

第1部

建設業経理のための予備知識

ここでは，建設業はどんな業種なのかを学習し，そのあと仕訳・転記などの簿記の基本を学習します。次から次へと新しい知識が出てきますので少し大変かもしれませんが，いずれもあとの学習で絶対必要な項目ですから，しっかり理解してください。

01 経理事務と「簿記」
Theme

1 「簿記」の役割

「経理事務」「会計事務」とは，どういう仕事でしょうか。一言でいえば，企業の活動資金の動きを管理・記録する仕事です。会社の中で，財務部，経理課，会計係などという部署がそれを担当することになります。

この仕事をするにあたって，なくてはならないのが「簿記」の知識です。というよりも，この仕事が「簿記」そのものなのです。

簿記とは，企業の取引状況を帳簿に記録するということですが，現在では「簿記」といえば，記録内容を分類・集計し，企業の現状を明らかにする報告書を作成することまでを含めています。

企業は，活動資金としての**元手**（もとで）を集め，これをもとに商売や生産活動をして利益を得ます。さらに，元手と獲得した利益を使って，よりいっそうの利益を得ようと商売や生産活動を続けます。

元手を預けた**出資者**からすれば，企業がどのような仕事をし，どれだけの利益を獲得したのか，その現状を知る権利があり，元手を預かった企業からすれば，企業の現状を報告する義務があります。その報告にいたる「技術」が「簿記」ということになります。

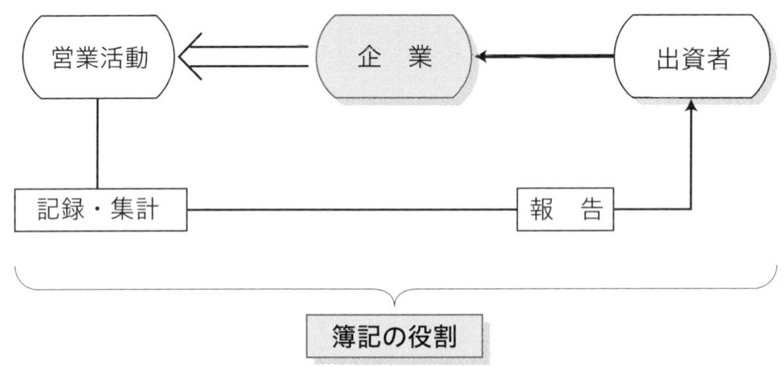

2 企業の現状と報告書

企業の現状をどのようにして明らかにするのかというと，主に**財政状態**と**経営成績**とによって明らかにします。そしてこれらは**利害関係者**に対して開示されます。

財政状態：元手をどこから集めて（調達），どのように運用し，その結果として企業の財産はどのような状態にあるのか，ということを示す。
経営成績：どのような商売や生産活動をして，どれだけの利益を獲得したのか，ということを示す。

また，企業の現状を明らかにする報告書の主なものに，**貸借対照表**（たいしゃくたいしょうひょう）と**損益計算書**（そんえきけいさんしょ）があります。貸借対照表や損益計算書などの報告書のことを**財務諸表**（ざいむしょひょう）といいます。

貸借対照表：期末時の**財政状態**を明らかにする報告書（＝財産有高表）
損益計算書：一会計期間の**経営成績**を明らかにする報告書（＝経営状況表）

（注）貸借対照表は，Balance Sheetを略して B/Sとよばれることが多い。
損益計算書は，Profit and Loss Statementを略して P/Lとよばれることが多い。

参考 利害関係者

簿記は，さまざまな利害関係者に対してたいへん役立つ情報を提供します。

(1) 利害関係者とは

企業には個人商店や株式会社などさまざまな形態があり，規模が大きくなればなるほど，企業の財政状態や経営成績に関心を持っている人々が増えていきます。このような人々のことを利害関係者といいます。

(2) 簿記と利害関係者

簿記によって商店や会社の財政状態や経営成績を明らかにすれば，次のように，さまざまな利害関係者にたいへん役立つ情報を提供することができます。

経営者……経営者はこれまでの活動を分析して，将来の経営方針を策定することができます。
債権者……銀行などの債権者は，商店や会社に対して融資を決定するときに，その企業の信用状態を判断することができます。
その他……国や地方自治体は，商店や会社に対して税金を割り当てるときに，その税額を決定することができます。

〈貸借対照表の例〉

貸　借　対　照　表

仙台商店　×年３月31日　(単位：百万円)

資　　　産	金　額	負債及び純資産	金　額
現　　　金	30	買　掛　金	200
商　　　品	20	借　入　金	300
貸　付　金	150	資　本　金	500
売　掛　金	80	当期純利益金額	130
備　　　品	200		
車両運搬具	300		
建　　　物	200		
土　　　地	150		
	1,130		1,130

資産側：運用形態＝資金の使い道

負債及び純資産側：調達源泉＝資金の出どころ

〈損益計算書の例〉

損　益　計　算　書

仙台商店　○年４月１日から×年３月31日まで　(単位：百万円)

費　　　用	金　額	収　　　益	金　額
給　　　料	240	売　　　上	390
支払手数料	25	受取手数料	20
支払利息	15		
当期純利益金額	130		
	410		410

3 会計期間と報告書

企業の利益獲得の活動は，永続的に行われます。そのため，企業の現状を明らかにする報告書は，一定の期間を区切って作成されます。

この区切られた期間（通常１年）のことを**会計期間**（事業年度）といい，会計期間の初めを**期首**，終わりを**期末**（決算日），期首から期末までを**期中**といいます。

また，現在の会計期間を**当期**，それより一つ前の会計期間を**前期**，当期より一つ後の会計期間を**翌期**または**次期**とよびます。

なお，貸借対照表はある時点（ストック）での財政状態を示すためのものですが，普通は各会計期間の期末時点で作成し，一方，損益計算書は一定期間（フロー）での経営成績を明らかにするためのものですので，普通は各会計期間の期末に作成します。

会計期間と報告書（貸借対照表・損益計算書）との関係は，次の図のとおりです。

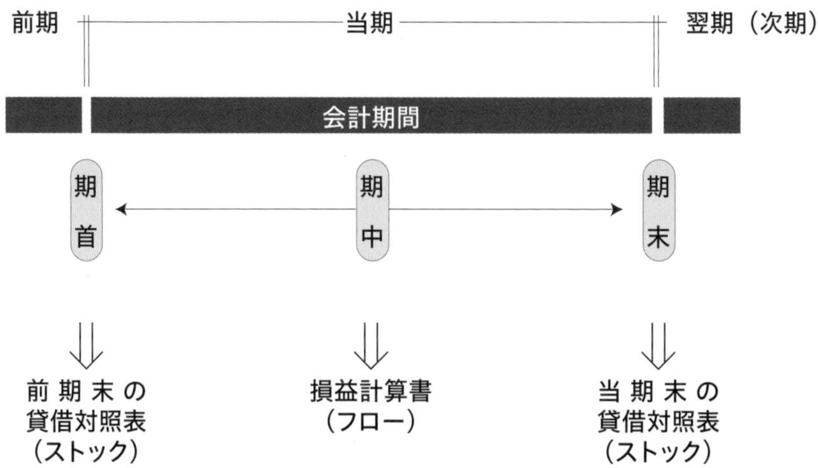

02 建設業の特性

Theme

1 建設業とはどんな業種か

建設業とは，土木・建築に関する工事の依頼を注文者から受け（これを**受注**といいます），それを完成して，注文者に引き渡すまでにかかわる業種です。

一戸建ての家の工事から，大規模なビルやマンションの建築工事まで，いずれも建設業に含まれます。工事の中には，屋根工事，電気工事，冷暖房工事，給排水工事，板金，塗装，内装工事，造園工事などの付帯工事もありますし，職種でいうと設計者，大工，左官，とびなどがあります。

2 建設業の流れ

「建設業」は，商品を仕入れて売る「商品販売業」や，材料を加工して製品を製造しそれを売る「製造業」とどう違うのでしょうか。

建設業では，特定の注文者から工事の依頼を受け，それを完成させるために必要な部品・材料を購入し，土木作業や建築作業を行い工事を完成させ，注文者に引き渡します。

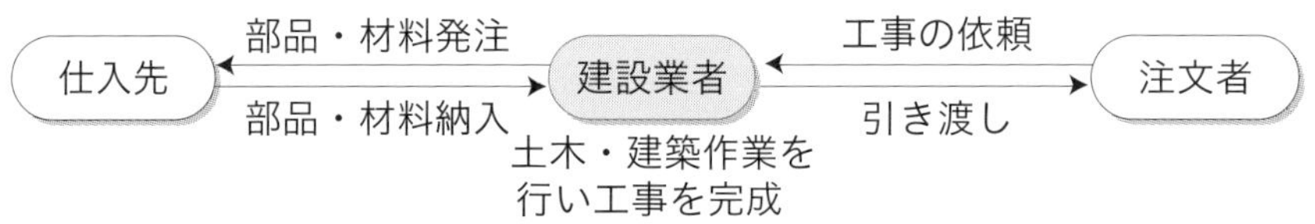

したがって，建設業は，販売する商品を自分で製造するという点で商品販売業とは異なります。また製品を製造するにあたって，見込生産ではなく受注生産するという点で製造業とは異なります。

以上をまとめれば，次のとおりです。

	商品販売業	製造業	建設業
販売先	不特定多数	不特定多数	特定の注文者
生産形態	——	市場見込生産	受注生産
加工作業	なし	あり	あり

3 建設業の特徴（ビル建設の例）

大規模なビルの建築を例に，建設業の特徴を考えてみましょう。

⑴　**注文者から工事の依頼を受けてスタートする。**

パソコンや自動車などの生産の場合（**製造業**）は，市場の需要を予測して見込生産します。

一方，大規模なビルを建設する場合（**建設業**）には，

①　ビルを建築してほしいと考えた注文者が，建設会社に建築工事を依頼し，

②　建設会社が注文者に建築工事の見積金額を提示し，

③　注文者と建設会社が工事請負契約を結んでから，

工事が始まります。

このような手続きを経て生産が始まりますので，受注生産といいます。

⑵　**工事期間が比較的長期である。**

車やパソコンなどの製品は，工場で製造ラインを組んで短期間に大量生産されますが，大規模なビルは1か月程度では建築できません。工事期間が1年以上の長期に及ぶことも少なくありません。

⑶　**工事には多様な作業が必要で，そのため下請業者（したうけぎょうしゃ）に対する外注依存度が高い。**

ビルを建築するには，次のように多様な作業を要します。

・工事現場事務所の設置（仮設工事）

・土地整地，土台作り

・給排水工事

・ビル本体の工事：足場の組み立て，鉄骨の組み立て，コンクリートの流し込みなど

・付帯工事：電気設備工事，空調設備工事，内装工事など

このような多くの作業が行われますが，それぞれの作業は専門的知識が必要なので，工事を請け負った大本の建設会社（**元請業者**（もとうけ））だけで建築することは困難です。

そこで，元請業者は，それぞれの作業のスペシャリストに部分的な工事を依頼します（これを**外注**といいます）。元請業者から部分的な工事を依頼された建設会社を**下請業者**といいます。なお，孫請（まごうけ）業者とは，下請業者からさらに部分的な工事の依頼を受けた建設会社をいいます。

⑷　**請負金額および工事原価が多額になる。**

パソコンなどの電化製品の販売金額は数十万円程度，自動車にしても数百万円程度ですが，大規模なビルともなれば，その請負金額は数億円から数十億円ときわめて高額になります。それは，建築するのに要する金額（工事原価）が多額だからです。なぜなら，建設用資材・人件費が多額なほか，作業の専門性から多くの建設会社が携わるからです。

(5)　工事の途中で出来高に応じて前受金を受け取る慣習がある。

ビル工事は，工事期間が長期なうえ工事原価が多額なので，もし，ビルの完成・引き渡し後にしか請負代金がもらえなければ，その間，元請業者が資材購入資金や下請業者への支払資金を先行して負担しなければなりません。そこで，前受金の慣習が発達しました。すなわち，注文者がビルの完成・引き渡しを受ける前に，工事代金の一部を元請業者に支払うことです。これにより，元請業者は資材の購入や下請業者への支払いを立替払いしなくてもよいことになります。

これらの特徴は，これから建設業会計を学習していくにあたって，ぜひとも頭に入れておいてほしいものですが，ほかにも建設業特有の慣習があります。それらについては以下を参考にしてください。

参考　建設業特有の慣習

①公共の工事が多い。

注文者として，国，地方公共団体，公益法人などの公共機関の割合が高いことも特徴の一つです。その公共機関からの発注は，一般には入札制度で行われます。入札に参加した建設会社のうち，最も低い見積金額を提示した建設会社がその公共工事を受注し（これを落札（らくさつ）といいます），公共機関と工事請負契約を結びます。

平成６年６月，公共工事の入札に係る経営事項審査の評点の一つに，建設業経理事務士の数が加わりました。これにともない，この年から建設業経理事務士の受験者数が急増しています。建設会社は，評点を高めるため，建設業経理事務士の数を増やそうと考えていることがうかがわれます（平成18年度より，法令が改正され，１級，２級については建設業経理士となりました）。

②工事作業現場が点在する。

パソコンなどの電化製品は，作業の効率性から製造ラインを組んで短期に大量生産するため，同じ工場内で生産作業を行いますが，建設業では工事作業現場は点在することがあります。A地域のビルの建築とB地域のビルの建築を受注していれば，工事作業現場はA地域とB地域です。

つまり，工事作業現場は，工事ごとに点在することもあるのです。点在する工事では，作業現場まで別々に資材などを運ばなければならず，各種の費用がかさむことになります。

③共同企業体（いわゆるジョイント・ベンチャー）による場合がある。

元請けと下請けの関係は建設会社が縦につながる場合ですが，建設会社が横につながることもあります。それは複数の建設会社が一緒になって一つの工事を受注する場合です。そのような場合には共同企業体が結成されます。

共同企業体とは，複数の建設会社が寄り集まってあたかも一つの大きな建設会社のようになることです。これにより，一つ一つは小さな建設会社でも，大きな建設会社に対抗することができるようになります。

4 工事原価の構成要素とその報告書

ビル建築に必要となる主な建築資材などは，次のとおりです。

①鉄骨，コンクリート，木材などの資材や空調機器，照明機器などの部材
②自前の労働力
③下請業者
④組立機材，クレーン車，運搬車，燃料代，各種消耗品・事務用品，地代などの経費

具体的にいえば，自前の労働力と下請業者が，運搬車で各種の資材・部材を工事作業現場まで運び，クレーン車でさらに必要な現場まで運び，資材・部材を組み立て，加工してビルを建築するわけです。したがって，元請業者が負担する工事原価は，①から④までで構成されます。

工事原価とは，工事を完成させるためにかかった費用をいい，資材・部材の消費額（**材料費**），自前の労働力（**労務費**），下請業者に支払う費用（**外注費**），その他の諸費用（**経費**）から構成されます。これらの項目の詳細については，これから順に学習していきます。

また，建設業特有の工事にかかった費用の明細を示すために，**完成工事原価報告書**を作成することが義務づけられています。以下にその形式を示します。

（単位：円）

完成工事原価報告書
自×年×月×日
至×年×月×日

		会社名
Ⅰ．材料費		×××
Ⅱ．労務費		×××
（うち労務外注費	××）	
Ⅲ．外注費		×××
Ⅳ．経　費		×××
（うち人件費	××）	
完成工事原価		×××

03 簿記の基本（Ⅰ）
Theme

1 簿記一巡の流れ

企業の活動を記録・集計し，財務諸表を作成・報告する一連の手続きを**簿記一巡の流れ**といいます。この流れはさらに，日常的な手続きと，決算時に行う手続きとに分けることができます。

1. 日常的な簿記の処理

企業の日々の活動を記録するということは，段階的にみると次のような流れになります。

取引の発生 ⇒ 仕訳帳に仕訳 ⇒ 総勘定元帳に転記

取引とは簡単にいうと，企業のいろいろな活動のうち，お金が動く場合と考えておいてください。

その取引が発生するごとに**仕訳**（しわけ）という作業を行い，**総勘定元帳**（そうかんじょうもとちょう）に**転記**（てんき）をすることが毎日の経理上の処理になります（詳しくは後述）。

2. 決算時の処理

決算になると前述の日常的な処理をもとにして，決算に特有の手続き（決算整理仕訳）を行い，財務諸表を作ります。

総勘定元帳 ⇒ 決算整理仕訳 ⇒ 財務諸表の作成 ⇒ 報告

（注）簿記上の取引

仕訳をしなければならない取引のことを，簿記では簿記上の取引といいます。専門的には資産，負債，資本（純資産）に変動をもたらす取引をいいます。この意味はさらに学習を続けると理解することができるでしょう。現在は無視しておいてかまいません。

2 ５つの取引要素

1. ５つの取引要素

企業はいろいろな活動を行いますが，その活動を簿記では必ず，次の５つの要素に分類します。

資産：お金（現金，預金など），物（土地，建物など），権利となる財産（貸付金など）
負債：借入金などのように，将来返済しなければならないお金や義務
資本（純資産）：出資者からの元手と，獲得した利益（資産－負債）
収益：商品を売ったりして得た収入。建設業の場合には，工事の完成・引き渡しによって得た収入など
費用：収益を得るために使ったお金など。建設業の場合には，工事にかかったお金など

この５要素は非常に重要です。まず，どんなものがこれに分類されるのか理解するようにしてください。

この５要素はさらに，以下のように分類します。

財政状態を示すもの …………　資産・負債・資本（純資産）
経営成績を示すもの …………　収益・費用

つまり，財務諸表の貸借対照表を構成する要素が資産・負債・資本（純資産），損益計算書を構成する要素が収益・費用ということになります。

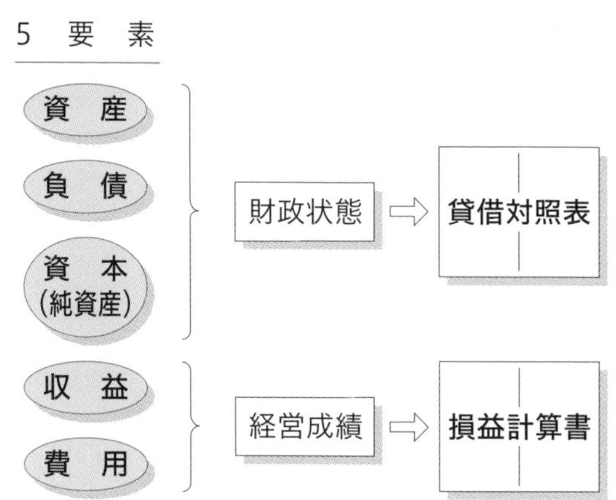

Theme 03 簿記の基本（Ⅰ）

2.　5要素の増減

この５要素は増減について一定のルールがあり，そのルールは簿記の基本ですからしっかりと理解してください。

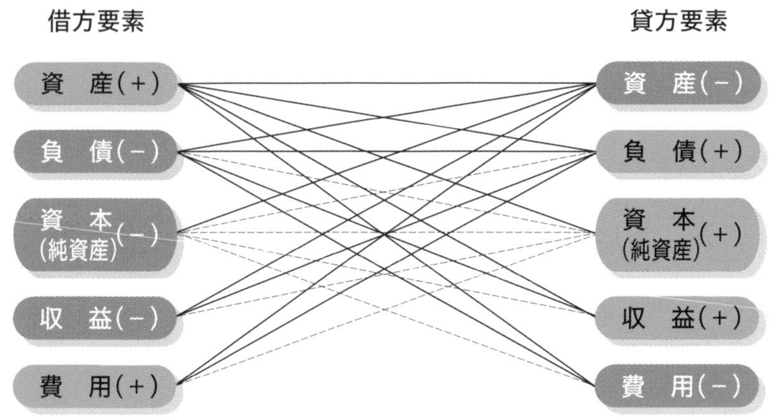

〈この表の見方〉

① （＋）は要素の増加を，（－）は要素の減少を表します。

② 取引は必ず**借方要素**（かりかた）と**貸方要素**（かしかた）とが結びつきます。

取引には必ず原因と結果があります。

たとえば，給料を現金で支払う場合，労働を原因として給料が発生し，その結果として現金を支払うことになります。原因と結果は表裏一体のもので，取引の二面性といわれます。

③ ５要素の増減は借方，貸方で示します。

資産であれば，借方にきた場合には増加，貸方にきた場合には減少を意味します。

逆に負債の場合には借方側は減少，貸方側は増加になります。この関係はルールとして決められたもので，どんな場合でも一定です。

④ 借方同士，貸方同士が結びつくことはありません。

たとえば，資産の増加と負債の減少は絶対に結びつくことはありません。

3 仕訳と勘定科目

1. 仕　訳

仕訳(しわけ)とは，発生した取引を各勘定口座に記入するための一連の手続きをいいます。

つまり，取引には必ず５要素の増減がありますが，それを分類し，増減を決め，金額を決定することをいいます。

もう少し詳しく説明しますと，次のような流れになります。

①５要素の選択

発生した取引が，資産・負債・資本（純資産），収益・費用の５要素のどれに関係するかを判断し選択することです。

②増減の判断

５要素の増減を判断することです。

③借方と貸方の決定

５要素の増減から借方，貸方を決定します。

④具体的な勘定科目の決定

５要素の具体的な勘定科目を決めることです。

⑤金額の決定

借方，貸方のそれぞれの金額を決定することです。

この手続きを受けて，**勘定口座**(かんじょうこうざ)（総勘定元帳）に書き移す作業（これを**転記**(てんき)といいます）をすることになります。

2. 勘　定

仕訳を行う場合，５要素を用いたのでは抽象的で企業の現状を明らかにすることはできません。そこで，取引内容がわかる具体的な名称を用いますが，その名称を**勘定科目**といいます。

たとえば，資産に属する勘定の一つに，現金の増減を記録するために「現金」と名前をつけた場合，その「現金」という名前を勘定科目というのです。

現金勘定を例にとると，現金の増加（入金）は左側，現金の減少（出金）は右側に書くことでこれを表します。勘定の左側を**借方**(かりかた)，勘定の右側を**貸方**(かしかた)といいます。

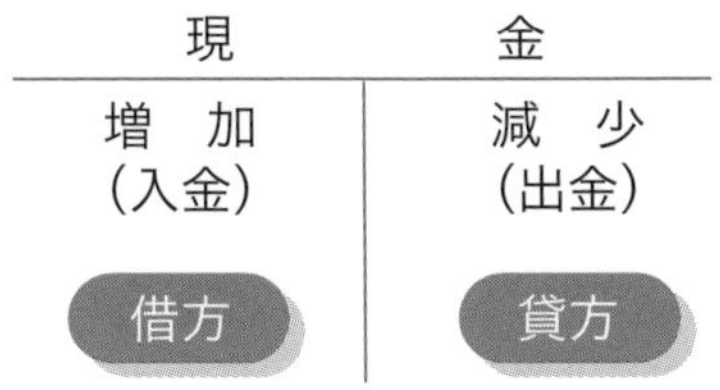

なお，学習上は上のような略式の勘定を用いますが，これをＴ字勘定またはＴフォームといいます。

3. 勘定記入の法則

５要素の各勘定への記入例は，その要素ごとに，増加と減少を借方側に書くのか貸方側に書くのかが決まっています。以下にそれを図解しておきます。

⑴ 資産に属する勘定

資産に属する勘定は，（＋）を借方（左側）へ，（－）を貸方（右側）へ記入します。

（＋）から（－）を差し引いた残りを，貸借対照表の借方に記入します。

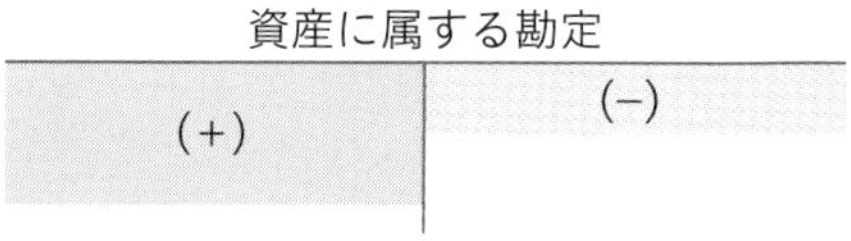

資産に属する勘定

(+)	(−)

⑵ 負債に属する勘定

負債に属する勘定は，（＋）を貸方（右側）へ，（－）を借方（左側）へ記入します。

（＋）から（－）を差し引いた残りを，貸借対照表の貸方に記入します。

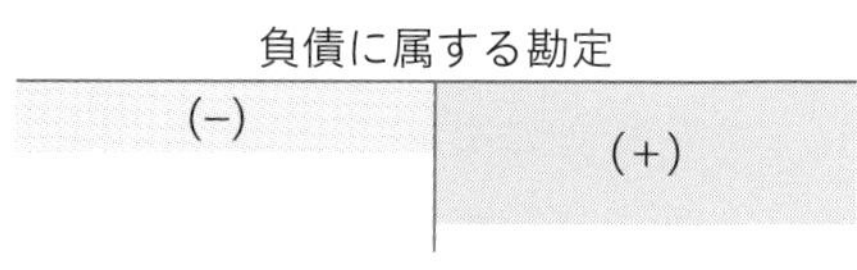

⑶ 資本（純資産）に属する勘定

資本（純資産）に属する勘定は，（＋）を貸方（右側）へ，（－）を借方（左側）へ記入します。

（＋）から（－）を差し引いた残りを，貸借対照表の貸方に記入します。

資本（純資産）に属する勘定

(−)	(+)

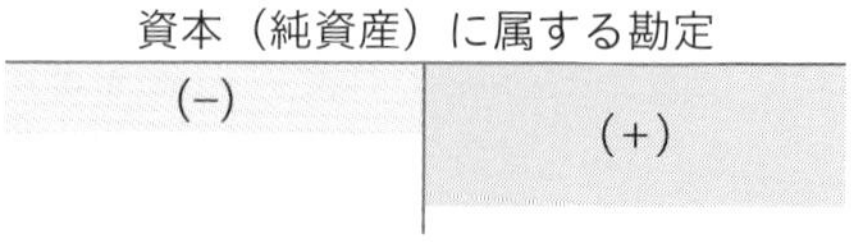

⑷ 収益に属する勘定

収益に属する勘定は，（＋）を貸方（右側）へ，（－）を借方（左側）へ記入します。

（＋）から（－）を差し引いた残りを，損益計算書の貸方に記入します。

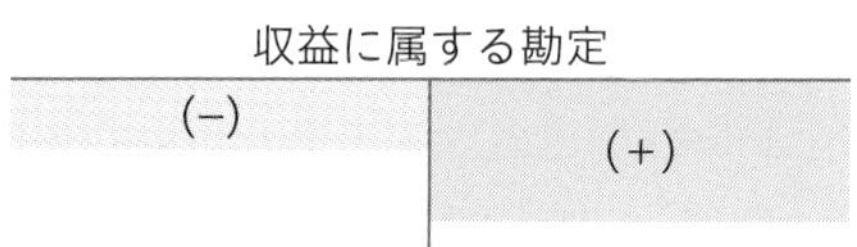

⑸ 費用に属する勘定

費用に属する勘定は，（＋）を借方（左側）へ，（－）を貸方（右側）へ記入します。

（＋）から（－）を差し引いた残りを，損益計算書の借方に記入します。

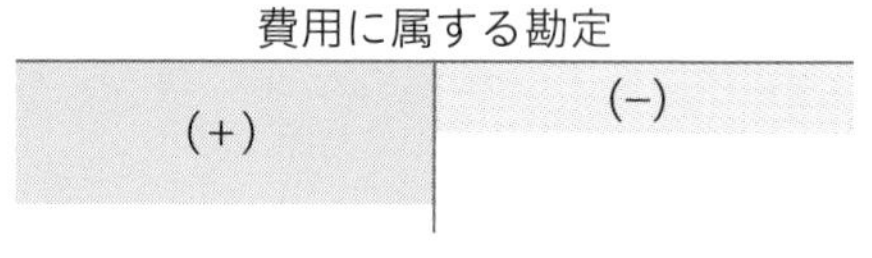

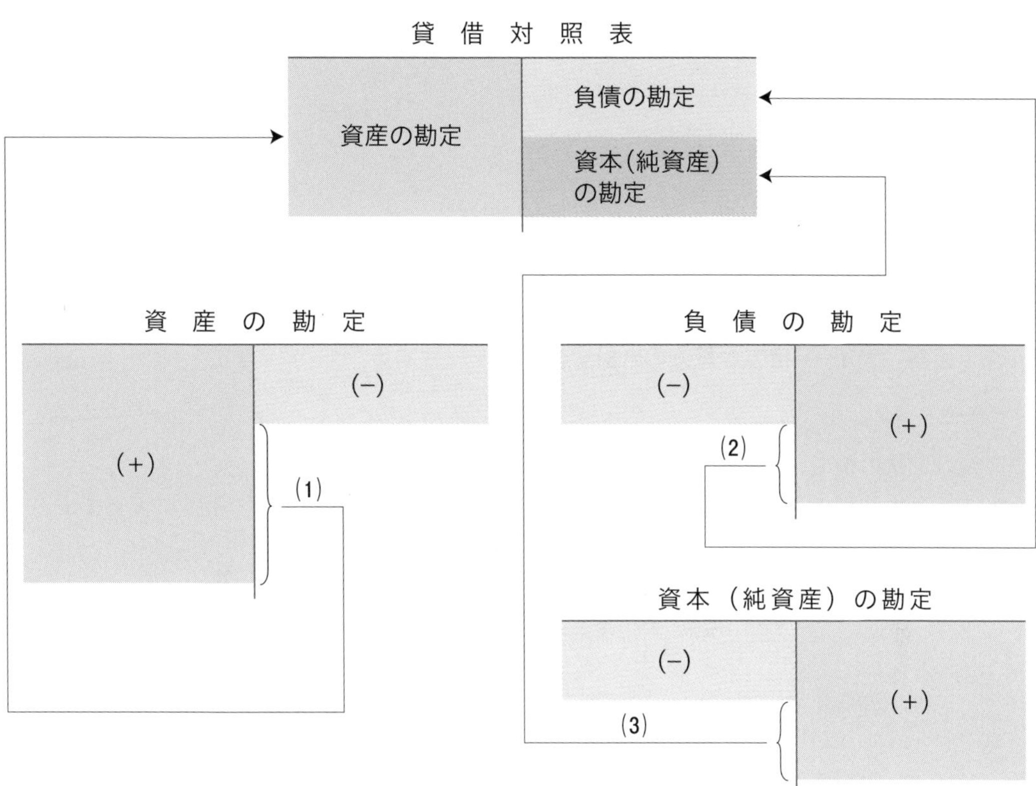

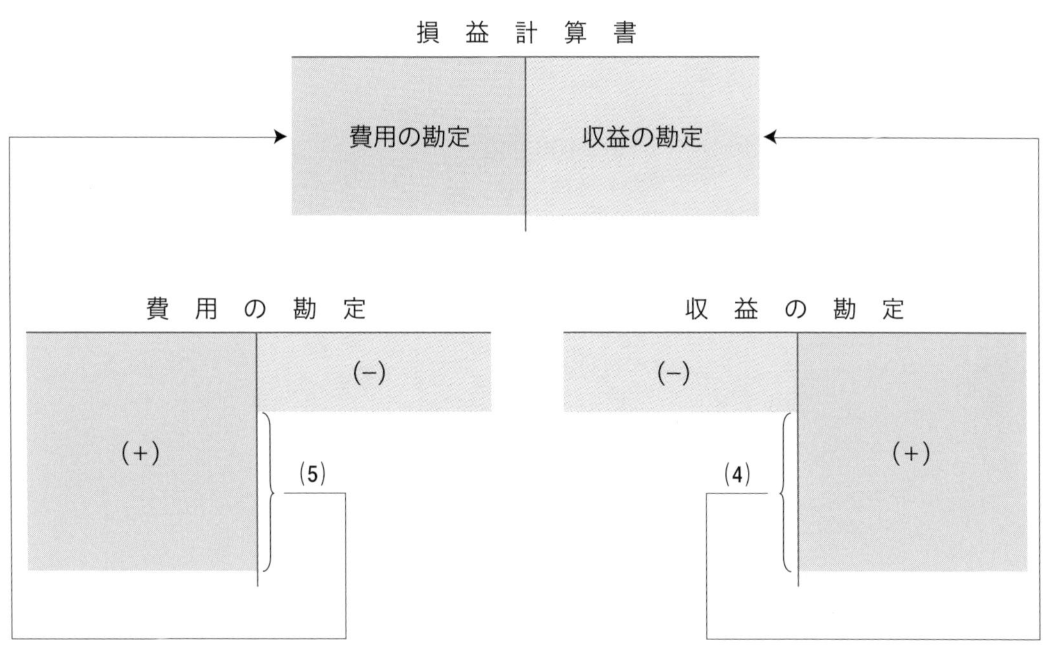

Theme 03 簿記の基本（Ⅰ）

4. 仕訳のまとめ

仕訳は記帳の前の整理作業ともいえますが，一連の流れは次のようにまとめることができます。

① 取引要素の選択
② 要素の増減の判断
③ 借方と貸方の決定
④ 勘定科目の決定
⑤ 金額の決定 → 借方と貸方の合計金額は必ず一致する

この流れを次の例で確認してください。

たとえば，従業員のAさんに給料10万円を，現金で支払った場合，次のように考えます。

	〈原　因〉	〈結　果〉
取引	Aさんへの給料	現金の支払い
①要素の選択	費用	資産
②増減の判断	増加	減少
③借方・貸方の決定	借方	貸方
④勘定科目の決定	給料	現金
⑤金額の決定	100,000	100,000
仕訳	（給　　料）100,000	（現　　金）100,000

MEMO

Theme 04 簿記の基本(Ⅱ)

1 転記と合計・残高

ここでは商業簿記を前提に仕訳を勘定に書き移すルールと，その結果出てくる勘定の合計と残高の意味を学習します。

1. 転　記

(1) 転記とは

仕訳した取引を勘定に書き移すことを，**転記**（てんき）といいます。

(2) 転記のルール

① 原　則

仕訳の借方は同じ勘定科目のついている勘定の借方に，また，仕訳の貸方は同じ勘定科目のついている勘定の貸方に，日付，相手勘定科目，金額を書き移します。

○　○　勘　定

日付	相手科目	金額	日付	相手科目	金額

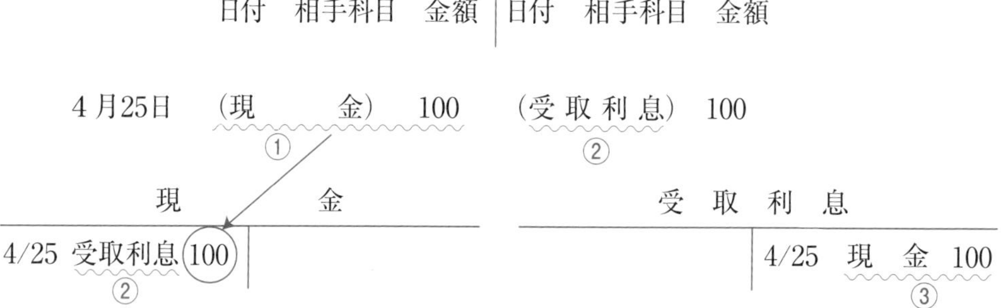

〈記入上の注意〉

① 仕訳で借方にある勘定は，その勘定の借方に金額を記入します。

② この勘定がなぜ増加（または減少）したかを示すために，仕訳の相手科目（この場合，現金からみた受取利息）を書きます。

③ 仕訳で貸方にある勘定も同様に，その勘定の貸方に金額を記入し，仕訳の相手科目（この場合，受取利息からみた現金）を書きます。

② 例　外

相手勘定科目が複数ある場合には，相手勘定科目を記入すると煩雑になるので,代わりに**諸口**（しょくち）とします。そのほかは原則どおりです。

9月10日	(支 払 家 賃)	25	(現　　金)	30
	(雑　　費)	5		

2. 合計・残高

ここで，**合計**と**残高**の意味を確認します。これから頻繁に登場することばですので，しっかり理解してください。

⑴ **合計とは**

合計とは，勘定の借方・貸方に記入された金額の合計額をいい，借方に記入された金額の合計額を**借方合計**（かりかたごうけい），貸方に記入された金額の合計額を**貸方合計**（かしかたごうけい）といいます。

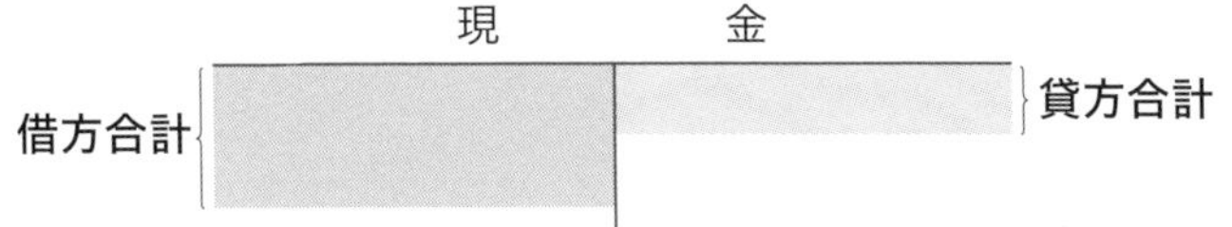

⑵ **残高とは**

残高とは，勘定の借方合計と貸方合計の差額をいい，借方に生じた残高を**借方残高**（かりかたざんだか），貸方に生じた残高を**貸方残高**（かしかたざんだか）といいます。

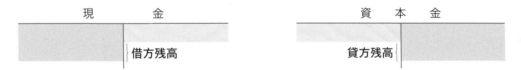

2 仕訳帳と総勘定元帳

簿記を行う場合，実務では**帳簿**といわれるものを使いますが，それらは，簿記を行う場合には不可欠な**主要簿**と，各企業が必要に応じて特定の取引について明細を記録するための**補助簿**の２つに分けることができます。

ここでは，主要簿である**仕訳帳**と**総勘定元帳**について説明します。

（注）１．現在の実務ではコンピュータ化が進み，ここで説明するような帳簿を使っている企業は少数派です。しかし，コンピュータ会計で使われている帳簿も，考え方はここで説明する帳簿とまったく同じです。

２．補助簿といわれるものには，現金取引の明細を記録する**現金出納帳**，売上の明細を記録する**売上帳**などがあります。

1. 仕訳帳

すべての取引をその発生順に仕訳して記録する帳簿を**仕訳帳**といいますが，具体的な記入方法については次の記入例を参照してください。

［仕訳帳の記入例］

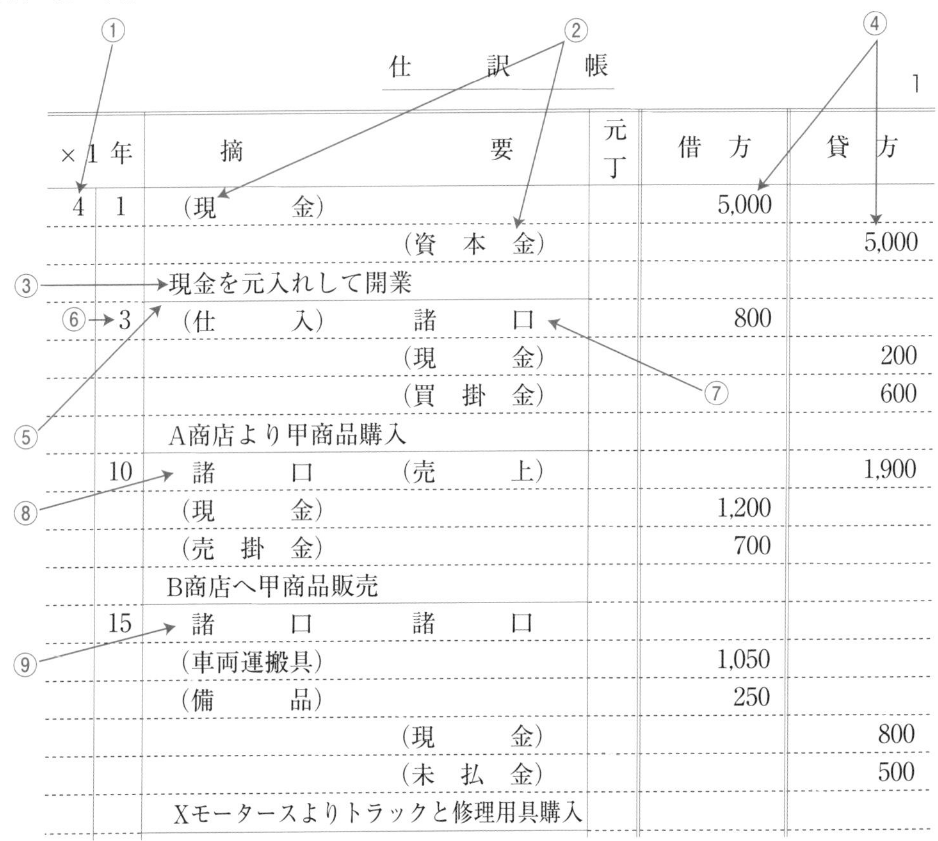

仕　　訳　　帳　　　1

×1年		摘	要	元丁	借　方	貸　方
4	1	(現　　金)			5,000	
			(資　本　金)			5,000
		現金を元入れして開業				
	3	(仕　　入)	諸　　口		800	
			(現　　金)			200
			(買　掛　金)			600
		A商店より甲商品購入				
	10	諸　　口	(売　　上)			1,900
		(現　　金)			1,200	
		(売　掛　金)			700	
		B商店へ甲商品販売				
	15	諸　　口	諸　　口			
		(車両運搬具)			1,050	
		(備　　品)			250	
			(現　　金)			800
			(未　払　金)			500
		Xモータースよりトラックと修理用具購入				

① 日付欄に取引が発生した月と日を書きますが，月は替わらないかぎりページの最初だけに書きます。

② 摘要欄に勘定科目を書きますが，次の点に注意してください。

(a) 摘要欄を左右半分に分けて，左側を借方，右側を貸方と考えます。

(b) 勘定科目は必ずカッコ書きします。

(c) 通常は借方を上に，貸方を下に書きます。

③ 勘定科目の下に取引の要約を書きますが，これを小書き（こがき）といいます（ただし，試験では省略されることが多い）。

④ 金額も，勘定科目と同様に，借方側を上に貸方側を下に記入します。

⑤ 一つの取引の記入が終わったら，それを示す線（境界線）を摘要欄に引きます。

⑥ 日が同じであれば「〃」でかまいません。

⑦ 勘定科目が複数のときは，複数の方の1行目に諸口をつけます。このとき，諸口はカッコ書きしません。

⑧ 借方が複数であり，貸方が1行の場合は，貸方を先に記入し，借方の1行目に諸口と書きま

す。

⑨ 借方，貸方ともに複数の場合は通常どおり，借方を先に記入します。なお，諸口は借方，貸方とも１行目に並べて書きます。

［ページ替え，締め切りの場合］

	25	（給　　料）		360	
		（現　　金）			360
		給料を現金で支給 ①			
		② 次頁へ繰越		8,650	8,650 ③

① 最後の仕訳のときには，摘要欄に線を引きません。

② 摘要欄の右側に，“次頁へ繰越”と記入します。

③ 合計線を引いてそのページの合計額を算出します。

2. 総勘定元帳

仕訳帳を勘定科目ごとに集計し直した帳簿を**総勘定元帳**といいます。

(1) 総勘定元帳とは

仕訳帳に仕訳を記入したのち，各勘定に転記します。これらの勘定を設けた総勘定元帳は通常，資産・負債・資本（純資産）・収益・費用の順になっています。

(2) 総勘定元帳の記入例

総勘定元帳の様式とその記入例を示します。

〈標準式〉

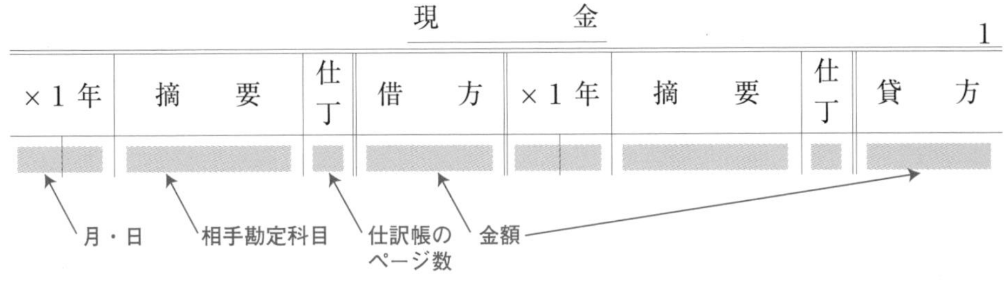

この様式を簡略化したのがTフォームですが，記入にあたっては次のことに注意してください。

現　　金　　1

×1年		摘　要	仕丁	借　方	×1年		摘　要	仕丁	貸　方
①4	1	②資 本 金	③→1	④　5,000	4	3	仕　入	1	④　200
	10	売　上	〃	1,200		15	諸　口	〃	800

① 日付欄に仕訳帳の月・日を書きます。
② 摘要欄に仕訳の相手勘定科目を書きます。相手勘定科目にカッコはつけません。また，相手勘定科目が2つ以上あるときは「諸口」と記入します。
③ 仕丁欄に仕訳が記入されている仕訳帳のページを記入します。
④ 借方欄に仕訳帳の借方の金額を記入し，貸方欄に仕訳帳の貸方の金額を記入します。

3. 仕訳帳と総勘定元帳の関係

仕訳帳と総勘定元帳が相互に照合できるように，仕訳帳には**元丁欄**(もとちょうらん)，総勘定元帳には**仕丁欄**(しちょうらん)があります。

(1) 元丁欄

仕訳帳から総勘定元帳の勘定に転記が済んだとき，その勘定のページ数（または勘定科目番号）を書きます。

(2) 仕丁欄

その取引が仕訳された仕訳帳のページ数を記入し，仕訳帳との照合に役立たせます。

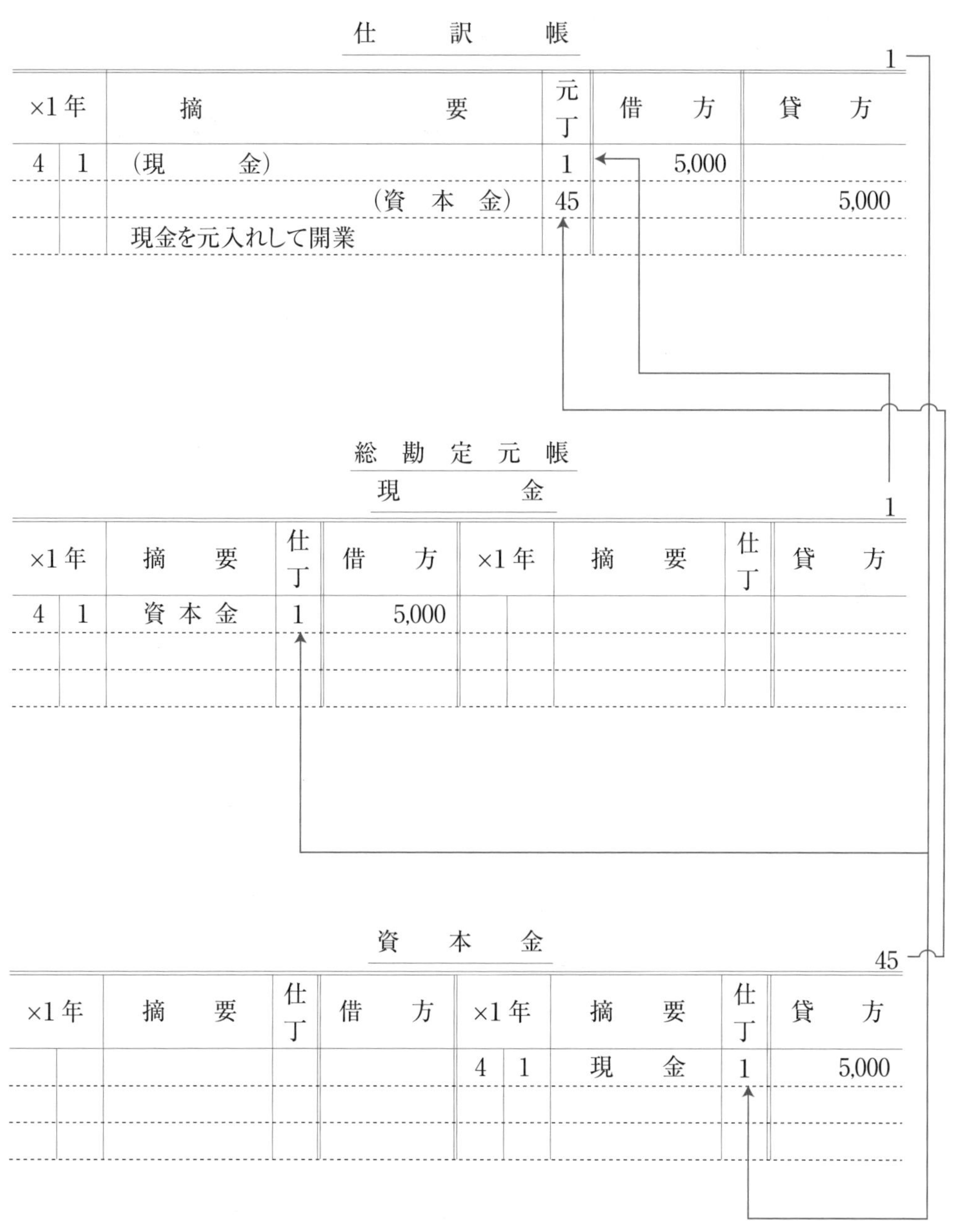

仕　訳　帳

1

×1年		摘　　要	元丁	借　方	貸　方
4	1	(現　　金)	1	5,000	
		(資　本　金)	45		5,000
		現金を元入れして開業			

総勘定元帳

現　　金

1

×1年		摘　要	仕丁	借　方	×1年		摘　要	仕丁	貸　方
4	1	資本金	1	5,000					

資　本　金

45

×1年		摘　要	仕丁	借　方	×1年		摘　要	仕丁	貸　方
					4	1	現　金	1	5,000

05 簿記の基本（Ⅲ）

Theme

1 試算表と精算表

1．試算表

(1) 試算表とは

試算表（Trial Balance；T/B）とは，総勘定元帳に基づいて各勘定科目の合計または残高を集計した一覧表をいいます。決算のときには必ず作成しますが，毎日，毎週末，毎月末など企業の必要に応じて作成します。この試算表は，各勘定への転記が正しく行われたかどうかをチェックするために作成します。

(2) 試算表の種類と作り方

試算表の金額の集計の仕方によって，**合計試算表**，**残高試算表**，**合計残高試算表**の３種類がありますが，これは各勘定の合計と残高とに関係するものです。

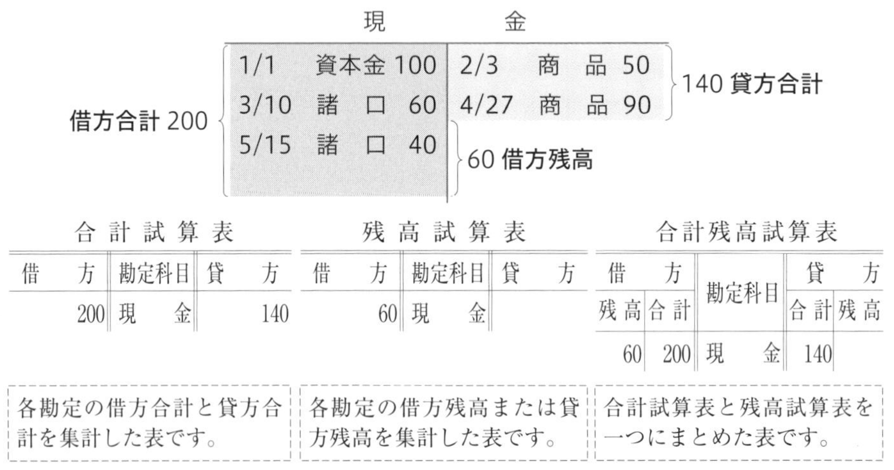

合計試算表

借方	勘定科目	貸方
200	現金	140

各勘定の借方合計と貸方合計を集計した表です。

残高試算表

借方	勘定科目	貸方
60	現金	

各勘定の借方残高または貸方残高を集計した表です。

合計残高試算表

借方		勘定科目	貸方	
残高	合計		合計	残高
60	200	現金	140	

合計試算表と残高試算表を一つにまとめた表です。

2．精算表

(1) 精算表とは

決算整理前の残高試算表から，損益計算書と貸借対照表とを作成する過程を一つの表で示したものを**精算表**といいます。精算表を作成する目的は，決算手続の検証や当期の営業成績を早期に知ることです。

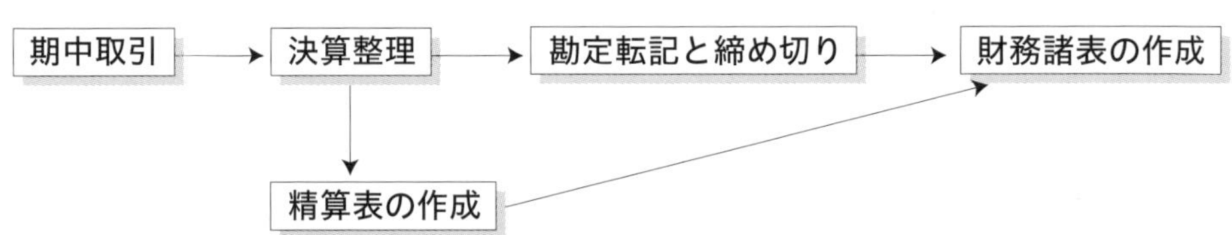

(2) 精算表の例

以下に示す精算表は，試験によく出題される八桁精算表（はちけたせいさんひょう）とよばれるものです。建設業における実際の作成方法については，［テーマ28　精算表の作成方法］で学習します。

精　算　表

（単位：円）

勘定科目	残高試算表		整理記入		損益計算書		貸借対照表	
	借方	貸方	借方	貸方	借方	貸方	借方	貸方
現金	2,500						2,500	
当座預金	9,500						9,500	
受取手形	8,000						8,000	
売掛金	6,500						6,500	
有価証券	6,500			100			6,400	
繰越商品	5,000		8,000	5,000			8,000	
備品	4,000						4,000	
支払手形		7,000						7,000
買掛金		8,300						8,300
貸倒引当金		20		270				290
減価償却累計額		1,200		400				1,600
資本金		25,000						25,000
売上		18,300				18,300		
受取手数料		6,050		120		6,170		
仕入	12,600		5,000	8,000	9,600			
給料	3,000				3,000			
支払家賃	7,500				7,500			
支払保険料	650			450	200			
雑費	120				120			
	65,870	65,870						
貸倒引当金繰入			270		270			
減価償却費			400		400			
有価証券評価損			100		100			
前払保険料			450				450	
未収手数料			120				120	
当期純利益金額					3,280			3,280
			14,340	14,340	24,470	24,470	45,470	45,470

2 損益計算書・貸借対照表・完成工事原価報告書

1．損益計算書

損益計算書は，一会計期間におけるすべての収益・費用とその差額としての当期純利益金額を一覧表にまとめたもので，企業の経営成績を明らかにするものです。

以下にその例をあげておきますが，まだ学習していない事項も多数ありますので，いまはあまり気にしないでください。この本を最後まで読んだときにまた眺めてみてください。この点は貸借対照表，完成工事原価報告書も同じです。

損益計算書

仙台建設株式会社　自×1年4月1日　至×2年3月31日　(単位：円)

Ⅰ　営業損益		
(1) 完成工事高		16,740,000
(2) 完成工事原価		12,808,800
完成工事総利益金額		3,931,200
(3) 販売費及び一般管理費		
役員報酬	448,000	
従業員給料手当	773,000	
退職金	43,000	
法定福利費	125,000	
修繕維持費	205,000	
事務用品費	92,000	
通信交通費	121,500	
動力用水光熱費	203,000	
広告宣伝費	331,500	
貸倒引当金繰入額	64,800	
地代家賃	6,300	
減価償却費	97,200	
雑費	11,500	2,521,800
営業利益金額		1,409,400
Ⅱ　営業外損益		
(1) 営業外収益		
受取利息配当金		22,680
(2) 営業外費用		
支払利息割引料	78,840	
有価証券評価損	14,040	92,880
経常利益金額		1,339,200
Ⅲ　特別損益		
(1) 特別利益		
保険差益	74,520	
固定資産売却益	37,800	112,320
(2) 特別損失		
固定資産除却損		8,100
税引前当期純利益金額		1,443,420
法人税、住民税及び事業税		741,420
当期純利益金額		702,000

2．貸借対照表

貸借対照表は，期末時点での資産・負債・資本（純資産）の内容明細と残高を一覧にしたもので，企業の財政状態を明らかにするものです。

以下にその簡単な例を示しておきます。

貸　借　対　照　表

仙台建設株式会社　　　×2年3月31日現在　　　（単位：円）

資産の部			負債の部	
Ⅰ流動資産			Ⅰ流動負債	
現金預金		815,400	支払手形	1,004,400
受取手形		540,000	工事未払金	918,000
完成工事未収入金		2,700,000	未払法人税等	305,100
未成工事支出金		739,800	未払費用	8,100
材料貯蔵品		446,040	未成工事受入金	621,000
前払費用		2,160	完成工事補償引当金	16,740
未収収益		10,800	流動負債合計	2,873,340
貸倒引当金		△64,800	Ⅱ固定負債	
流動資産合計		5,189,400	退職給付引当金	1,209,060
Ⅱ固定資産			固定負債合計	1,209,060
(1)有形固定資産			負債合計	4,082,400
建物	2,700,000		純資産の部	
減価償却累計額	853,200	1,846,800	Ⅰ株主資本	
機械装置	2,160,000		(1)資本金	5,000,000
減価償却累計額	945,000	1,215,000	(2)資本剰余金	
車両運搬具	1,404,000		資本準備金	150,000
減価償却累計額	707,400	696,600	その他資本剰余金	100,000
土地		1,080,000	資本剰余金合計	250,000
有形固定資産合計		4,838,400	(3)利益剰余金	
(2)投資その他の資産			利益準備金	200,000
投資有価証券		685,800	その他利益剰余金	
投資その他の資産合計		685,800	任意積立金	181,200
固定資産合計		5,524,200	繰越利益剰余金	1,000,000
			利益剰余金合計	1,381,200
			株主資本合計	6,631,200
資産合計		10,713,600	負債純資産合計	10,713,600

従来，貸借対照表の資本の部は，株主資本すなわち，株主から拠出された資本といままで獲得してきた利益の内部留保額が記載されていましたが，「金融商品に関する会計基準」の導入により，その他有価証券評価差額金等が資本の部に計上されるため，資本の部は必ずしも株主資本だけではなくなってきました。そこで，会社法では，資産性を有するものは資産の部に計上し，負債性を有するものは負債の部に計上し，資産性も負債性も有しないものを差額として純資産の部に計上することになりました。ただし，株主資本は株主にとって重要な区分であるので，従来の株主資本は一つの区分として強調します。

なお，損益計算書の最後は，当期純利益金額702,000円となっており，貸借対照表の繰越利益剰余金に含まれますが，そのことを明らかにしたのが，**株主資本等変動計算書**です。

以下に簡単な例を示しておきます。

株主資本等変動計算書

仙台建設株式会社　　自×1年4月1日　至×2年3月31日　　(単位：円)

	株主資本									純資産合計
	資本金	資本剰余金			利益剰余金				株主資本合計	
		資本準備金	その他資本剰余金	資本剰余金合計	利益準備金	その他利益剰余金		利益剰余金合計		
						任意積立金	繰越利益剰余金			
当期首残高	5,000,000	150,000	100,000	250,000	200,000	181,200	298,000	679,200	5,929,200	5,929,200
当期変動額　当期純利益							702,000	702,000	702,000	702,000
当期末残高	5,000,000	150,000	100,000	250,000	200,000	181,200	1,000,000	1,381,200	6,631,200	6,631,200

Theme 05 簿記の基本(Ⅲ)

３．完成工事原価報告書

完成工事原価報告書は，商業における売上原価に相当する建設業独特の報告書で，その期に完成・引き渡した工事の原価の明細を明らかにするものです。

以下に簡単な例を示しておきます。

完成工事原価報告書

仙台建設株式会社　自×1年4月1日　至×2年3月31日　（単位：円）

Ⅰ	材　料　費		6,556,400
Ⅱ	労　務　費		2,467,800
	（うち労務外注費	1,234,800）	
Ⅲ	外　注　費		1,175,000
Ⅳ	経　　　費		2,609,600
	（うち人件費	1,159,300）	
	完成工事原価		12,808,800

第2部

第1問・第2問を解くための基礎知識

ここでは，現金・預金から始まり利益処分（剰余金の処分）まで，主に商業簿記の費用・収益・資産・負債・資本（純資産）に属する項目の処理を学習します。いちばん範囲が広いので学習するのも骨が折れますが，ここを理解しないことには次がもっと大変になります。
一度に完璧に理解しようと思わずに，何度でもこの部分を読み直すつもりで学習するのがよいでしょう。

06 現金・預金
Theme

◆重要論点◆

現　金	預　金
1．通貨代用証券の種類	1．当座借越の処理
2．現金過不足の処理	2．銀行勘定調整表の作成

1 現金の範囲

現金といえば通常，紙幣や硬貨を意味しますが，簿記では，銀行などの金融機関でいつでも換金できる**通貨代用証券**も現金として取り扱います。

（簿記上の）
現　金　＝　紙　幣　硬貨　＋　通貨代用証券

通貨代用証券の代表例として，次のようなものがあります（①③④の内容は，それぞれの該当箇所を参照してください。郵便為替証書とは，送金者の依頼により郵便局が交付する証書です）。

①他人振出の小切手
②郵便為替証書
③株式配当金領収書
④支払期日の到来した公社債利札

2 現金勘定の内容

現金は会社の財産であり，取引要素のうちの「資産」に属します。したがって，現金の増加は資産の増加なので「借方」，現金の減少は資産の減少なので「貸方」です。

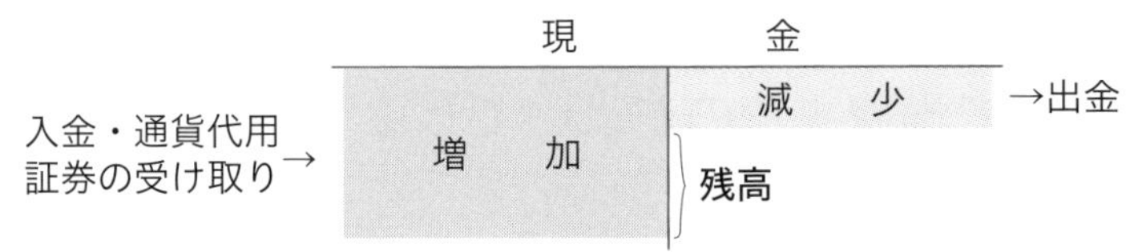

仕訳例 01

第100回利付国債の利札2,000円の支払期日が到来した。

(現　　　金)	2,000	(有価証券利息)	2,000

▶▶▶ 支払期日の到来した国債の利札は，通貨代用証券の一つで現金扱いです。
(借方) 現金の増加→会社の財産の増加→資産の増加→借方　現金
(貸方) 国債という有価証券の利息を受け取る時期の到来→収益の増加
→貸方　有価証券利息

3 現金過不足

現金の出納を毎日，現金出納帳に記帳しても，手許にある現金（**実際有高**（じっさいありだか）という）を実際に数えてみると，現金出納帳の現金残高（**帳簿残高**（ちょうぼざんだか）という）と一致しないことがあります。その場合は，不一致原因が判明するまで，差額を一時的に**現金過不足**（げんきんかふそく）という勘定で処理します。

現金出納帳の帳簿残高を，手許にある実際有高に合わせること。

仕訳例 02

現金の帳簿残高は10,000円であったが，実際に数えてみると9,000円であった。

(現 金 過 不 足)	1,000	(現　　　金)	1,000

▶▶▶ 現金の帳簿残高が実際有高より1,000円多い状態です。そこで，実際有高に合わせるために，現金勘定を1,000円だけ減少させます。
(貸方) 現金の減少→会社の財産の減少→資産の減少→貸方　現金

現	金
10,000	1,000
	9,000　→**実際有高となる**

(借方) 不一致原因が判明するまで現金過不足→借方　現金過不足

現金過不足	
1,000	

不一致原因が判明した場合には，現金過不足から該当する科目に振り替えます。

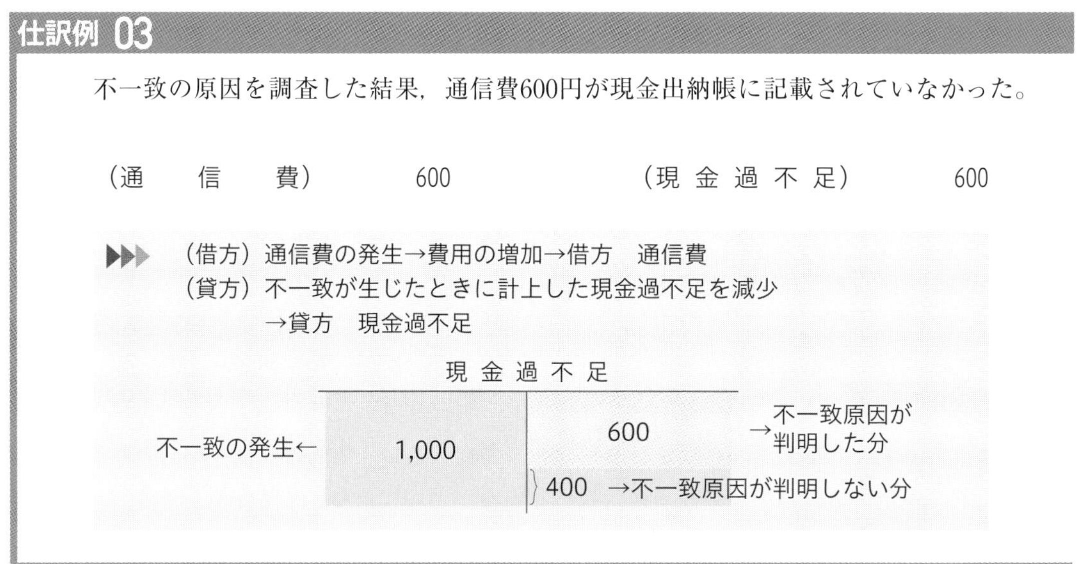

仕訳例 03

不一致の原因を調査した結果，通信費600円が現金出納帳に記載されていなかった。

(通　信　費)	600	(現 金 過 不 足)	600

▶▶▶ (借方) 通信費の発生→費用の増加→借方　通信費
(貸方) 不一致が生じたときに計上した現金過不足を減少
→貸方　現金過不足

現金過不足は，不一致原因が判明するまでの一時的な勘定です。期末になっても不一致原因が判明しない場合には，現金過不足の残高を0にするため，**雑収入**(ざつしゅうにゅう)または**雑損失**(ざつそんしつ)に振り替えます。

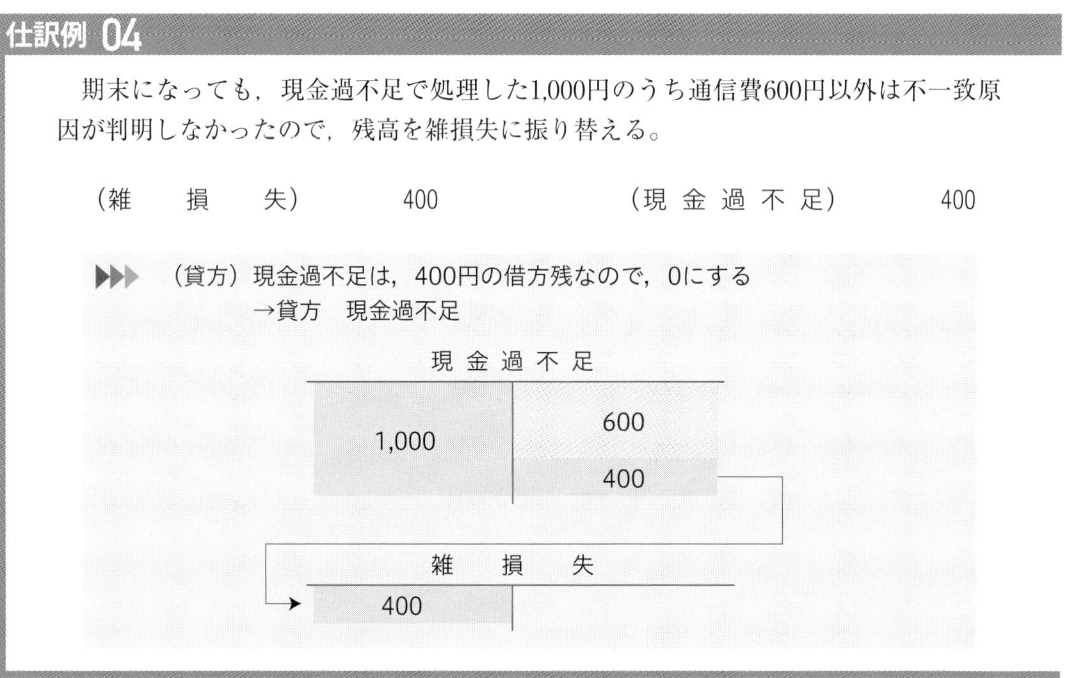

仕訳例 04

期末になっても，現金過不足で処理した1,000円のうち通信費600円以外は不一致原因が判明しなかったので，残高を雑損失に振り替える。

(雑　損　失)	400	(現 金 過 不 足)	400

▶▶▶ (貸方) 現金過不足は，400円の借方残なので，0にする
→貸方　現金過不足

仕訳例 05

現金の帳簿残高は10,000円であったが，実際に数えてみると12,000円であった。
その後，期末になっても不一致原因が判明しなかったので，雑収入に振り替える。

（現金過不足）	2,000	（雑　収　入）	2,000

▶▶▶ ［仕訳例04］の逆パターンです。
（貸方）収益の増加→貸方　雑収入
（借方）不一致原因不明分2,000円を0にする→借方　現金過不足

4 当座預金勘定の内容

預金には，普通預金のほか，当座預金，通知預金，定期預金，別段預金などいろいろな種類があります。しかし，試験でよく出題されるのは当座預金ですので，以下では当座預金についてみていきます。

当座預金（とうざよきん）とは，銀行からお金を引き出すときに**小切手**（こぎって）を切る（振り出す）という特徴をもち，その利便性から利息がつきません。

軽くて小さな小切手帳を1冊持ち歩くことは，重くてかさばる大量の札束を持ち歩くのと同じことです。

当座預金は会社の財産であり，取引要素のうちの「資産」に属します。したがって，当座預金の増加は資産の増加なので「借方」，当座預金の減少は資産の減少なので「貸方」です。

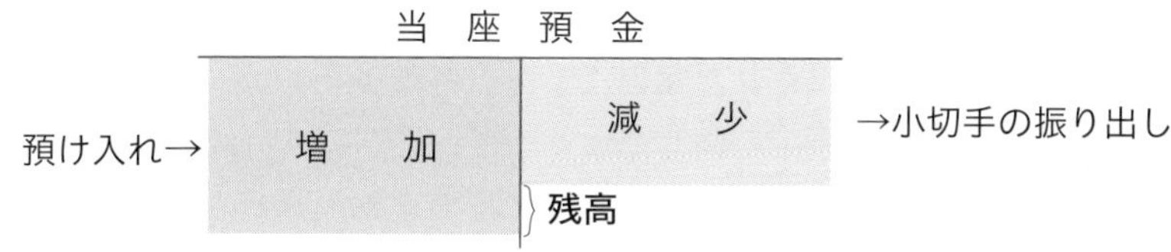

仕訳例 06

手持ちの他人振出の小切手12,000円を当座預金口座に預け入れた。

(当　座　預　金)	12,000	(現　　　　金)	12,000

▶▶▶ 手持ちの他人振出の小切手は，現金扱いです。
(借方) 当座預金口座への預け入れ→会社の財産の増加→資産の増加
→借方　当座預金
(貸方) 手持現金の減少→会社の財産の減少→資産の減少→貸方　現金

仕訳例 07

工具器具備品220,000円を購入し，小切手を振り出して支払った。

(工具器具備品)	220,000	(当　座　預　金)	220,000

▶▶▶ (借方) 工具器具備品の購入→会社の財産の増加→資産の増加
→借方　工具器具備品
(貸方) 小切手の振り出し→当座預金の減少→会社の財産の減少→資産の減少
→貸方　当座預金

5 当座借越

当座預金残高を超えて振り出された額のことを**当座借越**（とうざかりこし）といい，実質は銀行から短期的に資金を借り入れたこと（短期借入金）と同じです。

通常，小切手の振出限度額は当座預金の残高までですが，銀行とあらかじめ**当座借越限度額**を決めて当座借越契約を結んでおけば，当座預金残高を超えて当座借越限度額まで小切手を振り出すことができます。つまり，振出限度額が増加することになります。

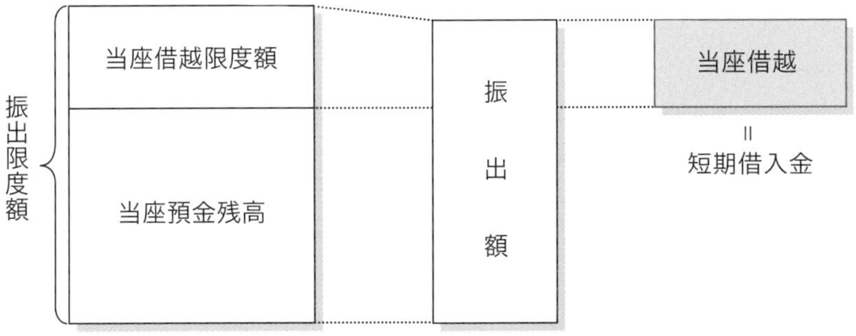

当座借越は銀行からの短期借入と同じであり，将来の支払義務となる「負債」になります。したがって，当座借越の増加は負債の増加なので「貸方」，当座借越の減少は負債の減少なので「借方」です。

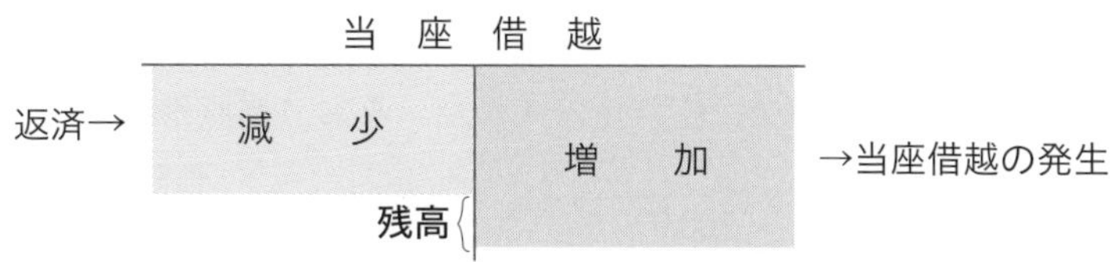

仕訳例 08

工具器具備品220,000円を購入し，小切手を振り出して支払った。なお，当座預金残高は120,000円であるが銀行と当座借越契約を結んでおり，当座借越限度額は200,000円となっている。

（工具器具備品）	220,000	（当座預金）	120,000
		（当座借越）	100,000

▶▶▶ 小切手振出限度額：120,000円＋200,000円＝320,000円
小切手振出額　　：220,000円　→振出限度額以内　→振り出しＯＫ
当座借越　　　　：220,000円－120,000円＝100,000円
（借方）工具器具備品の購入→会社の財産の増加→資産の増加
→借方　工具器具備品
（貸方）小切手の振り出し→当座預金の減少→会社の財産の減少
→資産の減少→貸方　当座預金
ただし，当座預金残高は120,000円だけなので，金額は120,000円
当座預金残高を超えた100,000円は当座借越で処理します。
当座借越＝短期借入金の増加→将来の支払義務の発生→負債の増加
→貸方　当座借越

当座借越がある場合，銀行からの短期借入と同じであるため，当座預金口座に振り込まれるものがあれば，まず当座借越の返済に充てます。

仕訳例 09

現金150,000円を当座預金口座に預け入れた。なお，当座借越が100,000円ある。

（当座借越）	100,000	（現　　　金）	150,000
（当座預金）	50,000		

▶▶▶ 当座借越の返済：100,000円
当座預金の増加：150,000円－100,000円＝50,000円
（貸方）現金の減少→会社の財産の減少→資産の減少→貸方　現金
（借方）まず，当座借越の返済＝短期借入金の減少→支払義務の履行
→負債の減少→借方　当座借越100,000円
次に，当座預金への預け入れ→会社の財産の増加→資産の増加
→借方　当座預金50,000円

期末時に当座借越がある場合は，実質は短期借入金なので，**短期借入金**に振り替えます。

仕訳例 10

期末の当座預金は70,000円であり，内訳はA銀行の当座預金90,000円とB銀行の当座借越20,000円である。なお，当座借越勘定は使用せず，当座預金のマイナス残としている。

（当座預金）	20,000	（短期借入金）	20,000

▶▶▶ 問題文から，B銀行で当座借越が発生したときに（貸方）を当座借越とせず，当座預金のマイナスとして処理しています。
（貸方）当座借越を短期借入金に振り替え→短期借入金の増加
→将来の支払義務の発生→負債の増加→貸方　短期借入金
（借方）当座借越を用いていれば，当座借越の減少＝短期借入金の減少
→負債の減少→借方　当座借越　です。しかし，当座預金で処理しているので，当座借越の代わりに当座預金となります。

6 銀行勘定調整表

会社と銀行の記帳のタイミングのずれや会社での誤記入などにより，当座預金出納帳の残高と銀行から取り寄せた銀行残高証明書の残高が一致しないことがあります。そのため，会社の出納担当者は，期末に必ず両者を照らし合わせます。

両者が一致しない場合は，不一致原因を明らかにし，両者を調整するために**銀行勘定調整表**(ぎんこうかんじょうちょうせいひょう)を作成します。

不一致原因は，大きく以下の2つのケースに分けられます。

①当座預金出納帳の残高を修正するケース（会社の残高の修正なので，**仕訳が必要**）

未渡小切手(みわたしこぎって)：小切手を切り，当座預金減少の仕訳をしたにもかかわらず，支払先には小切手を渡さず，会社内部に保管されているもの。
→小切手が会社内部にあるので，当座預金は減少しません。そこで，当座預金減少の仕訳を取り消します。

誤記入：銀行側では正しく処理されているのに，会社側で処理を誤ったもの。
→正しい勘定科目，金額に修正します。

連絡未通知：・銀行側では得意先からの入金日に正しく処理しているが，会社側では得意先の通知がきてから処理するために，入金処理していない場合。
→実際には入金になっているので，入金処理します。
・銀行側では支払先への支払日に正しく処理しているが，会社側では支払先の通知がきてから処理するために，出金処理していない場合。
→実際には出金になっているので，出金処理します。

②銀行残高証明書の残高を調整するケース（仕訳は不要）

時間外預入(じかんがいあずけいれ)：銀行の営業時間終了後に夜間金庫に預け入れると，銀行では翌営業日に入金処理します。会社側では当座預金増加の仕訳を行っていますが，銀行では未処理のため，その分両者の残高は一致しません。
→両者の残高を一致させるため，銀行の残高を加算し，銀行で入金処理したものとみなします。

未取立小切手(みとりたてこぎって)：手持ちの小切手を資金化するため銀行に取り立てを依頼した場合，会社では当座預金増加の仕訳を行っていますが，業務多忙により銀行では取立未了であれば，その分両者の残高は一致しません。
→両者の残高を一致させるため，銀行の残高を加算し，銀行で入金処理したものとみなします。

未取付小切手：会社では小切手を振り出したときに当座預金減少の仕訳を行いますが，支払先が銀行に小切手を呈示していなければ，銀行では未引き落しであり，その分両者の残高は一致しません。
→両者の残高を一致させるため，銀行の残高を減算し，支払先が小切手を銀行に呈示し，銀行が支払ったものとみなします。

以上の事項をまとめると，銀行勘定調整表は次のようになります。

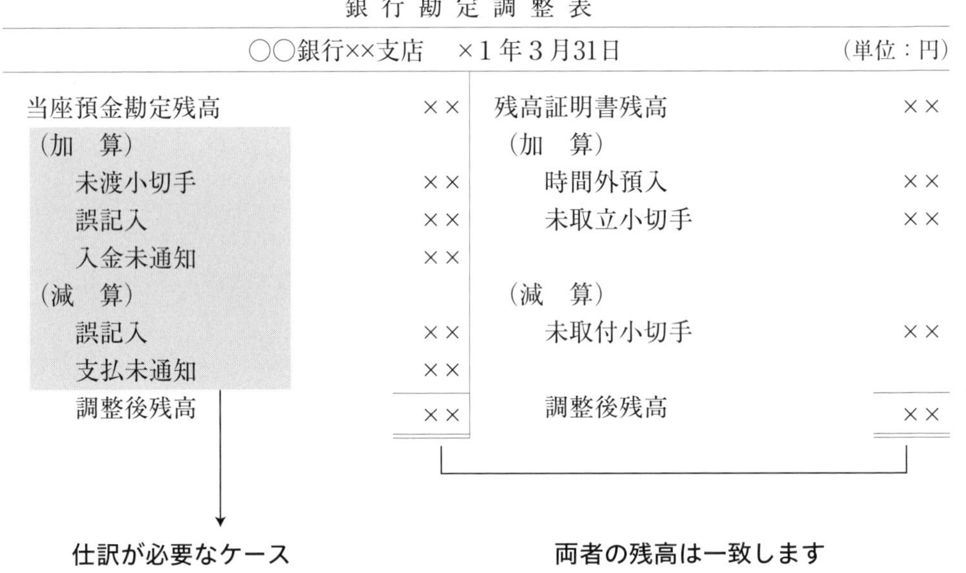

銀 行 勘 定 調 整 表

○○銀行××支店　×1年3月31日　（単位：円）

当座預金勘定残高	××	残高証明書残高	××
（加　算）		（加　算）	
未渡小切手	××	時間外預入	××
誤記入	××	未取立小切手	××
入金未通知	××		
（減　算）		（減　算）	
誤記入	××	未取付小切手	××
支払未通知	××		
調整後残高	××	調整後残高	××

仕訳が必要なケース
両者の残高は一致します

なお，誤記入は，その内容によって会社の残高を加算する場合も減算する場合もあるので，注意してください。

基本例題01

次の資料から銀行勘定調整表を作成しなさい。

(資料)

当社の期末日の当座預金出納帳残高は10,000円であったが，銀行から銀行残高証明書を取り寄せたところ9,000円であった。

不一致原因を調査したところ，以下の事項が判明した。

①工事未払金の支払いのために振り出した小切手1,000円が未渡しであった。

②完成工事未収入金の回収額が3,300円であったが，3,000円と処理してしまった。

③完成工事未収入金代700円が振り込まれていたが，当社にその通知が未着であった。

④通信費2,000円が引き落とされていたが，当社にその通知が未着であった。

⑤期末日の夜間金庫に1,500円預け入れたが，銀行では翌日に処理した。

⑥工事代金の支払いのために振り出した小切手500円が，まだ銀行に呈示されていない。

銀行勘定調整表

○○銀行××支店　×1年3月31日　(単位：円)

当座預金勘定残高	10,000	残高証明書残高	9,000
(加　算)		(加　算)	
(　　)	(　　)	(　　)	(　　)
(　　)	(　　)		
(　　)	(　　)		
(減　算)		(減　算)	
(　　)	(　　)	(　　)	(　　)
調整後残高	(　　)	調整後残高	(　　)

解　答01

銀行勘定調整表

○○銀行××支店　×1年3月31日　(単位：円)

当座預金勘定残高	10,000	残高証明書残高	9,000
(加　算)		(加　算)	
(①未渡小切手)	(1,000)	(⑤時間外預入)	(1,500)
(②誤　記　入)	(300)		
(③入金未通知)	(700)		
(減　算)		(減　算)	
(④支払未通知)	(2,000)	(⑥未取付小切手)	(500)
調整後残高	(10,000)	調整後残高	(10,000)

解説

①会社は，小切手を振り出した時点で次の仕訳をしています。

(工事未払金)　1,000　(当座預金)　1,000

期末時点では小切手が会社内部にあるので，当座預金の減少仕訳を取り消します。

(当座預金)　1,000　(工事未払金)　1,000

②会社は，次の仕訳をしています。

(当座預金)　3,000　(完成工事未収入金)　3,000

正しくは3,300円なので，300円だけ追加します。

(当座預金)　300　(完成工事未収入金)　300

③銀行では入金処理済みなので，当社でも入金処理します。

(当座預金)　700　(完成工事未収入金)　700

④銀行では出金処理済みなので，当社でも出金処理します。

(通信費)　2,000　(当座預金)　2,000

⑤会社では，夜間金庫に預け入れたときに当座預金を増加していますが，銀行では未処理のため，銀行残高に加算します。

⑥会社では，小切手の振出時に当座預金を減少していますが，銀行では未引き落しのため，銀行残高を減算します。

MEMO

07 Theme 手形取引

◆重要論点◆
1．手形の種類
　約束手形，為替手形
2．手形の割引き・裏書き
　評価勘定法，対照勘定法
3．手形の不渡り
4．営業外の手形
5．手形の貸借
6．営業保証手形
7．自己振出手形の回収

1 手形の種類

これまで，代金の支払方法として，現金と小切手をみてきました。多額の現金を持ち歩かずにすむように小切手が利用されていることを理解しました。札束を持ち歩くかどうかの違いがあるものの，すぐに支払う点では現金と小切手は同じです。

しかし，資金繰りの都合から支払いをもう少し待ってほしいときもあります。代金をもらう側からすれば，受け取りをもう少し待つのであれば，後日確実に受け取れる保証が欲しいところです。そこで，支払期日に支払うことを保証するものとして，手形取引が発達してきました。

手形とは，債務者（支払人）が支払期日に支払うことを保証するために作成される手形法上の有価証券で，**約束手形**と**為替手形**があります。

1. 約束手形

約束手形：手形の**支払人**（しはらいにん）（**振出人**（ふりだしにん））が**受取人**（うけとりにん）（**名宛人**（なあてにん））に支払期日に支払うことを約束する手形法上の有価証券

工事代金，その他の工事関係収益の代価，材料貯蔵品の購入代金，工事費及び販売費・一般管理費に属する費用の発生など，営業取引に基づいて発生した手形上の債権・債務は，手形の受取人は**受取手形**，手形の支払人は**支払手形**で処理します。

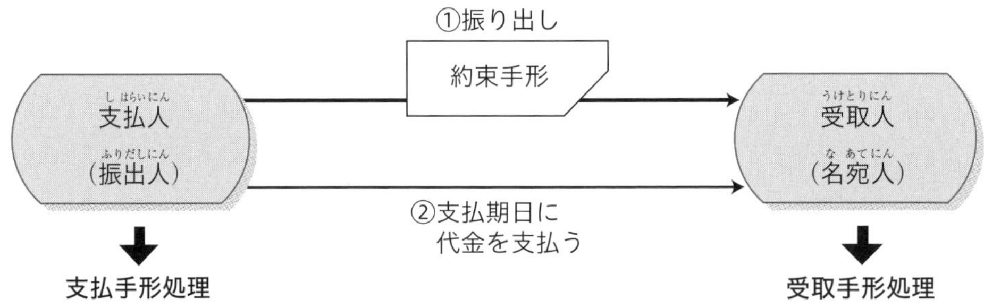

なお，手形代金の支払いと受け取りは銀行を介して行われます。この場合，銀行に手形を引き渡して手形代金の回収を依頼することを，手形代金を「取り立てる」といいます。

受取手形は，支払期日に代金を請求できる権利なので，資産です。

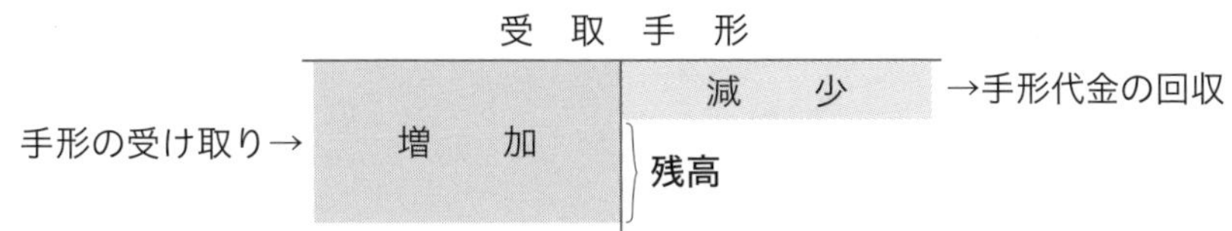

支払手形は，支払期日に支払う義務を負うので，負債です。

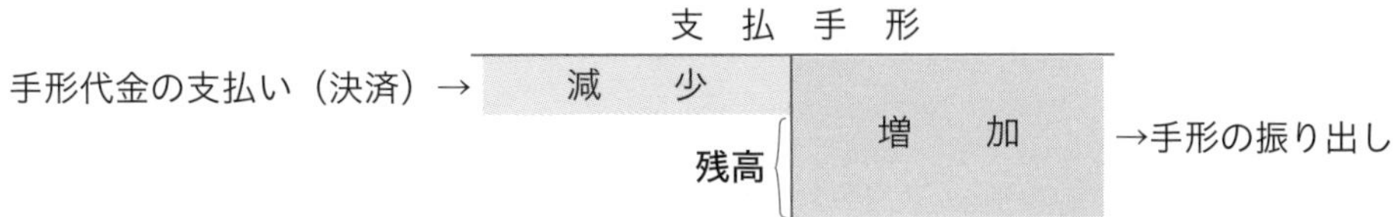

仕訳例 01

外注工事代金の対価として，A会社はB会社に対して12,000円の約束手形を振り出した。

［A会社］

（外　注　費）	12,000	（支　払　手　形）	12,000

［B会社］

（受　取　手　形）	12,000	（完　成　工　事　高）	12,000

▶▶▶ A会社（支払人）
（貸方）約束手形の振り出し→将来の支払義務の発生→負債の増加→貸方　支払手形
（借方）外注費の発生→費用の増加→借方　外注費
B会社（受取人）
（借方）約束手形の受け取り→代金請求権の取得→会社の財産の増加→資産の増加→借方　受取手形
（貸方）営業活動の対価→収益の増加→貸方　完成工事高

仕訳例 02

［仕訳例01］で支払期日となり，B会社は取引銀行から取り立てられた旨の連絡を受けた。

［A会社］

（支　払　手　形）	12,000	（当　座　預　金）	12,000

［B会社］

（当　座　預　金）	12,000	（受　取　手　形）	12,000

▶▶▶ 手形の決済は，支払側の取引銀行口座から受取側の取引銀行口座に振り込まれます。通常は当座預金口座が用いられます。

A会社

（貸方）支払期日に口座から支払い→会社の財産の減少→資産の減少→貸方　当座預金

（借方）支払義務の履行→負債の減少→借方　支払手形

B会社

（借方）当座預金口座に入金→会社の財産の増加→資産の増加→借方　当座預金

（貸方）約束手形の返還→代金請求権の消滅→会社の財産の減少→資産の減少→貸方　受取手形

2. 為替手形

約束手形は，支払人と受取人という二者間での支払いの約束ですが，**為替手形**（かわせてがた）では，さらに**引受人**（ひきうけにん）がかかわり，三者間での約束になります。

約束手形は手形振出人が代金を支払いますが，為替手形では，手形振出人は代金を支払いません。手形振出人の代わりに，引受人が代金を支払います。

為替手形にはいろいろなパターンがありますが，最も一般的なのが**委託為替手形**（いたくかわせてがた）です。

委託為替手形：手形の振出人が直接支払わず，得意先などに支払いを委託し引き受けてもらい（引受人），得意先の債権（完成工事未収入金など）を回収する手形法上の有価証券

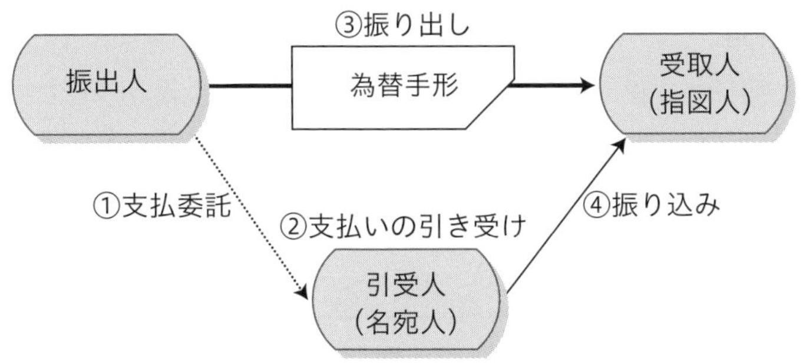

得意先（引受人）は，約束手形の振出人と同じように支払手形で処理します。

受取人は，約束手形の受取人と同じように受取手形で処理します。

約束手形の処理とまったく違うのは，振出人です。為替手形の振出人は，手形代金の受け取りと支払いにはまったく関係しません。

なお，上の「受取人」を「指図人（さしずにん）」，「引受人」を「名宛人」ということもあります。「約束手形」の場合とよび方も異なりますので注意してください。

仕訳例 03

工事代金の未払金をE会社に支払うため，D会社は売上債権のある得意先Fを引受人とする為替手形14,000円を振り出し，E会社に手渡した。

［D会社＝振出人］

（工事未払金）	14,000	（完成工事未収入金）	14,000

▶▶▶ 手形を振り出しても，約束手形のように支払手形で処理しないので，十分注意してください。

（借方）E会社に対する工事代金の未払金の支払い→E会社に対する支払義務の履行→負債の減少→借方　工事未払金

（貸方）得意先Fに代金の支払いを引き受けてもらう→得意先Fに対する売上債権と相殺→得意先Fに対する代金請求権の消滅→会社の財産の減少→資産の減少→貸方　完成工事未収入金

［E会社＝受取人］

（受取手形）	14,000	（完成工事未収入金）	14,000

▶▶▶ 約束手形の受取人の処理に準じます。

［得意先F＝引受人］

（工事未払金）	14,000	（支払手形）	14,000

▶▶▶ 約束手形の振出人の処理に準じます。

2 手形の割引き

受取手形は，支払期日がくれば資金化できます。しかし，資金繰りの都合で，支払期日前に銀行などで割引手数料を支払って資金化することもできます。支払期日前に換金することを，**手形の割引き**といいます。割引手数料は，受取手形を売却したことによる損として，**手形売却損**（費用）で処理します。

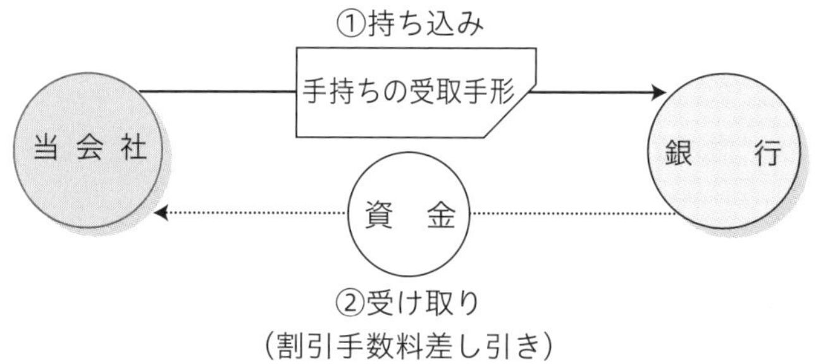

3 手形の裏書き

資金繰りの都合で，手持ちの受取手形を支払手段として利用することができます。支払期日前に取引先に受取手形を譲渡することを，**手形の裏書き**といいます。手形の所持者が手形の裏に住所・氏名など必要事項を記入し，押印することからこのようないい方をします。

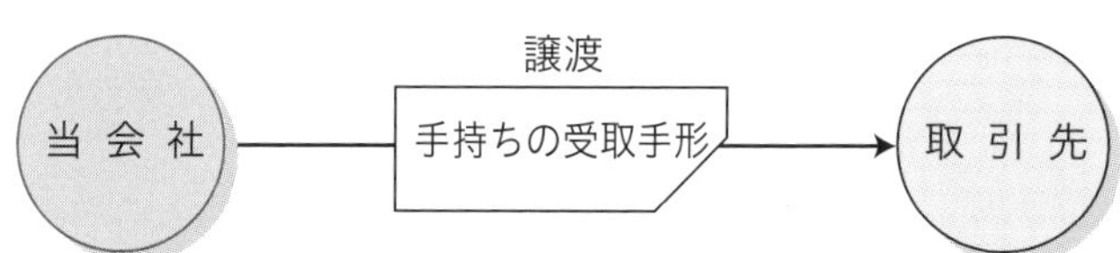

手形を割り引いたり裏書きして手許に所持していなくても，支払期日に元々の手形振出人が支払うまでは，裏書人全員が連帯保証の義務を負います。もし，手形振出人が支払わず，手形保有者から代わりに支払うよう請求されれば，連帯保証人として支払わなければなりません。

このように，ある事態が生じれば当社に支払義務が発生するような潜在的義務を，**偶発債務**といいます。偶発債務は発生の可能性が低いため，帳簿上明らかにしておかないと忘れてしまうことがあります。

偶発債務を記録する場合の処理方法には**評価勘定法**，**対照勘定法**の２つがあります。

本試験においてどちらを採用するかについては，問題文中に指示がありますのでそれにしたがってください。

また，手形を割り引いたり裏書きしたりした時には，支払期日に手形振出人が支払わず手形保有者から代わりに支払うように請求されるリスク分を時価評価し，あらかじめ**保証債務費用**勘定で費用計上（相手勘定科目は**保証債務**）しておき，支払期日到来時には，リスクがゼロだったのか顕在化するのか判明するので，費用計上していた分を**保証債務取崩益**勘定で取り崩します（費用のマイナスとせず収益のプラスとします）。

手形割引（裏書）時

（保証債務費用）	××	（保　証　債　務）	××

支払期日到来時

（保　証　債　務）	××	（保証債務取崩益）	××

1. 評価勘定法

評価勘定法：受取手形を割引き・裏書きした際，受取手形を直接減額させずに**割引手形・裏書手形**という勘定を用いる方法。割引手形・裏書手形は，受取手形を間接的に評価する性格のものです。

仕訳例 04

手持ちの受取手形10,000円を銀行で割り引き，割引料500円を差し引かれ，手取りを現金で受け取った（評価勘定法）。割引き時における保証債務の時価は，額面の１％と評価された。

（現　　　　金）	9,500	（割　引　手　形）	10,000
（手 形 売 却 損）	500		
（保証債務費用）	100	（保　証　債　務）	100

▶▶▶（借方）差引手取額9,500円を現金受取→会社の財産の増加
→資産の増加→借方　現金9,500円
手形売却による損の発生→費用の増加
→借方　手形売却損500円（または手形割引料）
（貸方）評価勘定法では，偶発債務を明示するため，割引手形を用います。

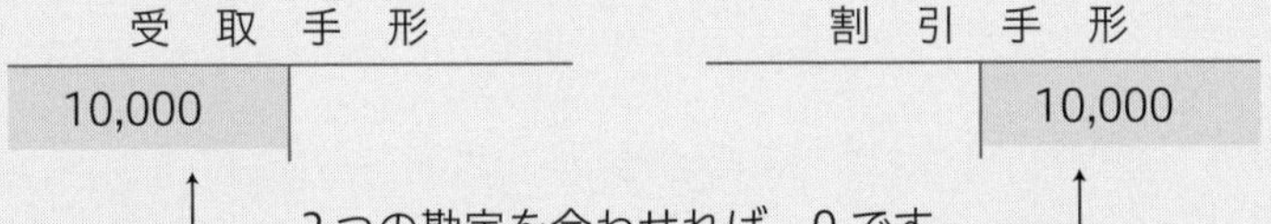

〔３行目の仕訳〕
（貸方）手形割引による偶発債務発生リスクの認識→潜在的支払義務の発生
→負債の増加→貸方　保証債務：10,000円×１％＝100円
（借方）偶発債務発生リスクの認識にともなう損の発生→費用の増加
→借方　保証債務費用

仕訳例 05

工事未払金の支払いのため，手持ちの受取手形15,000円を裏書譲渡した（評価勘定法）。保証債務の時価は，額面の１％と評価された。

（工事未払金）	15,000	（裏書手形）	15,000
（保証債務費用）	150	（保証債務）	150

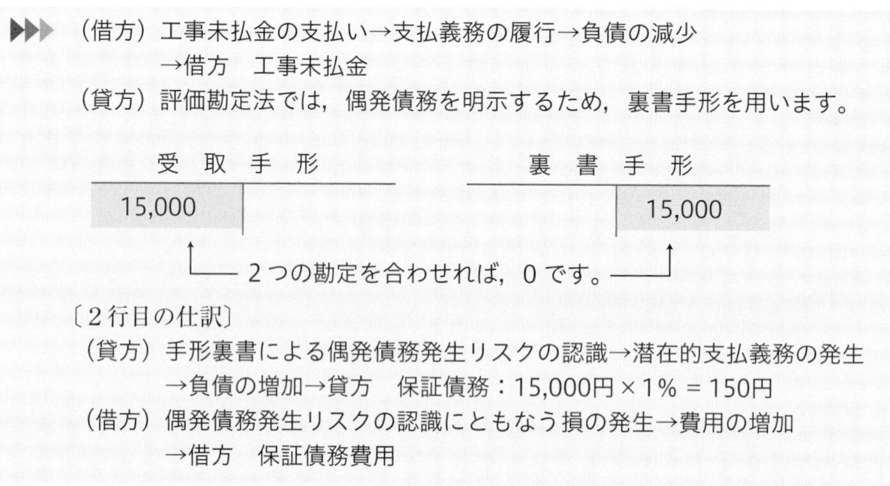

▶▶▶（借方）工事未払金の支払い→支払義務の履行→負債の減少
→借方　工事未払金
（貸方）評価勘定法では，偶発債務を明示するため，裏書手形を用います。

〔2行目の仕訳〕
（貸方）手形裏書による偶発債務発生リスクの認識→潜在的支払義務の発生
→負債の増加→貸方　保証債務：15,000円×1%＝150円
（借方）偶発債務発生リスクの認識にともなう損の発生→費用の増加
→借方　保証債務費用

支払期日が到来すれば，手形振出人に代わって支払うのかどうか明らかになるので，偶発債務は消滅します。したがって，受取手形を減額するとともに，割引手形・裏書手形も減額します。

仕訳例 06

取引銀行より，割り引いていた手形10,000円が期日に無事決済された旨の連絡があった（評価勘定法）。保証債務の時価は，額面の１％と評価していた。

（割　引　手　形）	10,000	（受　取　手　形）	10,000
（保　証　債　務）	100	（保証債務取崩益）	100

▶▶▶ 支払期日に無事決済されたということは，もはや連帯保証の義務はないということなので，偶発債務の記録は不要です。

（借方）偶発債務の記録が不要なので，（貸方）で明示した割引手形を消去するため，（借方）割引手形にします。

（貸方）代金請求権の完全消滅→会社の財産の減少→資産の減少→貸方　受取手形

〔２行目の仕訳〕

（借方）偶発債務発生リスクの消滅→潜在的支払義務の消滅→負債の減少→借方　保証債務：10,000円×１％＝100円

（貸方）偶発債務発生リスクの消滅にともなう計上済の損の取消し→費用のマイナスとせず収益のプラス→貸方　保証債務取崩益

2. 対照勘定法

対照勘定法：受取手形を割引き・裏書きしたときに，受取手形を直接減額する方法。ただし，このままでは偶発債務が明示されないので，**手形割引義務見返**（てがたわりびきぎむみかえり）と**手形割引義務**，**手形裏書義務見返**と**手形裏書義務**という一対の勘定を用いて，偶発債務を明示します。

一対の勘定は，名称が似ています。そこで，「義務は負債だから貸方」と覚えます。その相手として「見返り」があります。

仕訳例 07

工事未払金の支払いのため，手持ちの受取手形15,000円を裏書譲渡した（対照勘定法）。裏書き時における保証債務の時価は，額面の１％と評価された。

（工事未払金）	15,000	（受取手形）	15,000
（手形裏書義務見返）	15,000	（手形裏書義務）	15,000
（保証債務費用）	150	（保証債務）	150

▶▶▶ （借方）工事未払金の支払い→支払義務の履行→負債の減少
→借方　工事未払金
（貸方）受取手形の権利の譲渡→会社の財産の減少→資産の減少
→貸方　受取手形
〔偶発債務〕
（貸方）手形保有者に対する潜在的支払義務→潜在的負債の増加
→貸方　手形裏書義務
（借方）手形振出人に対する潜在的請求権→潜在的な会社の財産の増加
→潜在的資産の増加→借方　手形裏書義務見返

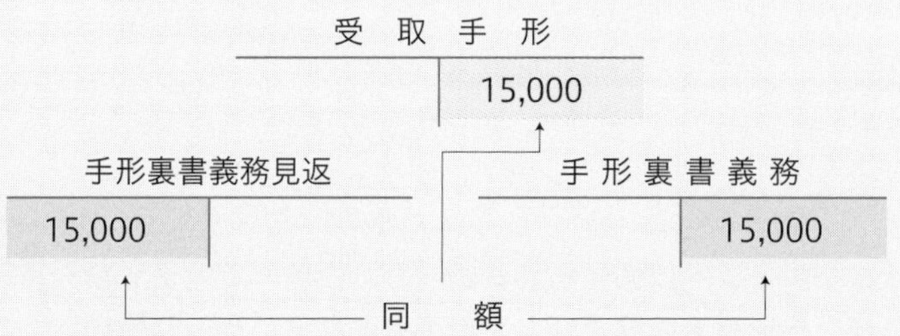

〔３行目の仕訳〕
（貸方）手形裏書による偶発債務発生リスクの認識→潜在的支払義務の発生
→負債の増加→貸方　保証債務：15,000円×１％＝150円
（借方）偶発債務発生リスクの認識にともなう損の発生→費用の増加
→借方　保証債務費用

支払期日が到来すれば，手形振出人に代わって支払うのかどうか明らかになるので，偶発債務は消滅します。したがって，手形裏書（割引）義務見返および手形裏書（割引）義務を減額します。

仕訳例 08

取引銀行より，裏書きしていた手形15,000円が期日に無事決済された旨の連絡があった（対照勘定法）。保証債務の時価は，額面の１％と評価していた。

（手形裏書義務）	15,000	（手形裏書義務見返）	15,000
（保証債務）	150	（保証債務取崩益）	150

▶▶▶ 支払期日に無事決済されたということは，もはや連帯保証の義務はないということなので，偶発債務の記録は不要です。したがって，偶発債務に関しては，計上時の逆の仕訳を行います。
なお，対照勘定法では，裏書きした時点で受取手形を直接減額しているので，受取手形に関しては，特に処理はありません。
〔２行目の仕訳〕
（借方）偶発債務発生リスクの消滅→潜在的支払義務の消滅
→負債の減少→借方　保証債務：15,000円×１％＝150円
（貸方）偶発債務発生リスクの消滅にともなう計上済の損の取消し
→費用のマイナスとせず収益のプラス→貸方　保証債務取崩益

4 手形の不渡り

支払先が資金不足であれば，支払期日に決済されないことがあります。これを，**手形の不渡り**といいます。すなわち，偶発債務が顕在化した場合です。通常の受取手形と区別して，**不渡手形**という勘定で処理します。

不渡手形は，手形保有者に対して元の振出人の代わりに立替払いした代金を，元の振出人に請求できる権利なので，資産です。

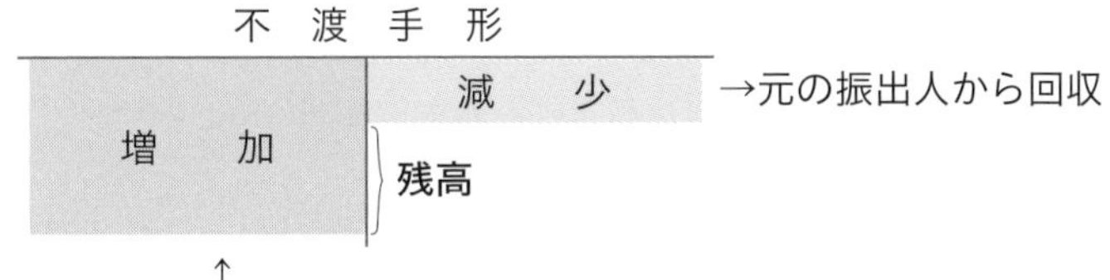

不渡りが発生した場合の手形などの流れは，次のような図になります。

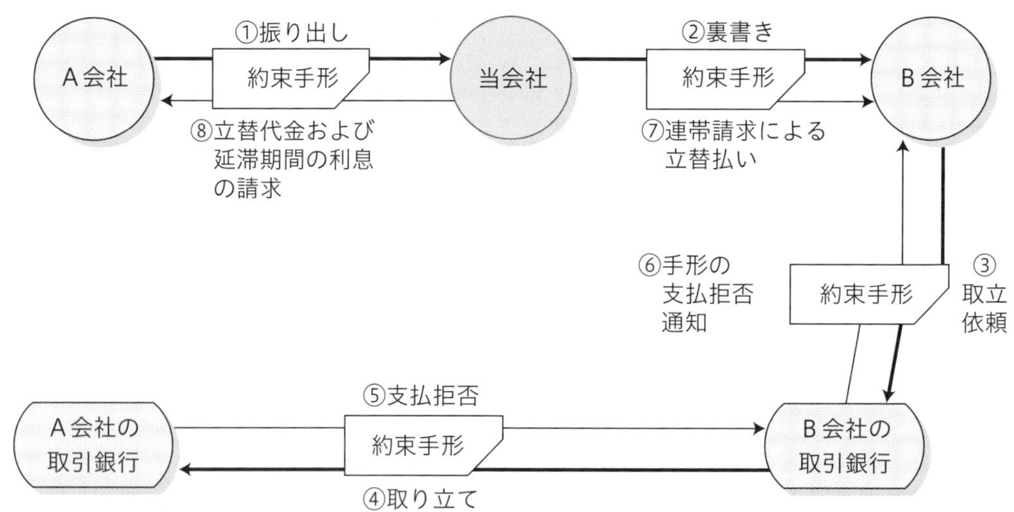

仕訳例 09

振出人A会社から受け取った約束手形11,000円をB会社に裏書譲渡していたが（評価勘定法），支払期日に不渡りとなり，B会社より返金請求があり，現金を支払って手形を引き取った。保証債務の時価は，額面の１％と評価していた。

借方	金額	貸方	金額
（裏　書　手　形）	11,000	（受　取　手　形）	11,000
（不　渡　手　形）	11,000	（現　　　　金）	11,000
（保　証　債　務）	110	（保証債務取崩益）	110

▶▶▶ 裏書きしていた手形が不渡りになったので，連帯保証を実行したという内容です。

〔１行目の仕訳〕
評価勘定法による支払期日到来時の仕訳です。

〔２行目の仕訳〕
（貸方）B会社に現金の支払い→会社の財産の減少→資産の減少
→貸方　現金
（借方）A会社に対する立替代金の請求権の取得→会社の財産の増加
→資産の増加→借方　不渡手形

〔３行目の仕訳〕
（借方）偶発債務発生リスクの顕在化→潜在的支払義務の消滅
→負債の減少→借方　保証債務：11,000円×１％＝110円
（貸方）偶発債務発生リスクの顕在化にともなう計上済の損の取消し
→費用のマイナスとせず収益のプラス→貸方　保証債務取崩益

仕訳例 10

当会社は，手持ちの不渡手形11,000円について利息100円を上乗せして返金請求し，A会社は現金で支払い，手形を引き取った。

（現　　金）	11,100	（不 渡 手 形）	11,000
		（受 取 利 息）	100

▶▶▶（借方）現金の受け取り→会社の財産の増加→資産の増加→借方　現金
（貸方）立替代金請求権の消滅→会社の財産の減少→資産の減少
→貸方　不渡手形11,000円
支払期日後から返金時までの遅延利息の受け取り→収益の増加
→貸方　受取利息100円

仕訳例 11

決算に際し，受取手形のうち，11,000円が不渡りであることが判明した。

（不 渡 手 形）	11,000	（受 取 手 形）	11,000

▶▶▶ 不渡りとなった手形は，通常の受取手形と区別するため，不渡手形勘定に振り替えます。

5 営業外の手形

営業取引に基づいて生じた手形は，受取手形および支払手形で処理しますが，手形の受け払いは営業取引以外でも行われます。

営業取引以外から生じた手形は，受取手形および支払手形と区別して，手形の受取人は**営業外受取手形**，手形の支払人は**営業外支払手形**で処理します。

具体的には，固定資産や有価証券などの売買にともなって生じる手形です。

仕訳例 12

A会社は土地を購入し，B会社（売却原価：20,000円）に20,000円の約束手形を振り出して支払った。

［A会社］

（土　　　　地）	20,000	（営業外支払手形）	20,000

▶▶▶ （借方）土地の取得→会社の財産の増加→資産の増加→借方　土地
（貸方）営業取引以外での約束手形の振り出し→将来の支払義務の発生
→負債の増加→貸方　営業外支払手形

［B会社］

（営業外受取手形）	20,000	（土　　　　地）	20,000

▶▶▶ （貸方）土地の売却→会社の財産の減少→資産の減少→貸方　土地
（借方）営業取引以外での約束手形の受け取り→代金請求権の取得
→会社の財産の増加→資産の増加→借方　営業外受取手形

6 手形の貸借

お金の貸し借りをする場合，期日に確実な返済を保証するため，借用証書に代えて手形を振り出すことがあります。お金を貸し借りするために用いられる手形を**融通手形**（ゆうずうてがた）といい，通常の貸付金および借入金（後述）と区別して，手形の受取人は**手形貸付金**，手形の支払人は**手形借入金**で処理します。

手形貸付金は，支払期日に返金請求できる権利なので，資産です。

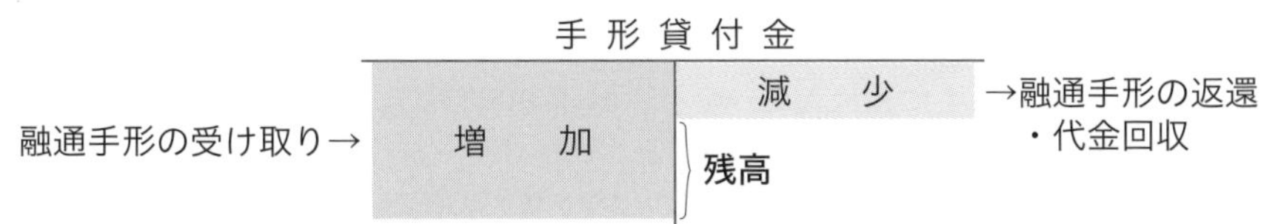

手形借入金は，支払期日に支払う義務を負うので，負債です。

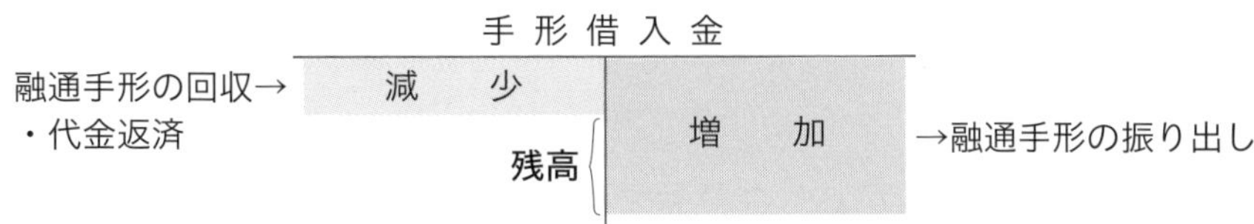

約束手形の振り出しによる借入れをした場合の関係図は，以下のようになります。

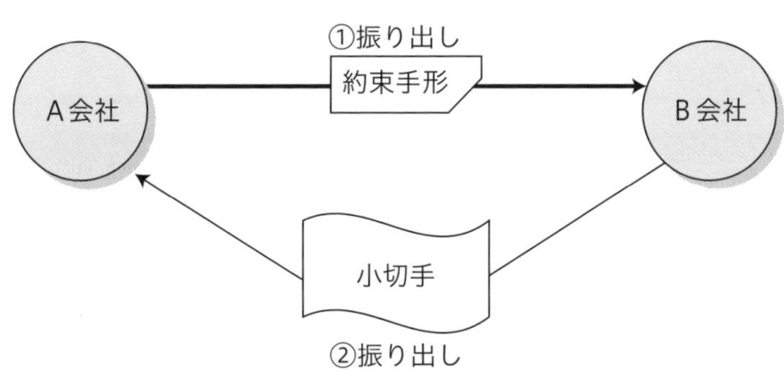

仕訳例 13

A会社は，B会社より資金を借り入れるため，12,000円の約束手形を振り出して利息240円を差し引かれた手取額11,760円の小切手を受け取り，ただちに当座預金口座に預け入れた。

［A会社］

（当座預金）	11,760	（手形借入金）	12,000
（支払利息）	240		

▶▶▶（借方）当座預金に預け入れ→会社の財産の増加→資産の増加
→借方　当座預金11,760円
借入期間に対する利息の支払い→費用の増加
→借方　支払利息240円
（貸方）借入れのための手形振出→将来の支払義務の発生→負債の増加
→貸方　手形借入金

［B会社］

（手形貸付金）	12,000	（当座預金）	11,760
		（受取利息）	240

▶▶▶（貸方）小切手の振り出し→当座預金の減少→会社の財産の減少
→資産の減少→貸方　当座預金11,760円
貸付期間に対する利息の受け取り→収益の増加
→貸方　受取利息240円
（借方）貸付けのための手形受取→貸付代金請求権の取得
→会社の財産の増加→資産の増加→借方　手形貸付金

仕訳例 14

A会社は，B会社より借り入れた12,000円を返済するため，小切手を振り出してB会社に渡し，振り出していた手形を回収した。

［A会社］

（手形借入金）	12,000	（当座預金）	12,000

▶▶▶（貸方）小切手の振り出し→当座預金の減少→会社の財産の減少
→資産の減少→貸方　当座預金
（借方）振り出していた手形の回収→支払義務の履行→負債の減少
→借方　手形借入金

［B会社］

（現金）	12,000	（手形貸付金）	12,000

▶▶▶ 他店振出の小切手は，現金扱いです。
（借方）小切手の受け取り→会社の財産の増加→資産の増加→借方　現金
（貸方）手形の返還→貸付代金請求権の消滅→会社の財産の減少
→資産の減少→貸方　手形貸付金

手形借入を行う場合，借り入れる金額と振り出す約束手形の金額に差が生じることがあります。この差額が借入期間に対応する利息相当額であれば，借入時には借入金額で処理し，差は**償却原価法**により評価します。

償却原価法：借り入れる金額（または貸し付ける金額）と約束手形の金額の差を，振出時（または受取時）から支払期日（または受取期日）までの期間で，約束手形の金額になるように調整していく方法。毎期の調整額は，支払利息（費用）（または受取利息（収益））で処理します。

〔**借り入れる場合**〕

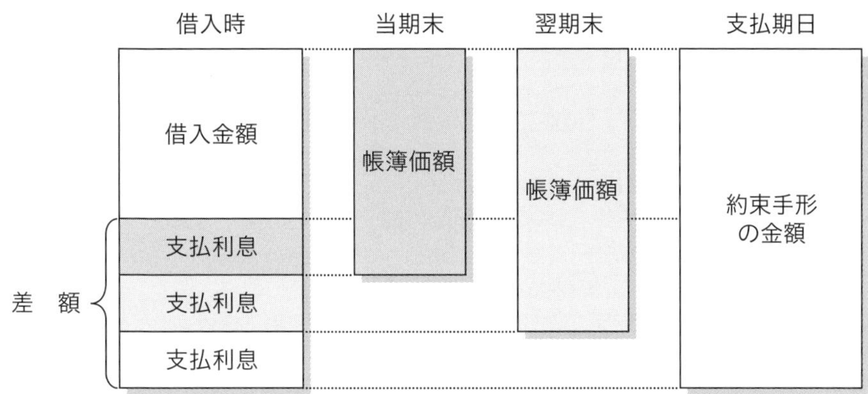

〔**貸し付ける場合**〕

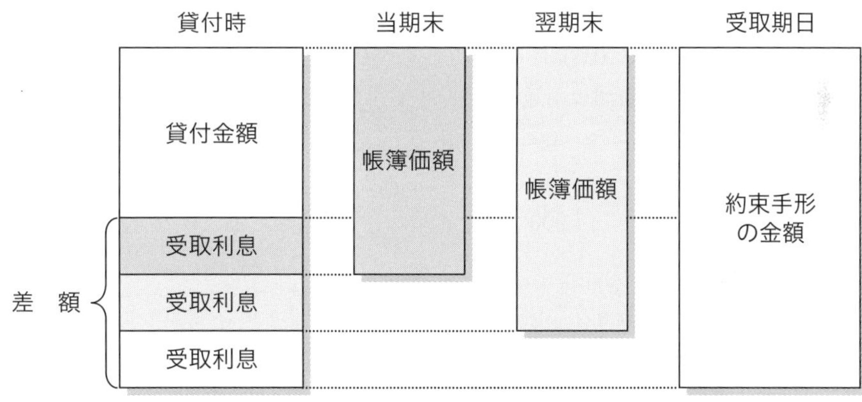

仕訳例 15

A会社は，B会社より資金を借り入れるため，約束手形12,000円を振り出して10,000円の小切手を受け取り，ただちに当座預金口座に預け入れた。借入金額と約束手形の金額の差額は，借入期間に対応する利息相当額である。

［A会社］

（当　座　預　金）	10,000	（手 形 借 入 金）	10,000

▶▶▶ （借方）当座預金に預け入れ→会社の財産の増加→資産の増加
→借方　当座預金
（貸方）借入れのための手形振出→将来の支払義務の発生→負債の増加
→貸方　手形借入金

［B会社］

（手 形 貸 付 金）	10,000	（当　座　預　金）	10,000

▶▶▶ 手形受取時の請求権は，10,000円であることに注意してください。
（貸方）小切手の振り出し→当座預金の減少→会社の財産の減少
→資産の減少→貸方　当座預金
（借方）貸付けのための手形受取→貸付代金請求権の取得
→会社の財産の増加→資産の増加→借方　手形貸付金

仕訳例 16

当期首に，A会社は，B会社より資金を借り入れるため，支払期日が２年後の約束手形12,000円を振り出して10,000円の小切手を受け取っているが，借入金額と約束手形の金額の差額は，借入期間に対応する利息相当額であるので，決算に際し償却原価法により評価する。

［A会社］

（支　払　利　息）	1,000	（手 形 借 入 金）	1,000

▶▶▶ 調 整 総 額：12,000円 − 10,000円 = 2,000円
毎期の調整額：2,000円 ÷ ２年 = 1,000円
（借方）借入経過分の利息負担の発生→費用の増加→借方　支払利息
（貸方）毎期1,000円ずつ将来の支払義務が追加→負債の増加
→貸方　手形借入金

［B会社］

（手 形 貸 付 金）	1,000	（受　取　利　息）	1,000

▶▶▶ （貸方）貸付経過分の収受利息の発生→収益の増加→貸方　受取利息
（借方）毎期1,000円ずつ貸付代金請求権が追加→会社の財産の増加
→資産の増加→借方　手形貸付金

7 営業保証手形

資材業者から安定して資材を購入する場合や外注業者に継続的に業務を依頼するなど，安定した取引を確保するため，営業保証を目的として約束手形を振り出すことがあります。

手形期日までに支払いが困難な場合，受取人は営業に支障が生じないよう受け取った手形を銀行に持ち込んで資金化できます。担保的な意味を持つ営業保証目的の手形は，受取手形および支払手形と区別して，手形の受取人は**営業保証受取手形**，手形の支払人は**営業保証支払手形**で処理します。

仕訳例 17

A会社は，B会社と安定した取引を行うため，営業保証の目的で約束手形11,000円を振り出した。

［A会社］

（差入営業保証金）	11,000	（営業保証支払手形）	11,000

▶▶▶（貸方）営業保証の目的で約束手形を振り出し
→支払不履行時の支払義務の発生→潜在的支払義務の発生
→潜在的負債の増加→貸方　営業保証支払手形
（借方）営業取引を解消したときには預けていた約束手形を返還請求できる権利がある→会社の財産の増加→資産の増加
→借方　差入営業保証金

［B会社］

（営業保証受取手形）	11,000	（営業保証預り金）	11,000

▶▶▶（借方）営業保証の目的で約束手形を受け取り
→支払不履行時に資金化できる権利→会社の財産の増加
→資産の増加→借方　営業保証受取手形
（貸方）営業取引を解消したときには預った約束手形を返還する義務が生じる
→潜在的支払義務の発生→潜在的負債の増加
→貸方　営業保証預り金

8 自己振出手形の回収

工事代金を回収する際，まれに自社が以前に振り出した支払手形で回収することがあります。この場合は受取手形の受け取りとせず，以前振り出した支払手形の回収として処理します。

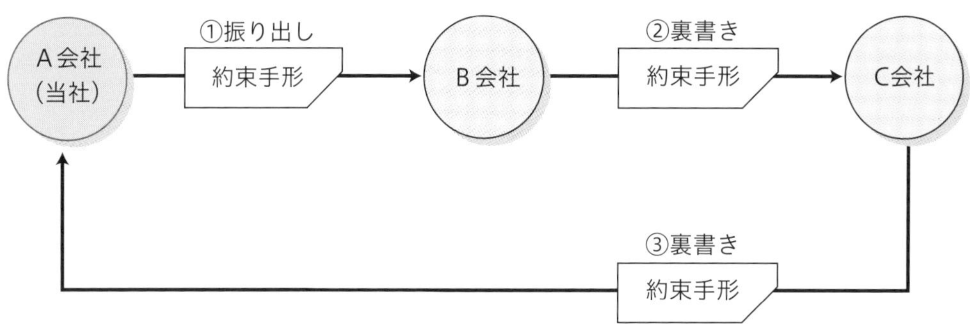

仕訳例 18

A会社は工事未払金の支払いのため，B会社に対して約束手形13,000円を振り出して支払った（A会社の仕訳のみ）。

（工 事 未 払 金）	13,000	（支　払　手　形）	13,000

▶▶▶ 通常の支払手形振出の仕訳です。

仕訳例 19

C会社は工事未払金の支払いのため，A会社に対して手持ちの手形13,000円（A会社振出）を裏書譲渡した（A会社の仕訳のみ）。

（支　払　手　形）	13,000	（完成工事未収入金）	13,000

▶▶▶ （貸方）手形の受け取りによる工事未収入金の回収→工事代金請求権の消滅
→会社の財産の減少→資産の減少→貸方　完成工事未収入金
（借方）自己が以前に振り出した支払手形の回収→支払義務の消滅
→負債の減少→借方　支払手形

MEMO

08 有価証券
Theme

◆重要論点◆

1．株式の取得
2．株式の売却
3．配当金の受け取り
4．有価証券の期末評価
　原価法，時価法，償却原価法
5．債券の取得
6．債券利息の受け取り
7．債券の売却
8．有価証券の差し入れ

1 有価証券の種類

会社では，売買目的のため，余剰資金を安全に運用するため，別の会社を支配するため，得意先との関係強化のため，というように営業政策上の種々の理由から，株や債券を保有します。

有価証券の種類については，金融商品取引法第２条に規定されています。具体的には，株式会社が発行する**株式**や**社債**，国・地方自治体が発行する**国債・地方債**，証券会社が発行する**証券投資信託**などのことです。

これらの有価証券は，保有目的により，次のように分類されます。

①**売買目的有価証券**…………株価変動などにより短期間で利ざやを獲得するために保有
②**満期保有目的の債券**………購入当初から満期まで保有することが明らかな債券
③**関係会社株式**………………当該会社を支配する目的で保有（一定の条件あり）
④**その他有価証券**……………上記①〜③のどれにも該当しない有価証券

売買目的有価証券，満期保有目的の債券のうち決算日の翌日から起算して１年以内に満期が到来するものと，その他有価証券のうち決算日の翌日から起算して１年以内に満期が到来するものを**有価証券**，それ以外を**投資有価証券**という勘定で処理します。

株式は出資者としての地位であり，社債は社債権者としての地位です。それぞれの地位を明らかにするために，株式については**株券**が，社債については**社債券**が所有者に交付されます。

株券や社債券に金額が記載されているものを**額面券**，金額が記載されていないものを**無額面券**といいます。取引市場のある上場株式などは，額面に関係なく，**時価**（市場価格）で取引されています。したがって，額面と実際の取引額である時価は乖離（かいり）しています。

有価証券および投資有価証券は，証券の譲渡によって換金できるので，資産にします。

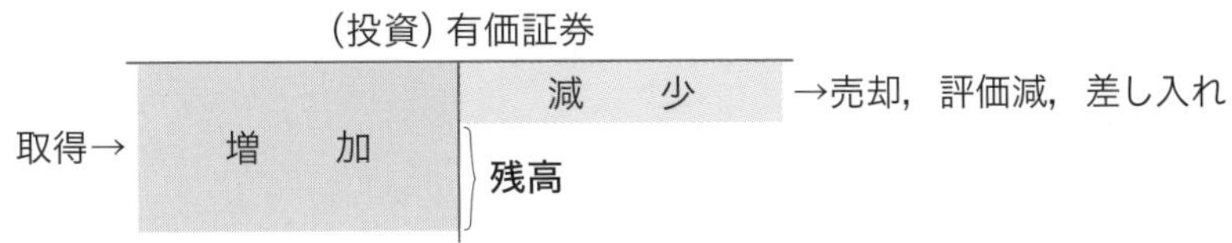

2 株式の取得

株式を証券会社から取得する場合，購入代価のほかに買入手数料がかかります。買入手数料は購入するための付随的な費用なので，取得価額に含めます。

なお，消費税法上，有価証券の購入代価には消費税が課税されませんが，買入手数料に対しては消費税が課税されますので，消費税を考慮して仕訳を行う場合，注意してください。

取得価額＝購入代価＋買入手数料

仕訳例 01

証券会社からA会社株式1,000株を@60円で購入し，買入手数料500円とともに現金を支払った（売買目的)。

（有　価　証　券）	60,500	（現　　　金）	60,500

▶▶▶ 取得価額：1,000株×@60円＋500円＝60,500円
（貸方）現金の支払い→会社の財産の減少→資産の減少→貸方　現金
（借方）株式の購入→有価証券の増加→会社の財産の増加→資産の増加
→借方　有価証券

3 株式の売却

取引市場があれば，株価は絶えず変動します。したがって，株式を売却する場合，取得時と売却時の株価が異なるので，取得価額と売却額に差が生じます。

取得価額＞売却額であれば，差損が生じ，**有価証券売却損**（費用）という勘定で処理します。

取得価額＜売却額であれば，差益が生じ，**有価証券売却益**（収益）という勘定で処理します。

仕訳例 02

A会社株式500株（簿価@60.5円）を@80円で売却し，売却手数料600円を差し引かれ現金で受け取った（売買目的で保有）。

（現　　　金）	39,400	（有　価　証　券）	30,250
		（有価証券売却益）	9,150

▶▶▶ 売却額＝売却価格－売却手数料：500株×@80円－600円＝39,400円
取得価額　　　　：500株×@60.5円＝30,250円
有価証券売却益：39,400円－30,250円＝9,150円
（借方）現金の受け取り→会社の財産の増加→資産の増加→借方　現金
（貸方）株式の売却→有価証券の減少→会社の財産の減少→資産の減少
→貸方　有価証券30,250円
株式売却による差益の発生→収益の増加
→貸方　有価証券売却益9,150円

4 配当金の受け取り

株式を保有していると，当該会社の業績しだいで，決算期ごとに**配当金**をもらえます。この配当金は，これまで獲得した利益を出資者である株主に還元することですから，配当金を受け取る側からみれば収益になります。したがって，受け取った配当金は，**受取配当金**という勘定で処理します。

仕訳例 03

A会社株式500株について１株あたり１円の配当があり，株式配当金領収証を受け取った。

（現　　　金）	500	（受 取 配 当 金）	500

▶▶▶ 株式配当金領収証は，通貨代用証券の一つで現金扱いです。
受取額：500株×１円＝500円
（借方）株式配当金領収証の受け取り→手許現金の増加→会社の財産の増加
→資産の増加→借方　現金
（貸方）配当の受け取り→収益の増加→貸方　受取配当金

5 有価証券の期末評価

株価は毎日，変動します。そこで，取引相場のある有価証券は，毎期末に**帳簿価額**（＝取得価額）と時価相場を比べて，有価証券の価値を見直す必要があります。これを，**期末評価**といいます。有価証券の期末の評価方法には，**原価法**と**時価法**があります。

原価法：原則として帳簿価額のまま据え置く方法
時価法：帳簿価額を時価とする方法

期末の評価方法は，保有目的および時価の有無などによって次のように区分されます。

①売買目的有価証券……………………時価法
②満期保有目的の債券………………償却原価法
③関係会社株式…………………………原価法
④その他有価証券………………………時価法

なお，時価を把握することが極めて困難と認められる有価証券については，次のように評価します。

①社債その他の債券………………………償却原価法
②社債その他の債券以外の有価証券……原価法

売買目的有価証券の場合は，帳簿価額と時価の差額は，**有価証券評価損益**（費用または収益）という勘定で処理します。

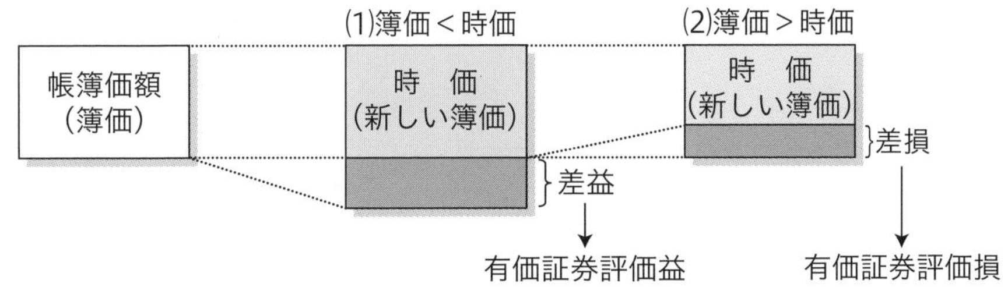

仕訳例 04

売買目的で保有しているA社株式500株（簿価@50円）について，時価法により評価する。なお，当期末の時価は@60円であった。

（有　価　証　券）	5,000	（有価証券評価益）	5,000

▶▶▶ 有価証券評価益：500株×@60円－500株×@50円＝5,000円
（借方）株式の価値の増加→有価証券の増加→会社の財産の増加
→資産の増加→借方　有価証券
（貸方）有価証券評価益の発生→収益の増加
→貸方　有価証券評価益

その他有価証券で時価のあるものは時価法で評価しますが，売買目的有価証券とは処理する勘定科目が異なるので注意してください。

その他有価証券では，**その他有価証券評価差額金**として，資本（純資産）に含めて計上し，損益には影響させません。しかも，翌期には元の帳簿価額に戻します。そのため，翌期には，当期に行った仕訳と逆の仕訳を行います。

売買目的有価証券は利ざやを稼ぐことが目的なので，運用結果を損益に反映させますが，その他有価証券は保有自体が目的なので，評価差額を損益に影響させないのです。

仕訳例 05

その他有価証券として保有しているB社株式500株（簿価@50円）について，時価法により評価する。なお，当期末の時価は@60円であった。

（投資有価証券）	5,000	（その他有価証券評価差額金）	5,000

▶▶▶ その他有価証券評価差額金：500株×@60円－500株×@50円＝5,000円
その他有価証券のうち，決算日後１年以内に満期となる債券が「有価証券」で，それ以外は「投資有価証券」です。
（借方）株式の価値の増加→投資有価証券の増加→会社の財産の増加
→資産の増加→借方　投資有価証券
（貸方）投資有価証券評価差額の発生→資本（純資産）の増加
→貸方　その他有価証券評価差額金

仕訳例 06

その他有価証券として保有しているB社株式について，前期末に時価法により資本計上した5,000円を戻す。

（その他有価証券評価差額金）	5,000	（投資有価証券）	5,000

▶▶▶ 前期末に計上した仕訳の逆です。これにより，帳簿価額は当初に戻ります。

債券を額面金額以外で取得した場合，額面金額と取得価額に差が生じます。その差は**償却原価法**により評価します。

償却原価法：額面金額と取得価額の差を，取得時から満期時までの期間で，額面価額＝帳簿価額になるよう調整していく方法。毎期の調整額は，**受取利息**（収益）で処理します。

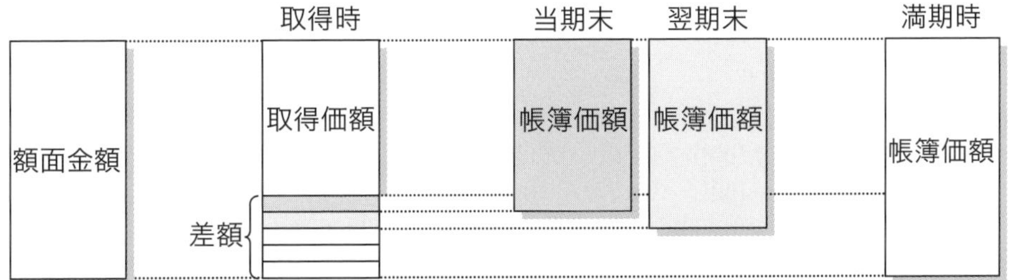

仕訳例 07

当期首に，満期保有の目的で額面金額10,000円の国債を9,000円で購入した。償却原価法により評価する。なお，取得日から満期日までの期間は５年である。

（投資有価証券）	200	（受　取　利　息）	200

▶▶▶ 調整総額　　：10,000円 − 9,000円 = 1,000円
毎期の調整額：1,000円 ÷ ５年 = 200円
満期保有目的の債券のうち，決算日後１年以内に満期となる債券が「有価証券」で，それ以外は「投資有価証券」です。
（借方）毎期200円ずつ国債の価値を増加させる→投資有価証券の増加→会社の財産の増加→資産の増加→借方　投資有価証券
（貸方）調整による差益の発生→収益の増加→貸方　受取利息

また，売買目的有価証券を除いて，時価が著しく下落（帳簿価額の50％以下）した場合や，会社の財政状態が悪化し評価額が著しく低下（帳簿価額の50％以下）した場合には，通常の有価証券の期末評価方法によらず，時価または評価額まで評価を切り下げます。帳簿価額と時価または評価額との差損は，**（投資）有価証券評価損**（費用）という勘定で処理します。

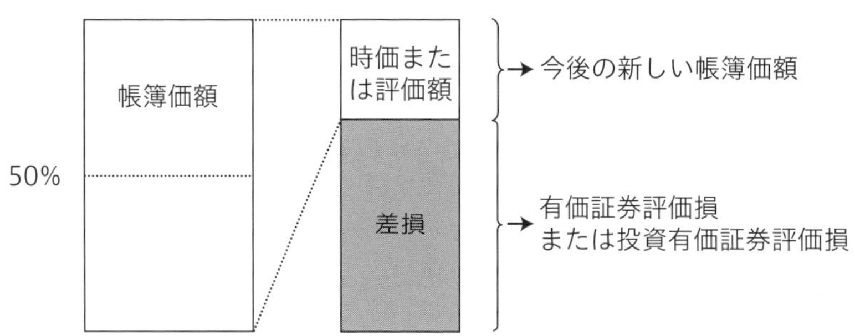

仕訳例 08

その他有価証券として保有しているＣ社株式100株（簿価@50円）の期末の時価が@20円まで下落したので，評価損を計上する。

（投資有価証券評価損）	3,000	（投資有価証券）	3,000

▶▶▶ 帳簿価額　：100株×@50円＝5,000円
時価評価額：100株×@20円＝2,000円
下落率　：（5,000円－2,000円）÷5,000円×100＝60％
その他有価証券のうち，決算日後１年以内に満期となる債券が「有価証券」で，それ以外は「投資有価証券」です。
（貸方）投資有価証券の評価の切り下げ→投資有価証券の減少
→会社の財産の減少→資産の減少→貸方　投資有価証券
（借方）投資有価証券評価差損の発生→費用の増加
→借方　投資有価証券評価損

基本例題02

以下の資料から，1.～5.の各有価証券について，必要に応じて評価替えをしなさい。

有価証券，投資有価証券，その他有価証券評価差額金，受取利息，有価証券評価損，投資有価証券評価損の勘定科目を使用のこと。

(資料)

1．子会社株式

	帳簿価額	10,000円
	時　価	12,000円

2．関連会社株式

	帳簿価額	11,000円
	時　価	5,000円

3．株価変動により短期的に利益を獲得するために保有しているもの

A社株式	帳簿価額	8,000円
	時　価	9,500円
B社株式	帳簿価額	13,000円
	時　価	9,000円

4．満期まで保有する目的の債券

C社社債	取得価額	9,900円
	額面金額	10,000円
	取得日	当期首
	満期日	翌期末
D社社債	取得価額	10,150円
	額面金額	10,000円
	取得日	当期首
	満期日	翌々期末

5．上記以外の有価証券

E社株式	帳簿価額	15,000円

時価はない。なお，評価額は6,000円である。

F社株式	帳簿価額	7,000円
	時　価	7,500円

解　答02

有価証券：28,450円，投資有価証券：38,600円，
その他有価証券評価差額金：500円，受取利息：０円，有価証券評価損：2,500円，
投資有価証券評価損：15,000円

解説

1．子会社株式は原価法なので，評価額は帳簿価額です。
　投資有価証券→10,000円
2．関連会社株式は原価法なので，評価額は帳簿価額です。
　ただし，時価が著しく下落している場合は，時価まで評価額を切り下げます。
　投資有価証券→5,000円
　投資有価証券評価損→6,000円
3．売買目的有価証券の評価額は時価法なので，評価額は時価です。
　A社株式　有価証券→9,500円
　　　　　　有価証券評価益→1,500円
　B社株式　有価証券→9,000円　　　　　　有価証券評価損→2,500円
　　　　　　有価証券評価損→4,000円
4．満期保有目的の債券は，原価法です。
　ただし，取得価額と額面金額に差があれば償却原価法によります。
　C社社債　当期加算額
　　　　　　（10,000円－9,900円）÷２年＝50円
　　　　　　決算日の翌日から満期日までは１年以内
　　　　　　有価証券→9,900円＋50円＝9,950円
　　　　　　受取利息（収益）→50円
　D社社債　当期減算額
　　　　　　（10,150円－10,000円）÷３年＝50円
　　　　　　決算日の翌日から満期日までは１年超
　　　　　　投資有価証券→10,150円－50円＝10,100円
　　　　　　受取利息（費用）→50円
5．その他有価証券は，時価を把握することができれば時価法です。
　ただし，時価または評価額が著しく下落している場合は，時価または評価額まで切り下げます。
　E社株式　評価額が著しく下落しているので，評価額まで切り下げ
　　　　　　投資有価証券→6,000円
　　　　　　投資有価証券評価損→9,000円
　F社株式　時価を把握することができるので時価法
　　　　　　投資有価証券→7,500円
　　　　　　その他有価証券評価差額金→500円

6 債券の取得

社債や国債などの債券には，**利札**（りふだ）が付いています。

利札は利息引換券であり，利払日ごとに債券から切り取り，銀行に持ち込んで換金します。支払期日の到来した公社債の利札は，通貨代用証券として現金扱いになります。利払日が年２回あれば，１枚の利札は半年分の利息を表すことになります。

ところで，社債や国債などを購入する場合，債券が交付されます。債券には利札も付いていて，利払日が示されています。たとえば，利払日が６月末と12月末の年２回のときに，８月末に購入したとすれば，債券には７月１日から12月末までの利札も付いています。８月末に購入したのに，７月１日から８月末までの購入日以前の期間に対する利息も受け取れることになります。しかし，購入日以前の期間に対する利息は，前の保有者が受け取るべきものです。

そこで，社債や国債などを購入する場合は，直前利払日の翌日から購入日までの経過分の利息を加えて前の保有者に支払い，次の利払日にその分も含めて利息を全額受け取れるという習わしがあります。購入する際にいったん支払う経過分の利息のことを，**端数利息**（はすうりそく）といいます。利息を支払うので費用の発生と考えがちですが，次の利払日に受け取れる利息のマイナスの意味なので，収益のマイナスです。

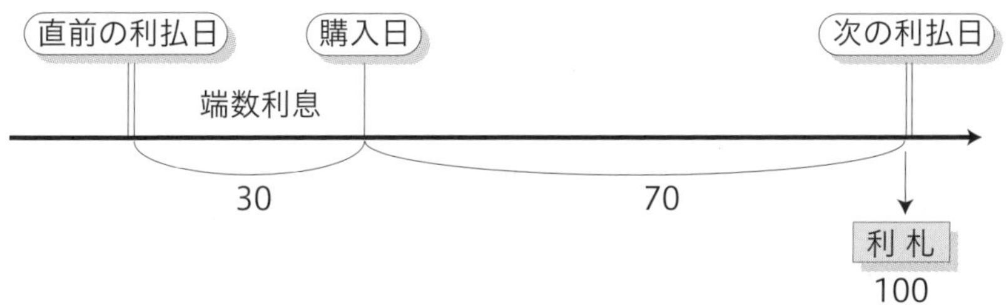

30：前保有者が受け取る端数利息（購入時に支払う）
70：本来当社が受け取るべき利息
100：次の利払日に受け取れる利息（利札の金額）

仕訳例 09

Ｂ会社の社債額面総額10,000円を100円につき97円で購入し，買入手数料200円および端数利息30円を合わせて小切手を振り出して支払った（売買目的）。

（有 価 証 券）	9,900	（当 座 預 金）	9,930
（有価証券利息）	30		

▶▶▶ 取得価額：10,000円 ÷ 100円 × 97円 + 200円 = 9,900円
（貸方）小切手の振り出し→当座預金の減少→会社の財産の減少
→資産の減少→貸方　当座預金
（借方）社債の購入→有価証券の増加→会社の財産の増加→資産の増加
→借方　有価証券9,900円
経過利息の支払い→収益の減少→借方　有価証券利息30円

7 債券利息の受け取り

預金やお金の貸し借りから生じる利息は，受取側は**受取利息**，支払側は**支払利息**で処理しますが，社債や国債から生じた利息は，受取側は**有価証券利息**，支払側は**社債利息**として区別しますので，十分注意してください。

仕訳例 10

Ｂ会社の社債につき，支払期日が到来した利札100円がある。

（現　　　金）	100	（有価証券利息）	100

▶▶▶ 支払期日が到来した利札は，通貨代用証券の一つで現金扱いです。
（借方）手許現金の増加→会社の財産の増加→資産の増加→借方　現金
（貸方）受け取れる利息の発生→収益の増加→貸方　有価証券利息

8 債券の売却

債券を購入したときには端数利息を支払いますが，債券を売却したときには端数利息を受け取ります。

仕訳例 11

Ｂ会社の社債額面総額5,000円を100円につき99円（簿価@97円）で売却し，端数利息20円とともに現金で受け取った（売買目的で保有）。

（現　　　金）	4,970	（有　価　証　券）	4,850
		（有価証券売却益）	100
		（有価証券利息）	20

▶▶▶ 売却額　：5,000円 ÷ 100円 × 99円 = 4,950円
帳簿価額：5,000円 ÷ 100円 × 97円 = 4,850円
売却益　：4,950円 − 4,850円 = 100円
（借方）現金の受け取り→会社の財産の増加→資産の増加→借方　現金
（貸方）社債の譲渡→有価証券の減少→会社の財産の減少→資産の減少→貸方　有価証券4,850円
売却益の発生→収益の増加→貸方　有価証券売却益100円
端数利息の受け取り→収益の増加→貸方　有価証券利息20円

9 有価証券の差し入れ

銀行などから借入れを行う場合，その**担保**（たんぽ）（返済できなくなった場合の保証）として有価証券を差し入れることがあります。この場合，差し入れた有価証券は通常の有価証券と区別し，**差入有価証券**（さしいれゆうかしょうけん）という勘定で処理します。有価証券から差入有価証券に表示名を変えるだけなので，金額は帳簿価額のままです。

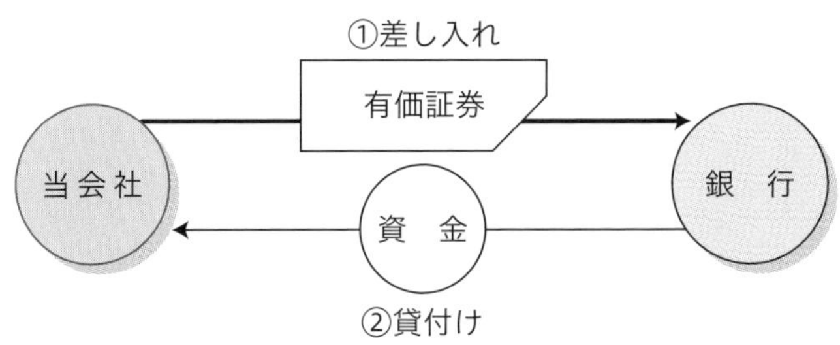

仕訳例 12

銀行から10,000円を借り入れ，当座預金に預け入れた。なお，借入れの担保として，投資有価証券として処理しているＣ会社株式100株（簿価@120円，時価@110円）を差し入れた。

（当　座　預　金）	10,000	（借　　入　　金）	10,000
（差入有価証券）	12,000	（投資有価証券）	12,000

▶▶▶〔1行目の仕訳〕

銀行から借り入れたときの仕訳です。

（借方）当座預金へ預け入れ→会社の財産の増加→資産の増加
→借方　当座預金

（貸方）借入れ→将来の支払義務の発生→負債の増加→貸方　借入金

〔2行目の仕訳〕

銀行に有価証券を差し入れたときの仕訳です。

帳簿価額：100株×@120円＝12,000円

（貸方）投資有価証券の差し入れ→投資有価証券の減少→会社の財産の減少
→資産の減少→貸方　投資有価証券

（借方）銀行に対する有価証券の返還請求権の発生→会社の財産の増加
→資産の増加→借方　差入有価証券

MEMO

貸付金と建設業特有の債権

◆重要論点◆

1. 貸付金の種類
   手形貸付金，短期貸付金，長期貸付金
2. 未収入金と完成工事未収入金
3. 未成工事支出金（前渡金）

1 貸付金

貸付金（かしつけきん）は，お金を貸し付けた側が処理する勘定です。通常は借用証書によりますが，約束手形を受け取ることもあります。なお，借用証書の場合は，貸付期間により，短期と長期に分類されます。

手形の受け取りあり	…………	**手形貸付金**
手形の受け取りなし（借用証書）	期末日の翌日から１年以内に返済されるもの ……	**短期貸付金**
	期末日の翌日から１年を超えて返済されるもの …	**長期貸付金**

〔**手形の受け取りあり**〕手形貸付金（［テーマ07　手形取引 **6** 手形の貸借］参照）

〔**手形の受け取りなし**〕短期貸付金，長期貸付金
（借用証書）

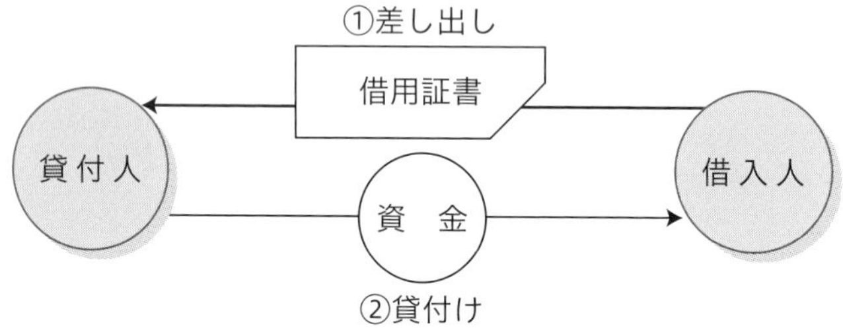

貸付金は，借入人（かりいれにん）に対して返金を請求できる権利なので，資産にします。

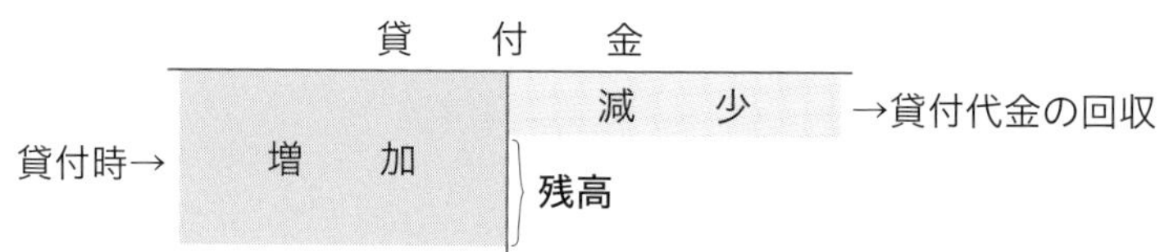

また，貸付期間に応じて利息を受け取ります。受取側は**受取利息**（うけとりりそく）で処理し，支払側は**支払利息**（しはらいりそく）で処理します。

仕訳例 01

Ａ会社に対し，６か月後に一括返済の条件で12,000円を小切手を振り出して貸し付けた。なお手形は受け取っていない。

（短 期 貸 付 金）	12,000	（当 座 預 金）	12,000

▶▶▶ 貸付期間６か月→期末日後，１年以内に返済される短期の貸付け
（貸方）小切手の振り出し→当座預金の減少→会社の財産の減少
→資産の減少→貸方　当座預金
（借方）短期貸付→貸付代金返金請求権の取得→会社の財産の増加
→資産の増加→借方　短期貸付金

仕訳例 02

返済期日が到来し，短期貸付金の元本12,000円および受取利息120円を現金で受け取った。

（現 金）	12,120	（短 期 貸 付 金）	12,000
		（受 取 利 息）	120

▶▶▶ （借方）現金の受け取り→会社の財産の増加→資産の増加→借方　現金
（貸方）短期貸付金の回収→貸付代金返金請求権の消滅→会社の財産の減少
→資産の減少→貸方　短期貸付金12,000円
貸付期間に対する利息の受け取り→収益の増加
→貸方　受取利息120円

2 未収入金・完成工事未収入金

会社は，お金を支払う場合，通常の少額な消耗品などを除いて，一定の〆日（しめび）を設けてまとめて支払います。したがって，お金を受け取る側は，支払会社の〆日を過ぎないと受け取れません。つまり，販売してからお金を受け取るまでは未収の状態になります。

未収の状態は，主たる営業活動から生じたものかどうかにより，２つに分類されます。

未　収　入　金：主たる営業活動以外から生じた未収の金額
完成工事未収入金（かんせいこうじみしゅうにゅうきん）：主たる営業活動から生じた未収の金額

いずれも支払会社に対する代金請求権であり，資産にします。
なお，完成工事未収入金は建設業独特の勘定科目で，一般には売掛金（うりかけきん）に該当します。

仕訳例 03

工事（請負金額11,000円）が完成し，引き渡した。なお，工事代金は後日受け取ることにした。

借方	金額	貸方	金額
（完成工事未収入金）	11,000	（完　成　工　事　高）	11,000

▶▶▶ （貸方）工事の完成・引き渡し→収益の増加→貸方　完成工事高
（借方）完成工事に係る未収の発生→代金請求権の取得
→会社の財産の増加→資産の増加→借方　完成工事未収入金

仕訳例 04

工事未収入金を回収するため，得意先から11,000円の約束手形を受け取った。

借方	金額	貸方	金額
（受　取　手　形）	11,000	（完成工事未収入金）	11,000

▶▶▶ （借方）営業取引から生じた約束手形の受け取り→代金請求権の取得
→会社の財産の増加→資産の増加→借方　受取手形
（貸方）完成工事未収入金の回収→代金請求権の消滅→会社の財産の減少
→資産の減少→貸方　完成工事未収入金

仕訳例 05

スクラップを500円で売却し，売却代金は後日受け取ることにした。

借方	金額	貸方	金額
（未　収　入　金）	500	（雑　　収　　入）	500

▶▶▶ スクラップの売却は，主たる営業活動以外の行為です。
主たる営業活動以外の行為から生じた収益は，雑収入で処理します。
（貸方）スクラップの売却→主たる営業活動以外の行為による収益の増加
→貸方　雑収入
（借方）主たる営業活動以外での未収の発生→代金請求権の取得
→会社の財産の増加→資産の増加→借方　未収入金

3 未成工事支出金（前渡金）

工事を請け負った場合，完成・引き渡しをするまでには，消費材料代，作業員に対する賃金，下請業者に対する支払い，その他さまざまなお金がかかります。工事を完成させるために要したこれらの支出を，支払いのつど費用に計上すれば，販売収益の計上以前に費用ばかり計上されます。

販売収益とそれに対応する費用は，同時期に計上する必要があるので，販売収益を計上するまで費用にしないよう，どこかに集計しておく必要があります。

工事を請け負ってから販売収益を計上するまでに要したすべての原価要素（材料費・労務費・外注費・経費）の支払いを集計しておくのが，**未成工事支出金**（みせいこうじししゅつきん）（**前渡金**（まえわたしきん））です。

5つの取引要素の増加と借方・貸方の関係を思い出してください（[テーマ03　簿記の基本（I）2 5つの取引要素］参照）。費用の増加と同じ側で増加する取引要素は，ほかに資産だけです。

未成工事支出金は，支出をそのときの費用にしないための勘定科目なので，資産にします。

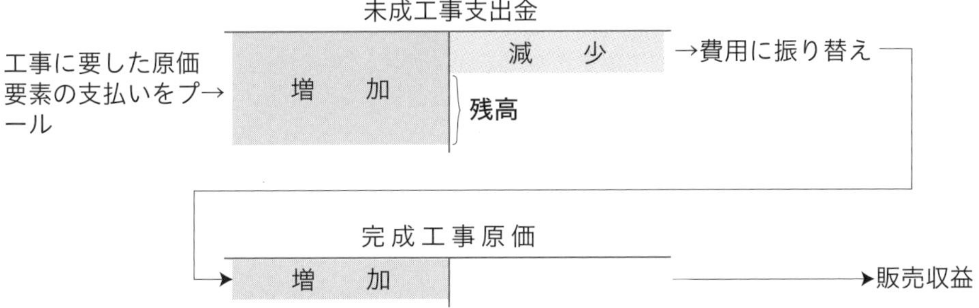

なお，未成工事支出金は建設業独特の勘定科目で，製造業では仕掛品（しかかりひん）および製品に該当します。また完成工事原価は，販売収益に対応する費用勘定科目です。

仕訳例 06

外注先に手付金（てつけきん）として，8,000円を小切手を振り出して支払った。

（未成工事支出金）	8,000	（当　座　預　金）	8,000

▶▶▶ 外注先に対する手付金とは，これから外注先に仕事をしてもらうにあたり，あらかじめ代金の一部を前払いしたという意味です。
（貸方）小切手の振り出し→当座預金の減少→会社の財産の減少
→資産の減少→貸方　当座預金
（借方）工事に要する外注代金の前払い→費用にしない意味での資産の増加
→借方　未成工事支出金

未成工事支出金と前渡金は内容的には同じですが，最近の試験の第５問をみると，決算時に判明した工事に関する前払額を未成工事支出金とせず前渡金で処理するよう指示されることがあります。問題文で「……の前払分」ではなく「……の前渡分」と書かれている場合には，前渡金を強く意識していますので，前渡金に振り替えます。

仕訳例 07

決算に際し，仮払金の期末残高のうち2,000円は材料購入代金の前渡分であることが判明した。

（前　渡　金）	2,000	（仮　払　金）	2,000

▶▶▶（貸方）仮払金の精算→正しい勘定科目への振り替え→資産の減少
→貸方　仮払金
（借方）工事に要する材料代金の前払い→費用にしないという意味での資産の増加
→本来は未成工事支出金ですが問題文に前渡分とあるので前渡金
→借方　前渡金

仕訳例 08

決算に際し，未成工事の外注費のうち3,000円は工事出来高調書の出来高を超えて前渡しされており，前渡金に振り替える。

（前　渡　金）	3,000	（未成工事支出金）	3,000

▶▶▶ 工事に係る外注費は，支払時に未成工事支出金で処理されています。
（貸方）未成工事支出金から前渡金への振り替え→未成工事支出金の減額
→会社の財産の減少→資産の減少→貸方　未成工事支出金
（借方）工事に要する外注代金の前払い→費用にしないという意味での資産の増加
→本来は未成工事支出金ですが問題文に前渡しとあるので前渡金
→借方　前渡金

MEMO

10 材料・貯蔵品

Theme

◆重要論点◆

1．材料の購入
2．材料の期末評価
　材料評価損，棚卸減耗損
3．貯蔵品

1 材料

1. 材料勘定の内容

工事に使用する資材を購入したときには，**材料**で処理します。工事現場で実際に使用したとき（**消費**）に，工事に要した原価要素の一つである未成工事支出金（材料費）になります。

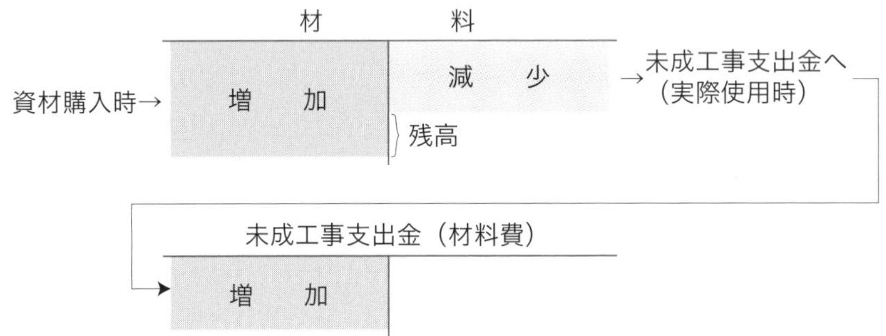

2. 材料の購入

材料を購入する場合，購入代価のほかに，買入手数料，引取運賃，荷役費（にやくひ），保管料などの支払いも発生します。これらを**附随費用**（ふずいひよう）といいます。附随費用は，購入するための附随的な費用なので，取得価額に含めます。

また，購入物品の数量違い，品番違い，不良品などの理由から金額をまけてもらうことがあります。これを**仕入値引**（しいれねびき）といいます。さらに，一定金額または一定数量以上を購入して，金額をまけてもらうこともあります。これを**仕入割戻し**といいます。

購入した材料の取得価額は，これらの要素を加減して算定します。

取得価額 ＝ 購入代価 ＋ 附随費用 － 仕入値引・仕入割戻し

余裕資金がある場合，購入代金を予定の支払期日より前に支払い，支払期日までの金利分を戻してもらえることがあります。これを，**仕入割引**（収益）といいます。仕入割引は，購入後の支払方法にかかわるため，取得価額には関係しません。試験では，ひっかけ問題として頻出なので，注意が必要です。

仕訳例 01

工事に使用するため，材料900円（5個）を仕入れ，仕入値引・仕入割戻し90円および仕入割引10円を受け，800円を小切手を振り出して支払った。また，この仕入れについて引取運賃40円を現金で支払った。

（材　　　料）	850	（当 座 預 金）	800
		（現　　　金）	40
		（仕 入 割 引）	10

▶▶▶ 取得価額：購入代価900円＋引取運賃40円－仕入値引・仕入割戻し90円＝850円
（借方）材料の購入→会社の財産の増加→資産の増加→借方　材料
（貸方）小切手の振り出し→当座預金の減少→会社の財産の減少
→資産の減少→貸方　当座預金800円
引取運賃を現金で支払い→会社の財産の減少→資産の減少
→貸方　現金40円
支払期日前に支払ったことによるリベート→収益の増加
→貸方　仕入割引10円
なお，1個あたりの材料の購入単価は850円÷5個＝170円です。

3. 材料の期末評価

材料は「数量×単価」で計算されます。販売するための製造目的で保有している期末材料は，帳簿単価にもとづいて評価しますが，期末における再調達単価（購買市場での時価に購入1単位あたりに附随する費用を加えた価格）または正味売却単価（売却市場での時価から1単位あたりの見積追加製造原価および見積販売直接経費を控除した価格）が帳簿単価よりも下落している場合には，帳簿単価を再調達単価または正味売却単価まで切り下げます。単価の差から生じる評価差額を，**材料評価損**（ざいりょうひょうかそん）（費用）といいます。

また，期末には，帳簿数量が実在するかどうか確認するため，実際の数量（有高）を数えます。この手続きを**棚卸し**（たなおろし）といいます。棚卸しの結果，破損・盗難などにより，帳簿上の数量と実際の数量が一致しないことがあります。この数量差を**減耗**（げんもう）といい，減耗から生じる評価差額を，**棚卸減耗損**（費用）といいます。

以上の関係を図で表せば，次のようになります。試験で必ず出題されますので，しっかり覚えてください。

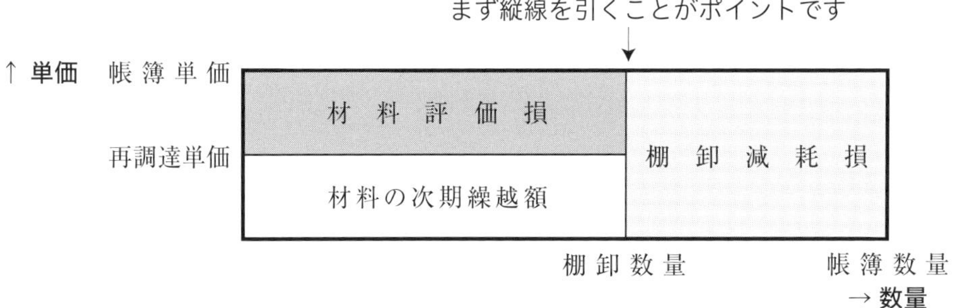

帳簿残高（図の太枠の面積）**＝帳簿数量×帳簿単価**
棚卸減耗損＝（帳簿数量－棚卸数量）×帳簿単価
材料評価損＝棚卸数量×（帳簿単価－再調達単価）

仕訳例 02

期末材料の帳簿価額は，@50円×600個＝30,000円であるが，棚卸しの結果，実際有高は550個であった。また，再調達単価は購入時価@45円および購入１個あたりの附随費用@３円であった。

（棚卸減耗損）	2,500	（材　　料）	2,500
（材料評価損）	1,100	（材　　料）	1,100

▶▶▶　〔考え方〕図で覚えてください。

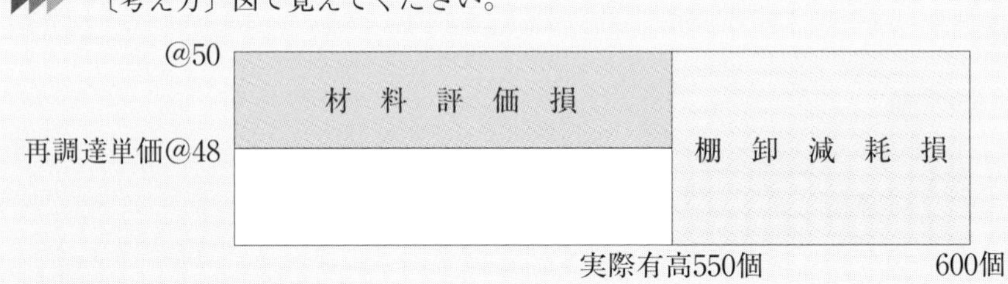

再調達単価：@45円＋@３円＝@48円
棚卸減耗損：（600個－550個）×@50円＝2,500円
材料評価損：550個×（@50円－@48円）＝1,100円

〔１行目の仕訳〕
（借方）減耗の発生→費用の増加→借方　棚卸減耗損
（貸方）材料の価値の減少→会社の財産の減少→資産の減少→貸方　材料
〔２行目の仕訳〕
（借方）単価の下落による評価損の発生→費用の増加→借方　材料評価損
（貸方）材料の価値の減少→会社の財産の減少→資産の減少→貸方　材料

2 貯蔵品

事務用の少額の消耗品は，使用するまでは会社の実在する財産です。**貯蔵品**（資産）で処理します。実際に使用したときには，貯蔵品から**消耗品費**（費用）に振り替えます。

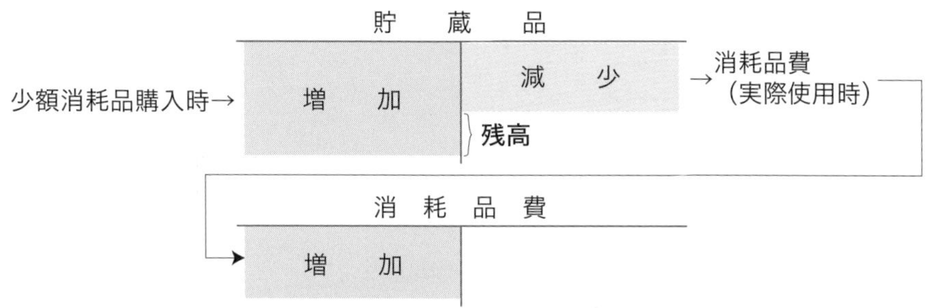

仕訳例 03

事務用のペン@150円を３本購入し，現金で支払った。なお，貯蔵品勘定を使用する。

（貯　蔵　品）	450	（現　　金）	450

▶▶▶ 購入額：@150円×３本＝450円
（貸方）現金の支払い→会社の財産の減少→資産の減少→貸方　現金
（借方）少額消耗品の購入→会社の財産の増加→資産の増加→借方　貯蔵品

仕訳例 04

事務用のペン@150円を１本使用したので，消耗品費に振り替える。

（消 耗 品 費）	150	（貯　蔵　品）	150

▶▶▶ （貸方）貯蔵品の使用→会社の財産の減少→資産の減少→貸方　貯蔵品
（借方）財産の消費→費用の増加→借方　消耗品費

また，除却した有形固定資産の廃材などのスクラップで処分価値がある場合，処分見込額を有形固定資産から貯蔵品に振り替えます。

仕訳例 05

除却した機械（帳簿価額10,000円）のうち，スクラップとして処分可能な額は，1,000円である。

（貯　蔵　品）	1,000	（機　　械）	10,000
（固定資産除却損）	9,000		

▶▶▶ 固定資産除却損：10,000円－1,000円＝9,000円
（貸方）機械の除却→会社の財産の減少→資産の減少→貸方　機械
（借方）処分可能なスクラップの発生→会社の財産の増加→資産の増加
→借方　貯蔵品1,000円
機械の除却にともない差損が発生→費用の増加
→借方　固定資産除却損9,000円

MEMO

11 Theme 仮払金・前払費用・未収収益

◆重要論点◆
1．仮払金の精算
2．前払費用の流れ
3．未収収益の流れ

1 仮払金

出張旅費は，出張から戻ってみないと，いくらかかったのか確定できません。そこで，出張前にある程度概算払いをします。また，急ぎの支払いでは，支払いだけ済ませ，内容を忘れることがあります。

このように概算払いをしたときや支払内容が判明しないときは，とりあえず**仮払金**（かりばらいきん）という勘定で処理し，金額確定時や支払内容が判明した時点でただちに正しい勘定科目に振り替え，精算します。この仮払金は資産の勘定です。

仕訳例 01

社員（本社事務員）の出張のため，旅費相当分1,000円を現金で渡した。

（仮　払　金）	1,000	（現　　金）	1,000

▶▶▶（貸方）現金の支払い→会社の財産の減少→資産の減少→貸方　現金
（借方）旅費の概算払い→費用にしないという意味での資産の増加
→借方　仮払金

仕訳例 02

［仕訳例01］の社員が出張から戻り，精算の結果，実費との差額100円が社員より現金にて返金された。

（旅費交通費）	900	（仮　払　金）	1,000
（現　　金）	100		

▶▶▶（貸方）仮払金の精算→正しい勘定科目へ振り替え→資産の減少
→貸方　仮払金
（借方）旅費→費用の増加→借方　旅費交通費900円（1,000円－100円）
現金受け取り→会社の財産の増加→資産の増加→借方　現金

仕訳例 03

決算に際し，仮払金の内容を調査したところ，以下の事項が判明した。

1．社員の出張旅費（販売費で処理すること）　3,000円
　なお，実費との差額500円を社員が立て替えていた。
2．従業員の洋服購入代金の立替払い　1,000円
3．現場用の賃借駐車場の短期保証金　2,000円
4．借入金利息の３か月分（うち１か月分は前払い）　1,500円
5．前期に完成した工事にかかわる手直し費用　2,500円

借方	金額	貸方	金額
（販売費）	3,000	（仮払金）	10,000
（従業員立替金）	1,000		
（差入保証金）	2,000		
（支払利息）	1,500		
（完成工事補償引当金）	2,500		
（前払利息）	500	（支払利息）	500
（販売費）	500	（未払金）	500

▶▶▶（貸方）仮払金の精算→正しい勘定科目へ振り替え→資産の減少
→貸方　仮払金
（借方）旅費→費用の増加
→借方　販売費（科目指示のため）3,000円
従業員負担額の立替え→従業員に対する立替代金請求権の取得
→会社の財産の増加→資産の増加→借方　従業員立替金1,000円
駐車場の賃借にともなう保証金の差し入れ
→解約時に返金される返還請求権の取得→会社の財産の増加
→資産の増加→借方　差入保証金2,000円
利息の支払い→費用の増加→借方　支払利息1,500円
補償工事費の潜在的支払義務の顕在化にともなう履行
→負債の減少→借方　完成工事補償引当金2,500円

〔6行目の仕訳〕
費用計上した支払利息のうち，１か月分は翌期分なので，当期の費用にしないために前払利息に振り替えます（後述します）。

〔7行目の仕訳〕
１．の出張旅費確定額（3,500円）と仮払額（3,000円）との差額は社員に対する未払いですので，追加仕訳を行います。
（借方）旅費→費用の増加
→借方　販売費（科目指示のため）500円
（貸方）主たる営業活動以外から生じた未払い
→将来の支払義務の発生
→負債の増加→貸方　未払金

2 前払費用

継続してサービスの提供を受けている場合，たとえば，向こう1年分の代金をまとめて支払うことがあります。支払時には，該当する費用勘定科目で処理します（支払保険料，支払地代，支払家賃，支払利息）。

しかし，支払額がすべて当期分とは限りません。当期分以外に，翌期分のサービス料も含まれていることがあります。この場合には，翌期分は当期の費用から除く必要があります。

そこで，支払時に支払額の全額を費用計上したもののうち，翌期分は費用から**前払費用**（まえばらいひよう）に振り替えます。前払費用は未成工事支出金と同じく，支出時に費用としないための勘定科目なので，資産にします。具体的には，前払保険料，前払地代，前払家賃，前払利息があります。

当期に計上した前払費用は，翌期になれば費用です。そこで，翌期には再び該当する費用勘定科目に振り替えます。これを**再振替**（さいふりかえ）といいます。

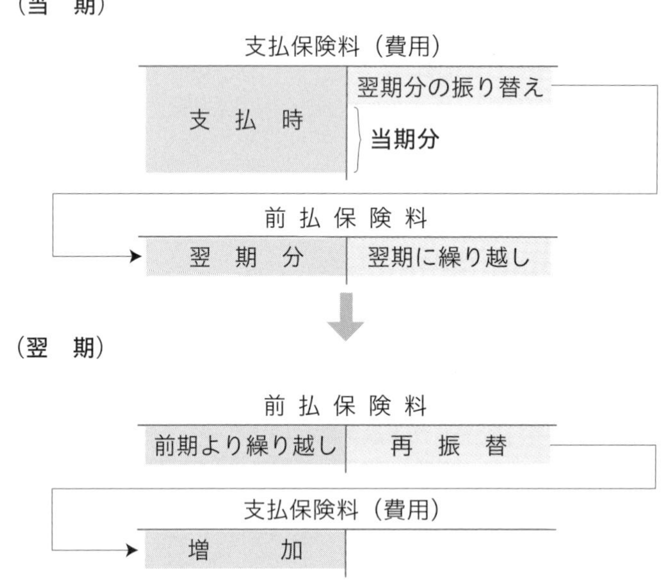

仕訳例 04

向こう1年分の保険料10,030円を，まとめて現金で支払った。

(支払保険料)	10,030	(現　　金)	10,030

▶▶▶ (貸方) 現金の支払い→会社の財産の減少→資産の減少→貸方　現金
(借方) 保険料の発生→費用の増加→借方　支払保険料

仕訳例 05

期末に，既払保険料のうち80円は翌期分であることが判明したので，前払保険料に振り替えることにした。

(前払保険料)	80	(支払保険料)	80

▶▶▶ (貸方) 費用計上した保険料のうち，翌期分を費用から控除→費用の減少→貸方　支払保険料
(借方) 保険料という費用にしないための資産の増加→借方　前払保険料

なお，翌期の再振替の仕訳は，次のように当期計上額の逆の仕訳になります。

(支払保険料)	80	(前払保険料)	80

基本例題03

前期末の前払保険料が50円，当期に支払った保険料が？円，当期末の前払保険料が80円，当期の損益計算書の支払保険料が10,000円とすれば，？円はいくらか。

解　答03

？円＝10,030円

解説

前払保険料（資産）と支払保険料（費用）の関連図で考えます。

「当期の損益計算書の支払保険料」とは，当期の費用とすべき支払保険料という意味です。

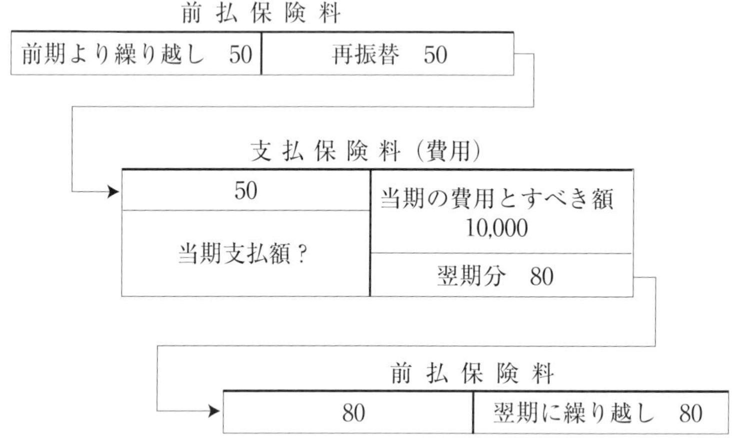

当期に支払った保険料を？円とすれば，50円＋？円＝10,000円＋80円 がなりたつので，？円＝10,030円 です。

3 未収収益

継続してサービスを提供している場合，サービス提供後になってまとめて入金されることがあります。この場合，通常は入金時に該当する収益勘定科目で処理します（受取利息，受取家賃，受取手数料）。

しかし，入金額がすべて翌期分とは限りません。翌期分以外に，当期分のサービス料も含まれていることがあります。この場合には，当期分は翌期の収益とせず，当期のうちに収益とすべきです。

そこで，当期ではまだ入金されていなくても，当期分の収益として計上するため，**未収収益**を使用します。未収収益は当期経過分の代金請求権なので，資産にします。具体的には，未収利息，未収家賃，未収手数料があります。

翌期の入金時には，入金額の全額を収益計上します。しかし，それでは当期分も再度，収益計上されてしまいます。そこで，翌期には当期に計上した仕訳と逆の仕訳を行い（再振替仕訳），当期分の収益をマイナスにします。これにより，翌期入金時に入金額の全額を収益計上しても，当期分の収益は相殺されます。

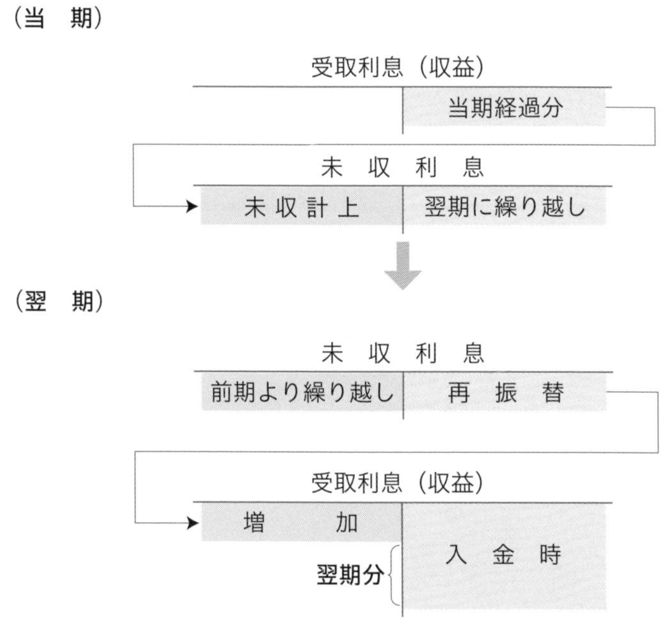

仕訳例 06

当期経過分の貸付金利息70円を未収計上した。

（未　収　利　息）	70	（受　取　利　息）	70

▶▶▶（貸方）貸付金利息の当期発生分→収益の増加→貸方　受取利息
（借方）未収の経過利息→経過分の代金請求権の取得→会社の財産の増加
→資産の増加→借方　未収利息

仕訳例 07

当期に前期分も合わせて，貸付金の利息8,000円を現金で受け取った。

（現　　　　金）	8,000	（受　取　利　息）	8,000

▶▶▶（借方）現金の受け取り→会社の財産の増加→資産の増加→借方　現金
（貸方）貸付金利息の受け取り→収益の増加→貸方　受取利息

なお，この仕訳の前提として，当期首に次の再振替仕訳が行われています。上記の仕訳と合わせて，相殺された残りが当期分となります。

（受　取　利　息）	××	（未　収　利　息）	××

基本例題04

前期末の未収利息が100円，当期に受け取った利息が？円，当期末の未収利息が70円，当期の損益計算書の受取利息が7,970円とすれば，？円はいくらか。

解　答04

？円＝8,000円

解説

未収利息（資産）と受取利息（収益）の関連図で考えます。

当期の損益計算書の受取利息→当期の収益とすべき受取利息という意味です。

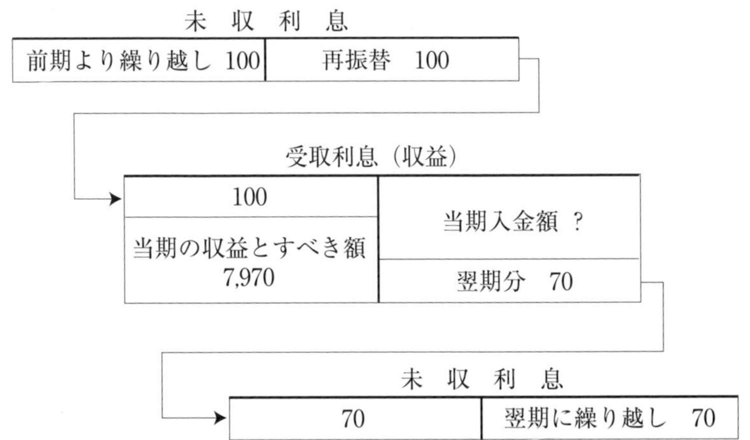

当期に受け取った利息を？円とすれば，100円＋7,970円＝？円＋70円 がなりたつので，？円＝8,000円 です。

12 Theme 固定資産と繰延資産

◆重要論点◆

1．有形固定資産の種類
2．有形固定資産の取得
3．有形固定資産の改修
4．減価償却の方法
　定額法，定率法，生産高比例法
　個別償却法，総合償却法
5．有形固定資産の売却・除却
6．火災未決算
7．無形固定資産
8．繰延資産

1 有形固定資産の種類

工事を行うには，さまざまな機械や設備が必要です。長期的に事業に用いるために保有する機械・設備などのうち，形を有しているものを**有形固定資産**といいます。これらは，会社の実在する財産なので，資産にします。有形固定資産は，その形態によって次のように分類されます。

勘定科目	内　容
建物	社屋，倉庫，車庫，工場，住宅などの建物と付属設備
構築物	舗装道路などの土地に定着する土木設備，工作物
機械装置	ブルドーザ，ショベルカーなどの建設機械や装置
船舶	船舶や水上運搬具
車両運搬具	トラック，自動車などの陸上運搬具
工具器具備品	各種の工具や器具，備品
土地	自家用の土地
建設仮勘定	有形固定資産の引き渡しを受けるまで，購入の手付金や建設途中での支払額をためておく仮の勘定。 目的物の引き渡しを受けた時点で，建設仮勘定から本勘定（目的の有形固定資産）および修繕費に振り替えます。

建設仮勘定は以下のような勘定になるので，特に注意してください。

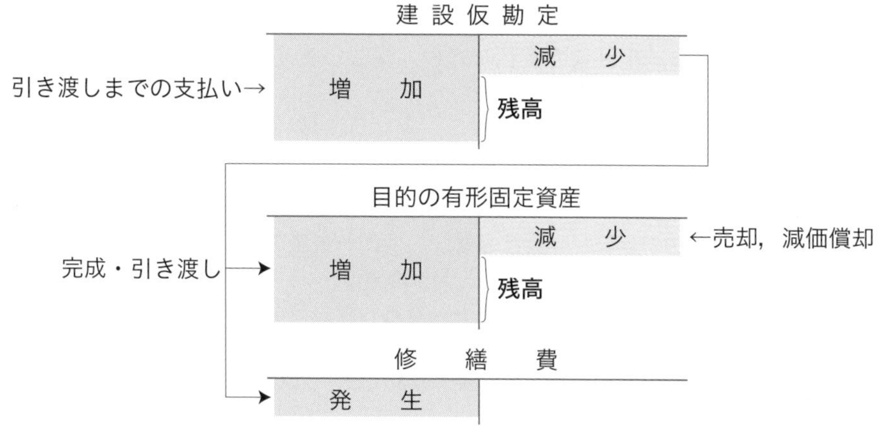

2 有形固定資産の取得

有形固定資産は，取得する場合には購入，交換，現物出資などの各種の形態があり，それぞれ取得価額の計算方法が異なります。試験でも頻繁に問われますので，注意してください。

形　態	取得価額
購　入	購入代金－値引き＋登記費用などの附随費用
交　換	譲渡した有形固定資産の帳簿価額＋交換差金
現物出資	発行・交付した株式の発行価額総額
自家消費	手持材料などの消費額

現物出資とは，会社に出資する場合は通常，お金を払い込んで株券を交付してもらいますが，払い込みをお金によらず，有形固定資産という現物に代えることをいいます。

1. 購　入

仕訳例 01

社屋を購入するために，手付金10,000円を小切手を振り出して支払った。

（建設仮勘定）	10,000	（当座預金）	10,000

▶▶▶ 有形固定資産の引き渡しを受けるまでの支払いは，建設仮勘定にためます。
（貸方）小切手の振り出し→当座預金の減少→会社の財産の減少
→資産の減少→貸方　当座預金
（借方）有形固定資産取得のための手付金の支払い
→将来の会社の財産の増加→将来の資産の増加→借方　建設仮勘定

仕訳例 02

社屋が完成し，契約時の手付金10,000円を差し引いた90,000円を，約束手形を振り出して支払った（なお，手付金の支払時には，建設仮勘定で処理している)。

（建　　　　物）	100,000	（建 設 仮 勘 定）	10,000
		（営業外支払手形）	90,000

▶▶▶ （借方）社屋の引き渡し→会社の財産の増加→資産の増加→借方　建物
（貸方）有形固定資産の引き渡し→建設仮勘定から本勘定（建物）へ振り替え
→借方の建設仮勘定の減少→貸方　建設仮勘定10,000円
主たる営業活動以外の手形の振り出し→将来の支払義務の発生
→負債の増加→貸方　営業外支払手形90,000円

2. 交　換

交換は，交換の対象となる有形固定資産の実際の価値が等しいことが大前提です。これを**等価**といいます。もし等価でない場合には，等価になるよう差額分を現金で支払います。これを**交換差金**といいます。

たとえば，10,000円の価値の建物と15,000円の価値の土地を交換する場合には，等価にするため，価値の差額15,000円－10,000円＝5,000円 の交換差金が支払われます。

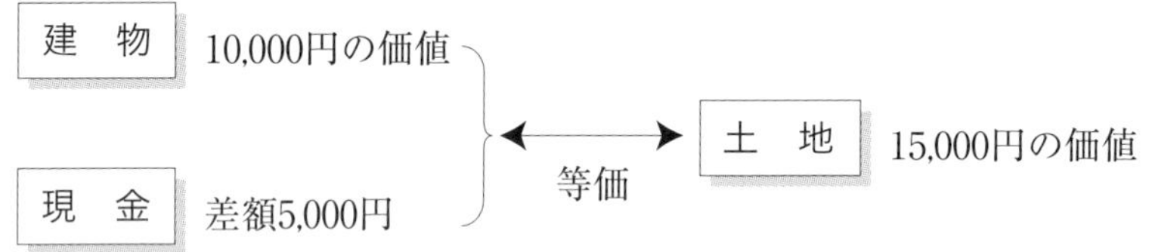

帳簿価額と価値は違います。10,000円で土地を購入すれば，帳簿価額は10,000円ですが，実際に取引されている価格が20,000円であれば，土地の価値は20,000円です。交換では，帳簿価額ではなく，実際の価値を等しくします。

仕訳例 03

自己所有の機械（帳簿価額11,000円）と交換に運搬車を引き取り（時価13,000円），差額3,000円を現金で支払った。

（車両運搬具）	14,000	（機械装置）	11,000
		（現金）	3,000

▶▶▶ 機械（帳簿価額　11,000円）
　└→ 評価額　10,000円 ⎫
現金（交換差金）　3,000円 ⎭ ＝等価＝車両運搬具　時価13,000円
取得価額：機械の帳簿価額11,000円＋交換差金3,000円＝14,000円
（借方）車両の取得→会社の財産の増加→資産の増加→借方　車両運搬具
（貸方）機械の譲渡→会社の財産の減少→資産の減少
　→貸方　機械装置11,000円
　交換差金の現金払い→会社の財産の減少→資産の減少
　→貸方　現金3,000円

3．現物出資

現物出資では，お金を払い込んでもらう代わりに現物の提供を受け，株式を発行します。

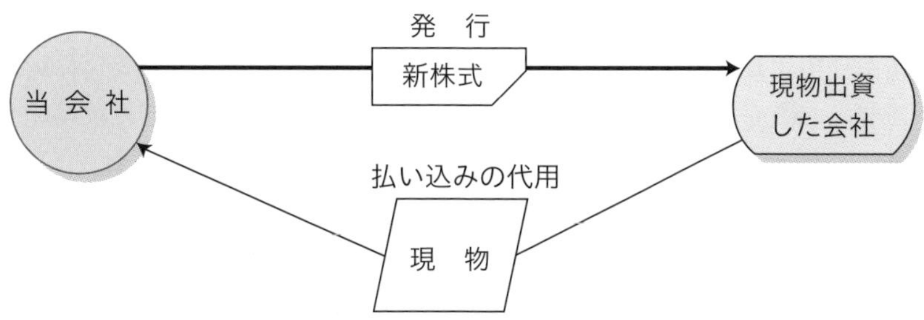

仕訳例 04

新株式（発行価額@80円）を100株発行し，現金の代わりに土地を譲り受けた。なお，発行した株式は全額資本金に組み入れる。

（土地）	8,000	（資本金）	8,000

▶▶▶ 取得価額：100株×@80円＝8,000円
（借方）土地の取得→会社の財産の増加→資産の増加→借方　土地
（貸方）株式の発行による元手の増加→資本の増加→貸方　資本金

4. 自家消費

建築に必要な材料や工員は通常，建築を請け負った業者が調達しますが，建設業を営んでいるという特性上当社で建築材料などを保有している場合があり，当社手持ちの材料などを建築に使用することがあります。当社の手持材料や工員を当社のために使用・消費することを，**自家消費**といいます。

自家消費では，材料払出額（材料消費額），工員の労務費消費額を有形固定資産の取得価額とします。

仕訳例 05

本社事務所の新築工事にあたり，本社倉庫から手持材料120,000円を払い出し，消費した。

（建設仮勘定）	120,000	（材　　料）	120,000

▶▶▶（借方）有形固定資産取得のために手持材料を消費
→将来の会社の財産の増加→将来の資産の増加→借方　建設仮勘定
（貸方）手持材料の使用→会社の財産の減少→資産の減少→貸方　材料

3 有形固定資産の改修

有形固定資産を使用すれば磨耗（まもう）するので，取得当初の性能を維持するために修繕が必要です。また，絶えず新製品が販売される機械装置などは，取得しても性能が早期に陳腐化（ちんぷか）するので，新製品並みの性能を発揮するため，改良を加えることがあります。このように，有形固定資産は，取得後にメンテナンス（改修）が必要です。

有形固定資産のメンテナンスに要した支出は，有形固定資産の価値増加の有無により，以下のように処理が異なります。

①有形固定資産の価値が増加しない場合

購入当初の性能を維持（現状維持）する目的で経常的にメンテナンスを行う場合（修繕）などは，有形固定資産の価値は増加しません。このように，有形固定資産の価値増加をともなわない支出（**収益的支出**（しゅうえきてきししゅつ））は，修繕費として費用処理します。

②有形固定資産の価値が増加する場合

有形固定資産の性能を取得時より向上させたり，通常使用できる期間を延長させたりする目的で臨時的にメンテナンスを行う場合（改良）などは，有形固定資産の価値が増加します。このように，有形固定資産の価値増加をともなう支出（**資本的支出**（しほんてきししゅつ））は，費用処理しないで，既存の有形固定資産の取得価額に加えます。

仕訳例 06

倉庫の改修が完了し，引き渡しを受けたので，代金40,000円は小切手を振り出して支払った。このうち，30,000円は倉庫の改良費として資本的支出とする。

（建　　　物）	30,000	（当 座 預 金）	40,000
（修　繕　費）	10,000		

▶▶▶ 資本的支出（30,000円）は，倉庫の取得価額に加算。
（借方）資本的支出分：倉庫の取得価額に加算→会社の財産の増加
→資産の増加→借方　建物
収益的支出分：修繕費の発生→費用の増加→借方　修繕費
（貸方）小切手の振り出し→当座預金の減少→会社の財産の減少
→資産の減少→貸方　当座預金

4 減価償却

土地と建設仮勘定以外の有形固定資産は，時の経過とともに資産価値が減少します。

新車を購入し大切に乗っていても，3年後に査定したら半値以下だったという経験がありませんか。これは，時の経過とともにエンジンが磨耗し，外見が陳腐化するためです。

そこで，毎期一定の方法にしたがって資産価値を減らし，その分を費用に計上します。その手続きを**減価償却**（げんかしょうきゃく）といい，費用計上額は**減価償却費**で処理します。

減価償却の主な方法には，**定額法**（ていがくほう），**定率法**（ていりつほう），**生産高比例法**があります。

定額法：毎期一定額だけ減価償却費を計上する方法

年間減価償却費 = （取得価額 − 残存価額）÷ 耐用年数

定率法：毎期帳簿価額に対して一定率だけ減価償却費を計上する方法

年間減価償却費 = （取得価額 − 期首減価償却累計額）× 償却率
（取得価額 − 期首減価償却累計額：**帳簿価額**）

生産高比例法：総利用可能量を見積もることができ，減価が当該資産の利用に比例して発生する飛行機や鉱業用機械などについて，毎期総利用可能量に対する当期利用量の割合分だけ減価償却費を計上する方法

年間減価償却費 = （取得価額 − 残存価額）÷ 見積総利用可能量 × 当期利用量

耐　用　年　数：その有形固定資産が通常，正常に使用できる年数
残　存　価　額：耐用年数到来時に予想される資産価値（通常は０円）
期首減価償却累計額：前期末までに実施した減価償却費の累計
償　　却　　率：残存価額と耐用年数から割り出した償却割合
　{ **定額法の償却率**：１÷耐用年数
　{ **定率法の償却率**：定額法の償却率の200％
　　　　　　　　　　＝（１÷耐用年数）×200％

定額法と定率法では，次のとおり資産価値の減少過程が異なります。

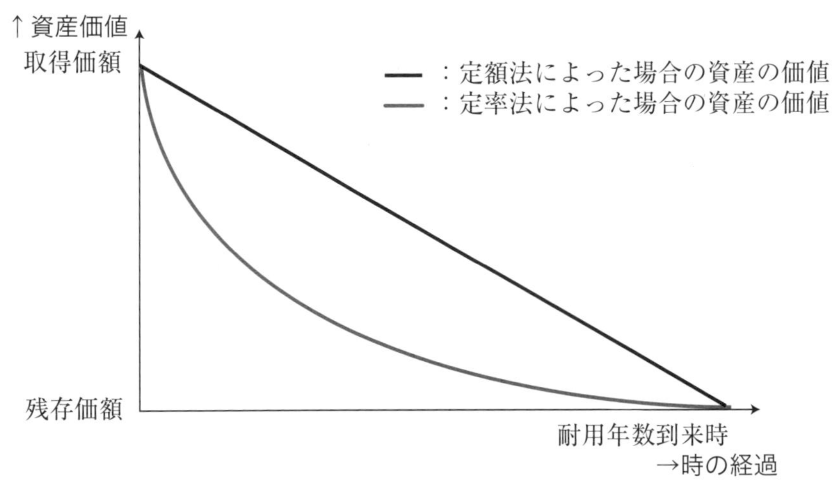

資産のなかには，プレス機，工作機，塗装機など個別に定められた耐用年数をもちながら，連携することにより一体的・組織的な機能を発揮する場合があります。このような場合，減価償却計算に際し，個々に減価償却費を計算する個別償却法のほか，総合して一体とみなして減価償却費を計算する**総合償却法**という方法があります。

総合償却法では，個々の耐用年数を勘案しながら全体として適用する**平均耐用年数**を算定し，減価償却計算を行います。

平均耐用年数とは，個々の資産の償却基礎価額（取得価額から残存価額を控除した額）の合計額を個々の資産の年間減価償却額の合計額で割った年数をいい，１年未満の端数は切り捨てて算定します（加重平均法）。

（単位：千円）

	償却基礎価額	耐用年数	年間減価償却額(定額法)
機　械　A	10,000	5年	2,000
機　械　B	20,000	8年	2,500
機　械　C	30,000	8年	3,750
計	60,000		8,250

たとえば，上記の機械ＡからＣまでを１つの償却単位とみなすと，

$$\text{平均耐用年数} = \frac{60{,}000\text{千円}}{8{,}250\text{千円}} = 7.27\cdots\cdots \Rightarrow 7\text{年}$$

と算定されるので，全体としての年間減価償却額は，

60,000千円÷７年＝8,571,428円（円未満切捨て）

と計算されます。

減価償却により資産価値を下げる場合，処理方法には**直接記入法**と**間接記入法**があります。

直接記入法：有形固定資産の勘定科目を直接減額する方法

（減価償却費）	××	（有形固定資産）	××

間接記入法：有形固定資産の勘定科目は減少させず，その代わりに**減価償却累計額**勘定を用いる方法
減価償却累計額は，有形固定資産の勘定科目を間接的に評価する性格のものです。

（減価償却費）	××	（減価償却累計額）	××

たとえば，建物の取得価額が10,000円，減価償却費が1,000円とすれば，次のとおりです。

[直接記入法]

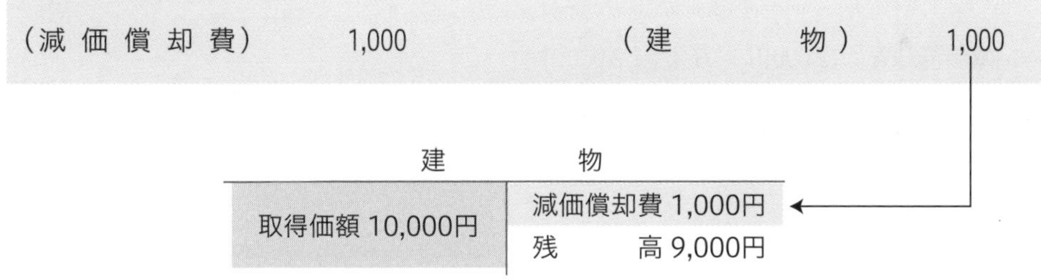

[間接記入法]

(減 価 償 却 費)	1,000	(建物減価償却累計額)	1,000

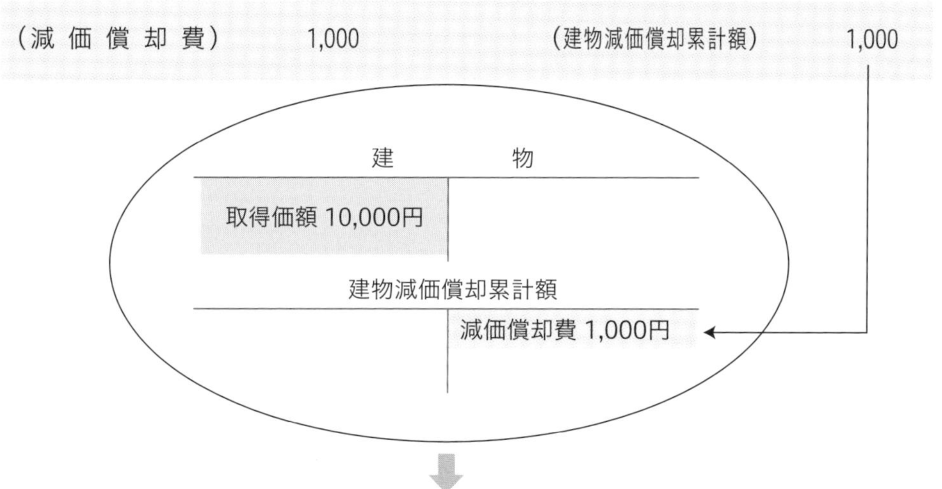

2つの勘定科目を併せれば，残高は9,000円となり，
直接記入法と結果は同じです。

仕訳例 07

期首に購入した車両運搬具12,000円について，定額法により減価償却費を計上する(耐用年数：6年，残存価額：0円，間接記入法)。

(減 価 償 却 費)	2,000	(車両減価償却累計額)	2,000

▶▶▶ 減価償却費：12,000円 ÷ 6年 ＝ 2,000円
(借方) 減価償却費の計上→費用の増加→借方　減価償却費
(貸方) 間接的に資産価値の減少→会社の財産の減少→資産の減少
→貸方　車両減価償却累計額

仕訳例 08

車両運搬具（取得価額12,000円，減価償却累計額4,000円）について，定率法により減価償却費を計上する（耐用年数：６年，償却率0.333〔１÷６年×200%〕，残存価額：０円，間接記入法）。

（減価償却費）	2,664	（車両減価償却累計額）	2,664

▶▶▶ 減価償却費：（12,000円－4,000円）× 0.333 = 2,664円
（借方）減価償却費の計上→費用の増加→借方　減価償却費
（貸方）間接的に資産価値の減少→会社の財産の減少→資産の減少
→貸方　車両減価償却累計額

仕訳例 09

決算において，期中に購入した鉱業用機械（取得価額12,000円）について，生産高比例法により減価償却費を計上する（残存価額：取得価額の10%，見積総稼働時間：1,000時間，当期稼働時間：100時間，間接記入法）。

（減価償却費）	1,080	（機械装置減価償却累計額）	1,080

▶▶▶ 減価償却費：（12,000円 － 12,000円×10%）÷1,000時間×100時間 = 1,080円
（借方）減価償却費の計上→費用の増加→借方　減価償却費
（貸方）間接的に資産価値の減少→会社の財産の減少→資産の減少
→貸方　機械装置減価償却累計額

5 有形固定資産の売却・除却

固定資産を売却する場合，帳簿価額（取得価額－減価償却累計額）と売却額に差が生じます。

帳簿価額＞売却額 であれば，差損が生じ，**固定資産売却損**（費用）という勘定で処理します。

帳簿価額＜売却額 であれば，差益が生じ，**固定資産売却益**（収益）という勘定で処理します。

また，固定資産を除却する場合は，帳簿価額から公正な評価額 を控除した額を**固定資産除却損**（費用）という勘定で処理します（［テーマ10　材料・貯蔵品 2貯蔵品］参照）。

なお，除却に要した諸費用は，固定資産除却損に加えます。

仕訳例 10

車両運搬具（取得価額12,000円，減価償却累計額6,434円）を6,000円で売却して小切手を受け取り，ただちに当座預金に預け入れた（間接記入法）。

（車両減価償却累計額）	6,434	（車 両 運 搬 具）	12,000
（当　座　預　金）	6,000	（固定資産売却益）	434

▶▶▶ 帳簿価額　　　：12,000円 － 6,434円 = 5,566円

固定資産売却益：6,000円 － 5,566円 = 434円

（貸方）車両の譲渡→会社の財産の減少→資産の減少

→貸方　車両運搬具12,000円

車両売却による差益の発生→収益の増加

→貸方　固定資産売却益434円

（借方）車両減価償却累計額は車両運搬具と必ずセットで，貸借逆

→借方　車両減価償却累計額6,434円

当座預金に預け入れ→会社の財産の増加→資産の増加

→借方　当座預金6,000円

基本例題05

○1年4月1日にA機械装置を？円で購入した（残存価額：０円，耐用年数：10年，償却方法：定額法)。

○6年4月1日に5,000円で売却したところ，売却損は2,500円であったとき，取得価額はいくらか。

解　答05

取得価額：15,000円

解説

取得価額をX円とし，間接記入法により減価償却費を計上したとすると，○6年3月末までの減価償却累計額は，(X円－０円）÷10年×５年＝0.5X円となり，売却時の帳簿価額は，X円－0.5X円＝0.5X円となります。

売却損が生じたということは，帳簿価額＞売却額であるので，
帳簿価額＝売却額＋売却損が成り立ちます。

0.5X円＝5,000円＋2,500円
より，X＝15,000となります。

なお，売却時の仕訳は次のようになります。

(機械装置減価償却累計額)	7,500	(機　械　装　置)	15,000
(未　収　入　金)	5,000		
(固定資産売却損)	2,500		

6 火災未決算

有形固定資産は，一般に高額です。ひとたび火災が発生すれば元の状態に戻すのに多くの時間とお金が必要です。そこで，万一のために火災保険や動産総合保険などの各種保険があります。保険に加入していれば，火災が発生してもその損失が保険で補填（ほてん）され，資金的負担は軽くなることがあります。

ところで，不幸にして，保険を掛けていた有形固定資産に火災が発生した場合を考えてみましょう。

火災発生から保険金の受け取りまでの流れは，次のとおりです。

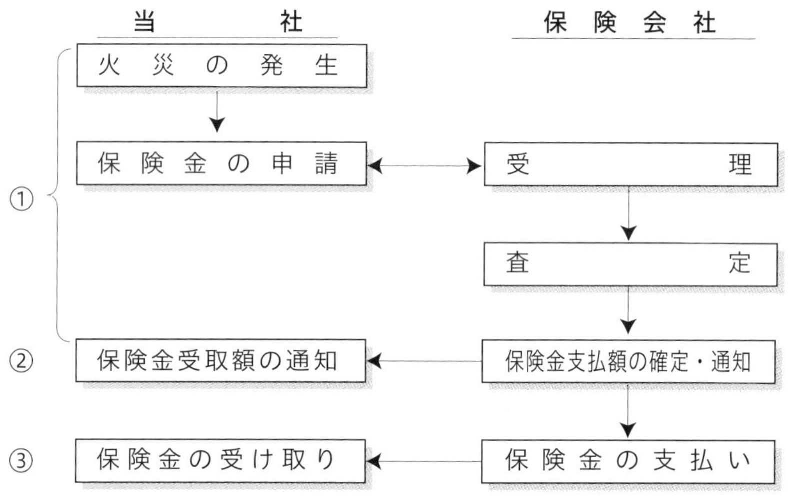

上記①から③に応じて，会社の状況が変わるので，それぞれ以下のような仕訳が必要です。

①火災発生時

火災により有形固定資産が滅失すれば，その分だけ資産価値がなくなるので，当該有形固定資産を減少させます。

しかし，保険金受取額は保険会社から通知がくるまで確定しません。そこで，保険金受取額が確定するまで一時的に**火災未決算**という勘定で処理します。火災未決算は，概算保険金受取権なので，資産にします。

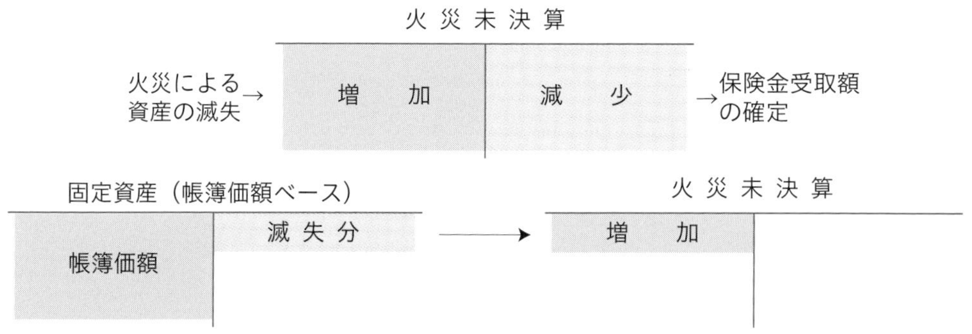

仕訳例 11

建物（取得価額13,000円，減価償却累計額7,000円）を火災により焼失した。この建物には火災保険が掛けられており，現在査定中である（間接記入法）。

（建物減価償却累計額）	7,000	（建　　　物）	13,000
（火 災 未 決 算）	6,000		

▶▶▶ 帳簿価額：13,000円－7,000円＝6,000円
（貸方）建物の滅失→会社の財産の減少→資産の減少→貸方　建物
（借方）建物減価償却累計額は建物と必ずセットで，貸借逆
→借方　建物減価償却累計額7,000円
火災発生により概算保険金受取権の取得→将来の会社の財産の増加
→将来の資産の増加→借方　火災未決算6,000円

②保険会社より保険金受取額が通知されたとき

保険金受取額が確定するので，とりあえずの火災未決算から未収入金に振り替えます（通知の段階では未収です。しかも，保険金の受け取りという，主たる営業活動以外から生じた未収なので，未収入金です）。

査定の結果，滅失資産の帳簿価額（＝火災未決算）と保険金受取額に差が生じます。

滅失部分の帳簿価額＞保険金受取額 であれば，差損であり，**火災損失**（費用）で処理します。

滅失部分の帳簿価額＜保険金受取額 であれば，差益であり，**保険差益**（収益）で処理します。

仕訳例 12

火災未決算で処理していた6,000円について，保険会社から火災保険金7,000円を支払うとの連絡を受けた。

（未 収 入 金）	7,000	（火 災 未 決 算）	6,000
		（保 険 差 益）	1,000

▶▶▶ 保険差益：7,000円－6,000円＝1,000円
（借方）火災の発生という主たる営業活動以外から生じた未収
→確定保険金受取権の取得→会社の財産の増加→資産の増加
→借方　未収入金
（貸方）概算保険金受取権の消滅→会社の財産の減少→資産の減少
→ 貸方　火災未決算6,000円
火災による差益の発生→収益の増加→貸方　保険差益1,000円

③保険会社より保険金を受け取ったとき

通知を受けたときに計上した未収入金を，回収する仕訳を行います。

7 無形固定資産

長期的に事業で使用するために取得した無形の権利を，**無形固定資産**といいます。

無形固定資産は資産に属し，次のようなものがあります。ここでは，内容だけ覚えてください。

勘定科目	内容
のれん	受け入れた資産・負債の差額（合併の場合は帳簿価額ベース，買収の場合は時価評価ベース）と支払対価との差額
特許権	特許を取った発明を独占的に使用する権利
借地権	借地権，地上権，地役権といった土地の利用権
実用新案権	実用新案を取った発明を独占的に使用する権利
ソフトウェア	コンピュータのプログラムおよび導入費用
電話加入権	電話加入時の施設負担金

なお，のれんについては，［テーマ19　資本（純資産）4合併差益］で後述します。

8 繰延資産

すでに代金を支払い（または支払義務が確定し），サービスの提供を受けたにもかかわらず，その効果が将来にも及ぶと期待されるものを**繰延資産**といいます。

繰延資産は，支出額を支出時の費用にせず，効果の及ぶ期間で費用化します。これを**償却**といいます。支出時に費用としないための勘定科目なので，資産にします。ここでは，償却の仕訳だけ覚えてください。

勘定科目	内容
株式交付費	株式募集のための広告費，金融機関・証券会社の取扱手数料，目論見書等の印刷費，変更登記の登録免許税，その他株式の交付等のために直接支出した費用
社債発行費	社債募集のための広告費，金融機関・証券会社の取扱手数料，目論見書・社債券等の印刷費，社債の登記の登録免許税，その他社債発行のために直接支出した費用

なお，社債発行費については，［テーマ17　社債］で後述します。

仕訳例 13

決算に際し，株式交付費1,000円の償却を行う。

（株式交付費償却）	1,000	（株式交付費）	1,000

▶▶▶ 繰延資産を償却するときは，○○償却という勘定を用います。
（貸方）繰延資産の費用化→資産の減少→貸方　繰延資産の各科目
（借方）繰延資産の費用化→費用の増加→借方　○○償却

13 未払金と建設業特有の債務

Theme

◆重要論点◆

1．未払金と工事未払金の異同　　2．未成工事受入金

1 未払金・工事未払金

会社はお金を支払う場合，通常の少額な消耗品などを除いて，一定の〆日（しめび）を設けてまとめて支払います。したがって，購入してからお金を支払うまでは未払いの状態になります。

未払いの状態は，主たる営業活動から生じたものかどうかにより，**未払金**と**工事未払金**の２つに分類されます。

未　払　金：主たる営業活動以外から生じた未払いの金額
工事未払金：主たる営業活動から生じた未払いの金額

いずれも将来の支払義務が発生するので，負債にします。

なお，工事未払金は建設業独特の勘定科目で，一般には買掛金（かいかけきん）に該当します。

（工事）未払金

	借方	貸方	
代金支払→	減　少	増　加	←財・サービスの購入による未払いの発生
残高			

仕訳例 01

工事用材料5,000円を購入したが，購入代金は後日支払うことにした。

（材　　料）	5,000	（工事未払金）	5,000

▶▶▶（借方）材料の購入→会社の財産の増加→資産の増加→借方　材料
（貸方）工事に係る将来の支払義務の発生→負債の増加
→貸方　工事未払金

仕訳例 02

工事未払金を支払うため，約束手形5,000円を振り出した。

（工 事 未 払 金） 5,000 （支 払 手 形） 5,000

▶▶▶ （貸方）営業取引から生じた約束手形の振り出し
→将来の支払義務の発生→負債の増加→貸方　支払手形
（借方）工事未払金の手形払い→支払義務の履行→負債の減少
→借方　工事未払金

仕訳例 03

中古機械を600円で購入し，購入代金は後日支払うことにした。

（機　械　装　置） 600 （未　払　金） 600

▶▶▶ 機械の購入は，主たる営業活動以外の行為です。
（借方）機械の購入→会社の財産の増加→資産の増加→借方　機械装置
（貸方）主たる営業活動以外での未払いの発生→将来の支払義務の発生
→負債の増加→貸方　未払金

仕訳例 04

営業所で得意先を接待し，接待費用800円は後日支払うことにした。

（販　売　費） 800 （未　払　金） 800

▶▶▶ 営業所は販売拠点なので，営業経費は工事原価ではなく販売活動費用として販売費で処理します。
契約に基づき継続的にサービスを受けている場合の未払いは未払費用（後述：テーマ15）で処理しますが，接待は一過性で，主たる営業活動（工事）以外から生じた未払いなので，未払金で処理します。
（借方）営業経費の発生→費用の増加→借方　販売費
（貸方）主たる営業活動以外から生じた未払い→将来の支払義務の発生
→負債の増加→貸方　未払金

仕訳例 05

決算に際し，完成工事に係る仮設撤去費の未払分1,000円を計上する。なお，工事原価は未成工事支出金を経由して処理する。

（未成工事支出金）	1,000	（工　事　未　払　金）	1,000

▶▶▶ 試験の第５問で毎回のように出題されます。必ず覚えましょう。
なお，類題として「決算に際し，工事の下請業者から外注費の請求が届いた」ケースがありますが，考え方は同じです。
（貸方）工事に係る将来の支払義務の発生→負債の増加
　　　→貸方　工事未払金
（借方）工事に要する仮設撤去費
　　　→工事完成・引き渡しまで費用にしないという意味での資産の増加
　　　→借方　未成工事支出金
「なお，工事原価は未成工事支出金を経由して処理する」とは，工事に係る原価は材料費・労務費・外注費・経費勘定ではなく，すべて未成工事支出金勘定を用いなさいという意味です。

2 未成工事受入金

［テーマ02　建設業の特性 3建設業の特徴］で述べたとおり，請負工事物件を引き渡す前に工事代金の一部をあらかじめ受け取る（前受金）慣習があります。

販売収益とそれに対応する費用は同時期に計上するのが原則なので，販売収益を計上するまで収益にしないよう，どこかに集計しておく必要があります。

販売収益を計上する前の入金を集計しておくのが，**未成工事受入金**（みせいこうじうけいれきん）です。

未成工事受入金は，販売収益を計上するまで収益にしないという意味で，負債にします。

なお，未成工事受入金は建設業独特の勘定科目で，一般には前受金（まえうけきん）に該当します。

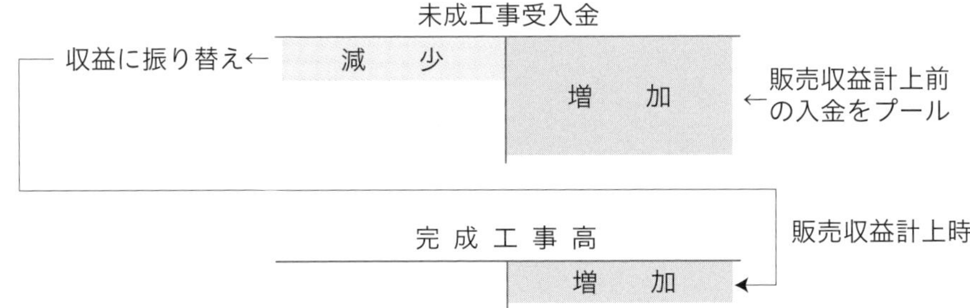

仕訳例 06

工事請負契約を締結し，契約時に10,000円を現金で受け取った。

（現　　　　　金）	10,000	（未成工事受入金）	10,000

▶▶▶ （借方）現金の受け取り→会社の財産の増加→資産の増加→借方　現金
（貸方）販売収益計上前の入金→収益にしない意味での負債の増加
→貸方　未成工事受入金

仕訳例 07

当該工事は，工事完成基準を適用しており，工事が完成し（請負金額22,000円）引き渡した。なお，契約時に入金された10,000円を差し引いた12,000円については，後日受け取る約束になっている。

（未成工事受入金）	10,000	（完　成　工　事　高）	22,000
（完成工事未収入金）	12,000		

▶▶▶ 主たる営業活動から生じた未収額：22,000円－10,000円＝12,000円
（貸方）工事物件の完成・引き渡し→営業収益の増加→貸方　完成工事高
（借方）工事物件の引き渡しにより前受額を販売代金に充当
→負債から収益に振り替え→負債の減少
→借方　未成工事受入金10,000円
工事物件の引き渡しによる販売代金請求権の取得
→会社の財産の増加→資産の増加
→借方　完成工事未収入金12,000円

14 借入金と仮受金

Theme

◆重要論点◆

1．借入金の種類
手形借入金，短期借入金，長期借入金

2．仮受金の精算

1 借入金

借入金(かりいれきん)は，お金を借り入れた側が処理する勘定です。通常は借用証書によりますが，約束手形を振り出すこともあります。なお，借用証書の場合は，借入期間により，短期と長期に分類されます。

手形の振り出しあり	……………………………………	**手形借入金**
手形の振り出しなし（借用証書）	期末日の翌日から1年以内に返済するもの ……	**短期借入金**
	期末日の翌日から1年を超えて返済するもの …	**長期借入金**

〔**手形の振り出しあり**〕手形借入金（［テーマ07　手形取引 6 手形の貸借］参照）

〔**手形の振り出しなし**〕短期借入金，長期借入金
（借用証書）

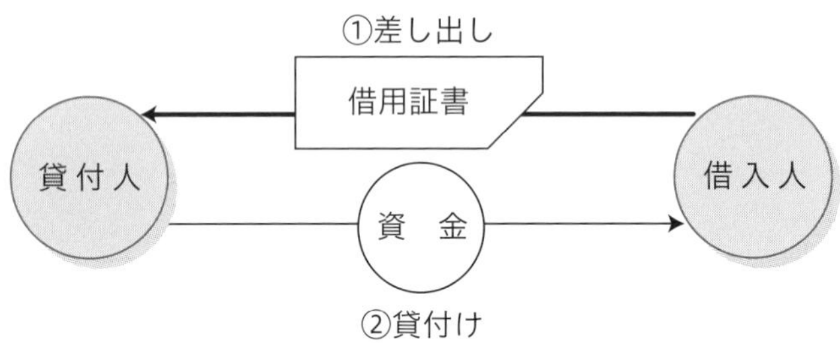

借入金は，貸付人に対する返済義務なので，負債にします。

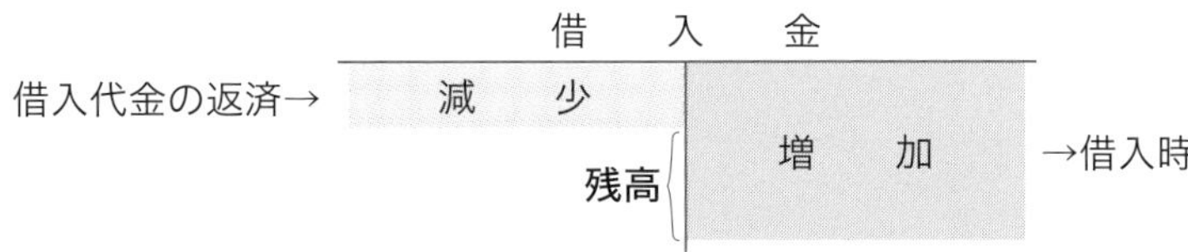

また，借入期間に応じて利息を支払います。受取側は受取利息で処理し，支払側は支払利息で処理します。

仕訳例 01

銀行から６か月後に一括返済の条件で13,000円を借り入れ，当座預金口座に振り込まれた。なお手形は振り出していない。

（当　座　預　金）	13,000	（短 期 借 入 金）	13,000

▶▶▶ 借入期間６か月→期末日後，１年以内に返済する短期の借入れ
（借方）当座預金口座に振り込み→会社の財産の増加→資産の増加
→借方　当座預金
（貸方）短期借入→将来の支払義務の発生→負債の増加
→貸方　短期借入金

仕訳例 02

返済期日が到来し，短期借入金の元本13,000円および支払利息130円を現金で支払った。

（短 期 借 入 金）	13,000	（現　　　　金）	13,130
（支　払　利　息）	130		

▶▶▶ （貸方）現金の支払い→会社の財産の減少→資産の減少→貸方　現金
（借方）短期借入金の返済→支払義務の履行→負債の減少
→借方　短期借入金13,000円
借入期間に対する利息の支払い→費用の増加
→借方　支払利息130円

2 仮受金

預金口座に入金されても，ただちに入金内容が判明しない場合があります。入金内容が判明しないときは，とりあえず**仮受金**（かりうけきん）という勘定で処理し，内容が判明した時点でただちに正しい勘定科目に振り替え，精算します。

仮受金は入金時のとりあえずの勘定なので，収益にしないという意味で，負債にします。

仕訳例 03

当座預金口座に1,000円が振り込まれたが，内容が判明しない。

（当　座　預　金）	1,000	（仮　　受　　金）	1,000

▶▶▶（借方）当座預金口座に振り込み→会社の財産の増加→資産の増加
→借方　当座預金
（貸方）内容が判明しない入金→収益にしないという意味での負債の増加
→貸方　仮受金

仕訳例 04

決算に際し，仮受金の内容を調査したところ，以下の事項が判明した。

1．請負代金の前受分　3,000円
2．完成工事未収入金の回収分　2,000円
3．現場に搬入した材料に係る仕入値引　1,000円
4．貯蔵品の原価での売却代金　500円
5．建物賃貸借契約の解除により貸主から返金された差入保証金　1,500円
6．過年度において貸倒損失として処理した完成工事未収入金の現金回収額　2,500円

なお，工事原価は，未成工事支出金で処理する。

借方	金額	貸方	金額
(仮受金)	10,500	(未成工事受入金)	3,000
		(完成工事未収入金)	2,000
		(未成工事支出金)	1,000
		(貯蔵品)	500
		(差入保証金)	1,500
		(償却債権取立益)	2,500

▶▶▶（借方）仮受金の精算→正しい勘定科目へ振り替え→負債の減少
→借方　仮受金

（貸方）工事物件引渡し前の入金→収益にしないという意味での負債の増加
→貸方　未成工事受入金3,000円
完成工事未収入金の回収→代金請求権の消滅→会社の財産の減少
→資産の減少→貸方　完成工事未収入金2,000円
仕入値引→現場に搬入済みの材料費（工事原価の一つ）のマイナス
→費用の減少→貸方　未成工事支出金（問題の指示）1,000円
貯蔵品の原価での売却→会社の財産の減少→資産の減少
→貸方　貯蔵品500円
建物賃貸借契約の解除により差し入れていた保証金が返金
→保証金返金請求権の消滅→会社の財産の減少
→資産の減少→貸方　差入保証金1,500円
貸倒損失処理（［テーマ16　引当金 4貸倒引当金］参照）済みの完成工事未収入金の回収→貸倒損失の取り消し
→費用のマイナスとせず収益の発生とみなす
→貸方　償却債権取立益2,500円

15 Theme 末払費用と前受収益

◆重要論点◆

1．未払費用の流れ　　2．前受収益の流れ

1 未払費用

継続してサービスの提供を受けている場合，サービス提供後になってまとめて支払うことがあります。この場合，通常は支払時に該当する費用勘定科目で処理します（支払家賃，支払利息，支払地代）。

しかし，支払額がすべて翌期分とは限りません。翌期分以外に，当期分のサービス料も含まれていることがあります。この場合には，当期分は翌期の費用とせず，当期の費用とすべきです。

そこで，当期ではまだ支払っていなくても，当期分の費用として計上するため**未払費用**を使用します。未払費用は当期経過分の支払義務なので，負債にします。具体的には，未払家賃，未払利息，未払地代があります。

翌期の支払時には支払額の全額を費用計上しますが，そのままでは当期分も再度，費用計上されてしまうことになります。そこで，翌期には当期に計上した仕訳と逆の仕訳を行い（再振替仕訳），当期分の費用をマイナスにします。これにより，翌期支払時に支払額の全額を費用計上しても，当期分の費用は相殺されます。

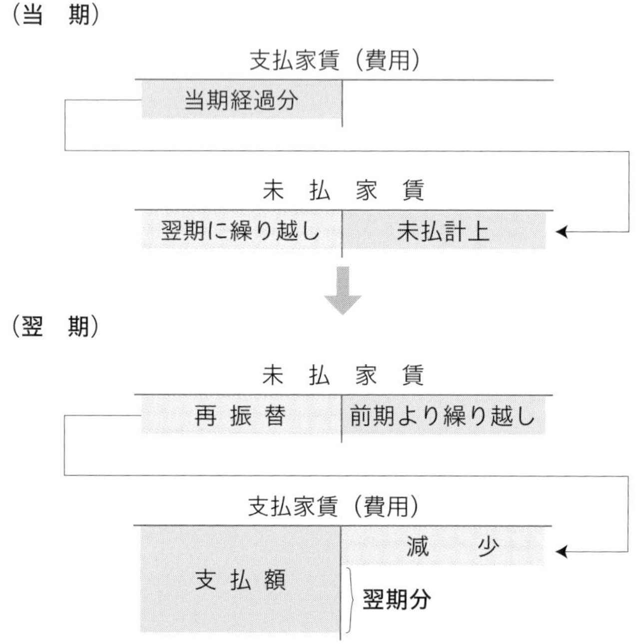

仕訳例 01

当期経過分の支払家賃70円を未払計上した。

(支 払 家 賃)	70	(未 払 家 賃)	70

▶▶▶ (借方) 支払家賃の当期発生分→費用の増加→借方　支払家賃
(貸方) 未払いの当期経過分の家賃→経過分の支払義務の発生→負債の増加→貸方　未払家賃

仕訳例 02

当期に前期分も合わせて，支払家賃8,000円を現金で支払った。

(支 払 家 賃)	8,000	(現 金)	8,000

▶▶▶ (貸方) 現金の支払い→会社の財産の減少→資産の減少→貸方　現金
(借方) 支払家賃の支払い→費用の増加→借方　支払家賃

なお，この仕訳の前提として，当期首に次の再振替仕訳が行われています。

(未 払 家 賃)	××	(支 払 家 賃)	××

基本例題06

前期末の未払家賃が100円，当期に支払った家賃が？円，当期末の未払家賃が70円，当期の損益計算書の支払家賃が7,970円とすれば，？円はいくらか。

解　答06

？円＝8,000円

解説

未払家賃（負債）と支払家賃（費用）の関連図で考えます。

「当期の損益計算書の支払家賃」とは，当期の費用とすべき支払家賃という意味です。

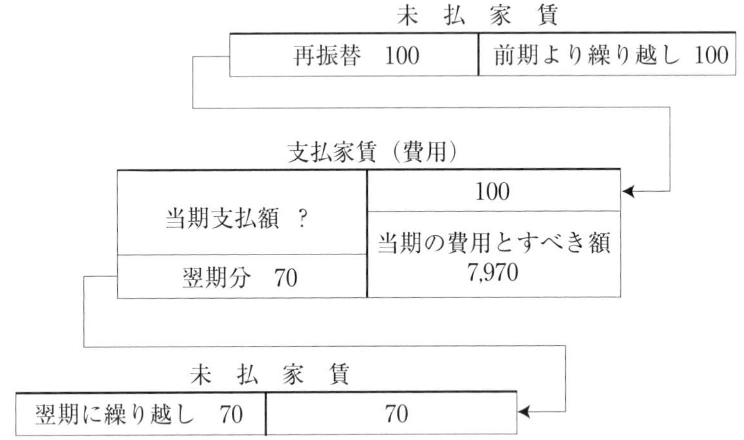

当期に支払った家賃を？円とすれば，100円＋7,970円＝？円＋70円 がなりたつので，？円＝8,000円 です。

2 前受収益

継続してサービスを提供している場合，たとえば，向こう１年分の代金がまとめて入金されることがあります。入金時には，該当する収益勘定科目で処理します（受取利息，受取家賃，受取賃貸料）。

しかし，入金額がすべて当期分とは限りません。当期分以外に，翌期分のサービス料も含まれていることがあります。この場合には，翌期分は当期の収益から除く必要があります。

そこで，入金時に入金額の全額を収益計上したもののうち，翌期分は収益から**前受収益**に振り替えます。前受収益は未成工事受入金と同じく，入金時に収益としないための勘定科目なので，負債にします。具体的には，前受利息，前受家賃，前受賃貸料があります。

当期に計上した前受収益は，翌期になれば収益です。そこで，翌期には再び該当する収益勘定に振り替えます（再振替仕訳）。

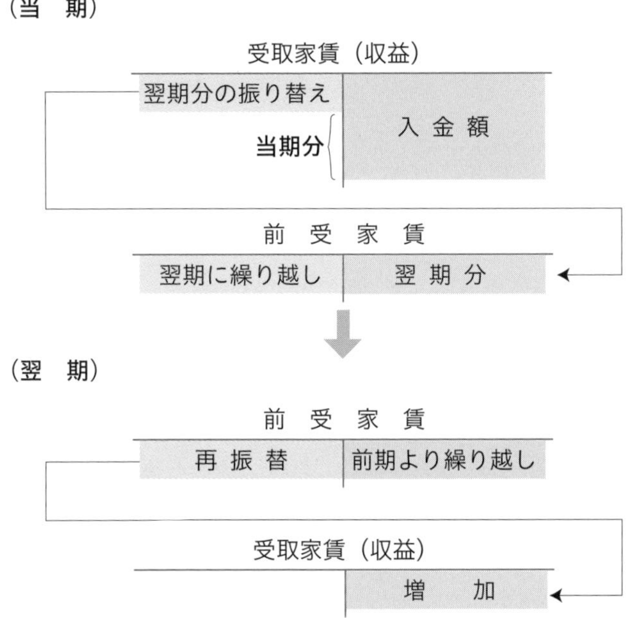

仕訳例 03

向こう１年分の家賃12,000円を，まとめて現金で受け取った。

（現　　　　金）	12,000	（受　取　家　賃）	12,000

▶▶▶（借方）現金の受け取り→会社の財産の増加→資産の増加→借方　現金
（貸方）受取家賃の発生→収益の増加→貸方　受取家賃

Theme 15 末払費用と前受収益

仕訳例 04

期末に，受取家賃のうち1,000円は翌期分であることが判明し，前受家賃に振り替える。

（受　取　家　賃）	1,000	（前　受　家　賃）	1,000

▶▶▶（借方）収益に計上した家賃のうち，翌期分を収益から控除→収益の減少→借方　受取家賃
（貸方）受取家賃という収益にしないための負債の増加→貸方　前受家賃

なお，翌期の再振替の仕訳は，次のように当期計上額の逆の仕訳になります。

（前　受　家　賃）	1,000	（受　取　家　賃）	1,000

基本例題07

前期末の前受家賃が50円，当期に受け取った家賃が？円，当期末の前受家賃が80円，当期の損益計算書の受取家賃が10,000円とすれば，？円はいくらか。

解　答07

？円＝10,030円

解説

前受家賃（負債）と受取家賃（収益）の関連図で考えます。

「当期の損益計算書の受取家賃」とは，当期の収益とすべき受取家賃という意味です。

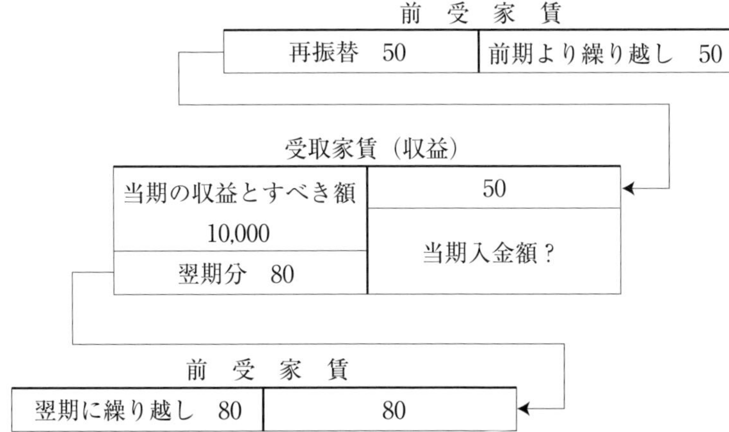

当期に受け取った家賃を？円とすれば，50円＋？円＝10,000円＋80円 がなりたつので，？円＝10,030円 です。

16 引当金

Theme

◆重要論点◆

1．引当金の種類
2．引当金の処理方法
　洗替法，差額補充法
3．貸倒引当金
4．完成工事補償引当金
5．退職給付引当金

1 引当金とは

引当金（ひきあてきん）を計上することが必要な理由について，賞与を例にとって説明します。

多くの会社では，会社の賞与規定でボーナスの支給方法が決められています。

たとえば，１月から６月までの勤務に対するボーナスを６月末に，７月から12月までの勤務に対するボーナスを12月末にそれぞれ支給する場合，当期の負担となるボーナスは，どのように考えればよいのでしょうか。

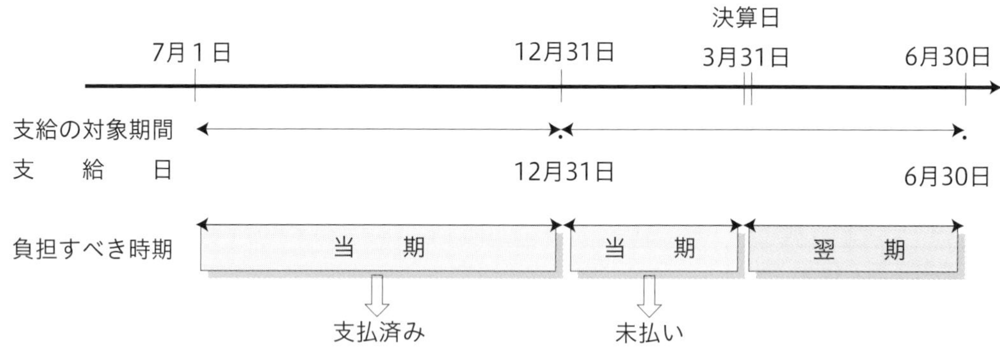

当期は４月１日から翌年３月31日までとします。12月支給のボーナスは，支給の対象期間が７月から12月なので，すべて当期負担分です。ところが，翌年６月支給のボーナスは，支給の対象期間が翌年１月から６月なので，１月から３月までは当期負担分ですが，４月から６月までは翌期負担分です。

ボーナスの支給時に，「(賞　与) ×× （現　金) ××」と仕訳すると，どうなるでしょう。12月支給分はすべて当期負担分なので問題ありませんが，翌年６月支給分は，１月から３月までは当期負担分なのに，翌年６月に費用計上されてしまいます。１月から３月までの分は本来，当期のボーナスとすべきです。

そこで，将来，発生の可能性が高く，金額を合理的に算定できる特定の費用（損失）は，将来を見越して当期負担分をあらかじめ当期に費用計上する必要があるのです。これを，「引き当てる」といい，その費用計上するものを**引当金**といいます。

2 引当金の種類

将来，発生可能性が高く，金額を合理的に算定できる特定の費用（損失）について，将来を見越して当期負担分をあらかじめ当期に費用計上するのが引当金ですが，この要件を満たすものには，次のようなものがあります。

貸倒引当金（かしだおれひきあてきん）：受取手形，完成工事未収入金などの債権が，回収不能（**貸倒れ**）となる場合に備える引当金

完成工事補償引当金：完成し引き渡しも済んだ請負工事について，一定期間無償で修繕・補修（アフターサービス）する契約を締結している場合に，その修繕・補修に備える引当金

賞与引当金：従業員の賞与の支給に備える引当金

退職給付引当金：従業員の退職金支給に備える引当金

修繕引当金：有形固定資産の大規模修繕に備える引当金

役員賞与引当金：役員の賞与の支給に備える引当金
（［テーマ20　利益処分（剰余金の処分）1役員賞与の会計処理］参照）

3 引当金の処理方法

前述のボーナスの話に戻ります。

賞与規定で支給方法が決められているボーナスは，翌年6月に支給される可能性が高く，しかも支給額を合理的に算定できるので，引き当ての要件を満たします。したがって，1月から3月までのボーナス分は，当期に費用計上します。

ただし，費用計上する場合，金額は合理的に算定できるものの確定額ではなく，あくまで概算の見積額のため，支払時と同じ勘定科目は使用せず，○○**引当金繰入**（ひきあてきんくりいれ）という勘定で処理します。ボーナスの場合は，賞与ではなく，賞与引当金繰入です。

仕訳の貸方勘定科目は，○○**引当金**です。ボーナスの場合は，賞与引当金です。

引当金は，将来発生するであろう費用の潜在的な支払義務なので，負債にします。

当期分を引当計上する仕訳は，次のとおりです。

（○○引当金繰入）	××	（○○引当金）	××

仕訳例 01

賞与について，当期負担額10,000円を引当計上する。

（賞与引当金繰入）	10,000	（賞　与　引　当　金）	10,000

▶▶▶ （借方）当期に負担すべき賞与見積額の費用計上→費用の増加
→借方　賞与引当金繰入
（貸方）将来の賞与の潜在的支払義務の発生→潜在的負債の増加
→貸方　賞与引当金

引当金の計上方法には**洗替法**（あらいがえほう）と**差額補充法**があります。

洗　替　法：引当金勘定残高をいったん0に戻して（**戻し入れ**），当期末の要引当額を改めて計上する方法。戻し入れる場合には，○○引当金戻入という勘定で処理します。

戻入	（○ ○ 引 当 金）	××	（○○引当金戻入）	××
繰入	（○○引当金繰入）	××	（○ ○ 引 当 金）	××

差額補充法：当期末の要引当額から引当金勘定残高を差し引き，その差額分だけ当期に追加計上（補充）する方法

当期末の要引当額＞引当金勘定残高

繰入	（○○引当金繰入）	××	（○ ○ 引 当 金）	××

当期末の要引当額＜引当金勘定残高

戻入	（○ ○ 引 当 金）	××	（○○引当金戻入）	××

基本例題08

貸倒引当金の残高が10,000円，当期末の要引当額が15,000円のとき，
[問１] 洗替法
[問２] 差額補充法
のそれぞれの仕訳を示しなさい。

解　答08

[問１]

(貸 倒 引 当 金)	10,000	(貸倒引当金戻入)	10,000
(貸倒引当金繰入)	15,000	(貸 倒 引 当 金)	15,000

[問２]

(貸倒引当金繰入)	5,000	(貸 倒 引 当 金)	5,000

解説

[問１]　洗替法

①貸倒引当金の残高を０にする。

貸倒引当金は債権の価値を相対的に評価する，すなわち，資産のマイナス勘定なので，貸方残です。それを０にするため，「借方　貸倒引当金」です。

洗替法では，前期までの負担分も含めて改めて全額費用計上するので，前期までの負担分を損益に影響させないよう，「貸方　○○引当金戻入（ひきあてきんもどしいれ）」という収益を計上します。

(借方) 貸方残の貸倒引当金を０にする→借方　貸倒引当金
(貸方) 貸倒引当金戻入を収益計上→収益の増加→貸方　貸倒引当金戻入

②当期末の要引当額の計上

洗替法では，当期末の要引当額を全額費用計上します。

(借方) 当期末の要引当額を全額費用計上→費用の増加
→借方　貸倒引当金繰入
(貸方) 債権の価値を相対的に評価→資産のマイナス→貸方　貸倒引当金

[問２]　差額補充法

当期末要引当額から前期までの負担分を控除すれば，当期負担分です。そこで，当期負担額だけ追加的に費用計上します。

当期計上額：15,000円 − 10,000円 = 5,000円

(借方) 当期負担額を費用計上→費用の増加→借方　貸倒引当金繰入
(貸方) 当期負担額を計上→資産の減少→貸方　貸倒引当金

引き当ての対象となった費用が発生すれば，支払義務の履行なので，引当金を減少します。これを，引当金の**取り崩し**といいます。

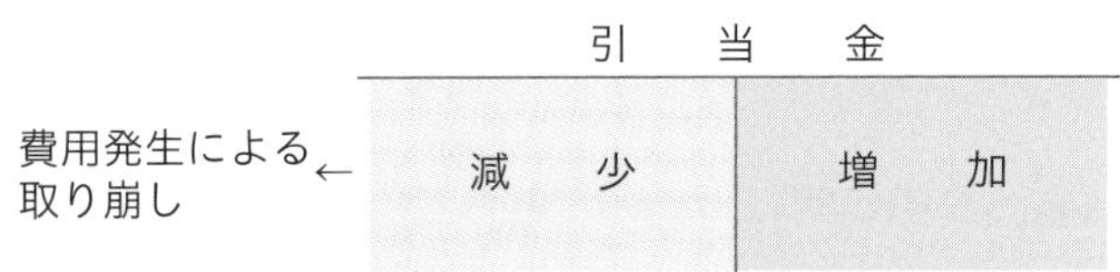

再び，ボーナスに話を戻します。

ボーナスについて，翌年１月から３月までの分を当期に引当計上すれば，翌年６月の支給時には，どのような処理を行えばよいのでしょうか。

仕訳例 02

６月に賞与20,000円を現金で支払った。なお，賞与引当金が10,000円ある。

（賞与引当金）	10,000	（現　　　金）	20,000
（賞　　　与）	10,000		

▶▶▶ 前期までの分は，引当金を減少させ，当期分だけ当期の費用に計上します。
当期負担額：支給額20,000円－前期引当額10,000円＝10,000円
（貸方）現金の支払い→会社の財産の減少→資産の減少→貸方　現金
（借方）賞与の支払義務の履行→負債の減少
→借方　賞与引当金10,000円
当期の費用負担額の発生→費用の増加→借方　賞与10,000円

4 貸倒引当金

貸倒引当金(かしだおれひきあてきん)は，債権の回収不能に備えて引き当てるものなので，負債というよりは債権の価値を間接的に評価して，価値を低く見直している，すなわち，債権という資産のマイナス勘定と考えたほうがわかりやすいでしょう。

仕訳例 03

債権（受取手形10,000円，完成工事未収入金20,000円）の期末残高に対して，１％の貸倒引当金を洗替法により計上する。なお，残高試算表上の貸倒引当金の残りは100円である。

借方	金額	貸方	金額
（貸 倒 引 当 金）	100	（貸倒引当金戻入）	100
（貸倒引当金繰入）	300	（貸 倒 引 当 金）	300

▶▶▶ 貸倒引当金残高→残高試算表上の貸倒引当金の残り100円
当期末の要引当額：（10,000円＋20,000円）×１％＝300円
〔１行目の仕訳〕…貸倒引当金残高の戻し入れ
（借方）貸倒引当金は資産のマイナス勘定なので，貸方残。これを０にするため→借方　貸倒引当金
（貸方）洗替法では，前期までの負担分も含めて改めて全額費用計上するので，前期までの負担分を損益に影響させないよう，収益を計上→貸方　貸倒引当金戻入
〔２行目の仕訳〕…当期末の要引当額の計上
（借方）当期末の要引当額を全額費用計上→費用の増加→借方　貸倒引当金繰入
（貸方）債権の価値を相対的に評価→資産のマイナス→貸方　貸倒引当金

貸 倒 引 当 金

借方	貸方	
戻　入 100	期 首 残 100	←残高試算表の残高
当期末残高	当期繰入 300	

仕訳例 04

短期債権（受取手形10,000円，完成工事未収入金20,000円）の期末残高に対しては１％，長期債権（破産債権，更生債権等1,000円）に対して全額の貸倒引当金を差額補充法により計上する。なお，残高試算表上の貸倒引当金の残りは100円である。

（貸倒引当金繰入）	1,200	（貸 倒 引 当 金）	1,200

▶▶▶ 貸倒引当金残高→残高試算表上の貸倒引当金の残り100円
当期末の要引当額：(10,000円＋20,000円）×１％＋1,000円＝1,300円
当期追加計上額：1,300円－100円＝1,200円
（借方）引当不足額を追加費用計上→費用の増加→借方　貸倒引当金繰入
（貸方）債権の価値を相対的に評価→資産のマイナス→貸方　貸倒引当金

貸 倒 引 当 金

借方	貸方
当期末残高	期 首 残　100　←残高試算表の残高
	追加計上 1,200

仕訳例 05

前期末に貸倒引当金を300円計上していたが，当期になり受取手形のうち200円だけ貸倒れとなった。なお，当該受取手形は，前期末の貸倒引当金の設定対象になっていた。

（貸 倒 引 当 金）	200	（受 取 手 形）	200

▶▶▶ （貸方） 受取手形が回収不能→代金請求権の実質的消滅
→会社の財産の減少→資産の減少→貸方　受取手形
（借方） 貸倒れに備えて引当計上していたので，貸倒引当金の取り崩し（費用の発生）→借方　貸倒引当金

貸 倒 引 当 金

借方	貸方
貸 倒 れ　200	期 首 残　300
当期末残高	

なお，前期末の不渡手形について当期に貸倒処理する場合には，（貸方）が不渡手形になります。

貸倒引当金は，債権の回収不能に備えて引き当てるものなので，前期末時点の債権残高が引き当ての対象になっています。したがって，当期になり前期以前の債権が貸倒れになれば，貸倒引当金を取り崩します。

ところが，当期中に発生（計上）した債権が当期中に貸倒れになれば，当該債権については貸倒引当金の設定対象ではないので，貸倒引当金を取り崩すことはできません。この場合には，当該債権が回収できず会社の損失が発生するので，当該債権を減額するとともに，**貸倒損失**（かしだおれそんしつ）という費用を計上します。

また，当期になり前期以前の債権が貸倒れになる場合でも，貸倒引当金の引当額以上の貸倒れが発生することもあります。この場合には，貸倒額と引当額の差額は会社の損失として貸倒損失で処理します。

仕訳例 06

当期に計上した完成工事未収入金について，当期中に300円だけ貸倒れとなった。なお，貸倒引当金の期首残高は500円である。

（貸　倒　損　失）	300	（完成工事未収入金）	300

▶▶▶（貸方）完成工事未収入金が回収不能→代金請求権の実質的消滅→会社の財産の減少→資産の減少→貸方　完成工事未収入金
（借方）貸倒引当金の設定対象となっていない債権について会社に損失が発生→費用の増加→借方　貸倒損失

仕訳例 07

前期末に貸倒引当金を400円計上していたが，当期になり完成工事未収入金のうち500円だけ貸倒れとなった。当該完成工事未収入金は，前期末の貸倒引当金の設定対象になっていた。

（貸 倒 引 当 金）	400	（完成工事未収入金）	500
（貸　倒　損　失）	100		

▶▶▶（貸方）完成工事未収入金が回収不能→代金請求権の実質的消滅→会社の財産の減少→資産の減少→貸方　完成工事未収入金
（借方）貸倒れに備えて引当計上していたので，貸倒引当金の取り崩し（費用の発生）→借方　貸倒引当金　400円
貸倒額500円と引当額400円の差額100円について会社に損失が発生→費用の増加→借方　貸倒損失　100円

基本例題09

貸倒引当金の期首残が400円，期末残が300円，戻入額が200円とすれば，当期に回収不能となった金額はいくらか。なお，貸倒引当金繰入300円が計上されている。

解　答09

当期回収不能額：200円

解説

貸倒引当金勘定を書きます。

戻し入れ，貸倒れ，繰り入れがあった場合に，貸倒引当金勘定のどちら側にくるのかを正確に理解しないと解けません。

貸　倒　引　当　金

借方		貸方	
貸倒れ＝回収不能	?	期　首　残	400
戻 し 入 れ	200		
期　末　残	300	当期繰り入れ	300

回収不能額を？円とすれば，400円＋300円＝？円＋200円＋300円 がなりたつので，？円＝200円 です。

基本例題10

前期末に貸倒引当金4,000円が設定されている。当期に，前期の完成工事高に係る完成工事未収入金1,000円と当期の完成工事高に係る完成工事未収入金1,500円が貸倒れになった。当期末の売上債権残高250,000円に対して２％の貸倒れが見積もられるとき，差額補充法によれば，貸倒引当金繰入額はいくらか。

解　答10

貸倒引当金繰入額：2,000円

解説

貸倒引当金の動きを考えます。

前期末残高	：　4,000円
貸倒れによる取崩し	：△1,000円

（貸　倒　引　当　金）	1,000	（完成工事未収入金）	1,000
（貸　　倒　　損　　失）	1,500	（完成工事未収入金）	1,500

前期の完成工事高に係る完成工事未収入金に対しては，貸倒引当金を設定していますので貸倒引当金を取り崩しますが，当期の完成工事高に係る完成工事未収入金に対しては，貸倒引当金を設定していませんので貸倒損失で処理します。

決算整理前の残高試算表上の貸倒引当金残高：	3,000円
当期末要引当額：250,000円×２％＝	5,000円

差額補充法では，追加計上額を繰り入れます。

（貸倒引当金繰入額）	2,000	（貸　倒　引　当　金）	2,000

5 完成工事補償引当金

完成し引き渡した請負工事の修繕・補修について，引渡し時より一定期間，無償でサービスする契約をしている場合に設定されるのが**完成工事補償引当金**です。

仕訳例 08

完成工事高900,000円に対して１％の完成工事補償引当金を計上する。

（完成工事補償引当金繰入）	9,000	（完成工事補償引当金）	9,000

▶▶▶ （借方）当期に負担すべき工事補償費の見積額の費用計上→費用の増加
→借方　完成工事補償引当金繰入
（貸方）将来の工事補償費の潜在的支払義務の発生→潜在的負債の増加
→貸方　完成工事補償引当金

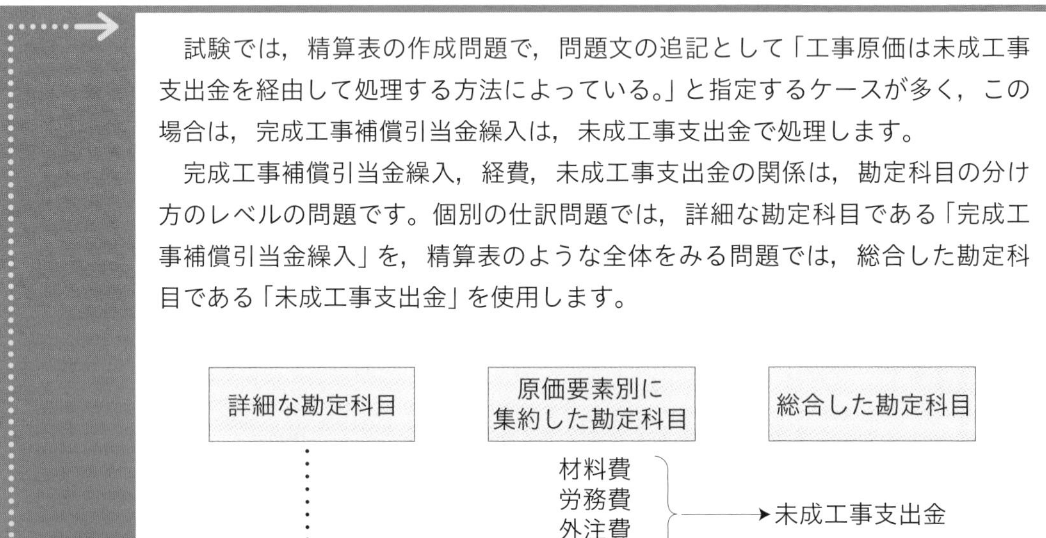

ここが
POINT
試験では，精算表の作成問題で，問題文の追記として「工事原価は未成工事支出金を経由して処理する方法によっている。」と指定するケースが多く，この場合は，完成工事補償引当金繰入は，未成工事支出金で処理します。
完成工事補償引当金繰入，経費，未成工事支出金の関係は，勘定科目の分け方のレベルの問題です。個別の仕訳問題では，詳細な勘定科目である「完成工事補償引当金繰入」を，精算表のような全体をみる問題では，総合した勘定科目である「未成工事支出金」を使用します。
詳細な勘定科目
原価要素別に
集約した勘定科目
総合した勘定科目
材料費
労務費
外注費
経　費
未成工事支出金
完成工事補償引当金繰入

仕訳例 09

前期に完成・引き渡した建物に欠陥が発生し，補償工事を行った。この補償工事に係る支出は，手持ちの材料の出庫2,000円と下請業者に対する工事代金1,000円（未払い）である。なお，完成工事補償引当金の残りは9,000円である。

(完成工事補償引当金)	3,000	(材　　　料)	2,000
		(未　払　金)	1,000

▶▶▶ 請負工事についての外注費の未払いは，主たる営業活動から生じた未払いなので，工事未払金ですが，完成・引渡し後の補償工事についての外注業者への未払いは，主たる営業活動ではなく，販売促進の一環として生じるものです。したがって，工事未払金ではなく，未払金です。
(貸方) 手持ち材料の使用→会社の財産の減少→資産の減少
→貸方　材料2,000円
下請業者に対する補償工事代金の未払い→将来の支払義務の発生
→負債の増加→貸方　未払金1,000円
(借方) 補償工事費の潜在的支払義務の顕在化にともなう履行→負債の減少
→借方　完成工事補償引当金
なお，前期に係る補償工事を行ったときに，（借方）を完成工事補償引当金とせず，販売費及び一般管理費などで処理した場合は，決算に際して，該当科目を（貸方）とし，完成工事補償引当金を（借方）とした振替仕訳が必要です。

6 退職給付引当金

退職給付引当金とは，従業員の退職金支給に備えるための引当金で，費用計上の勘定として退職給付引当金繰入ではなく，**退職給付費用**を用います。

仕訳例 10

本社事務員について，11,000円の退職給付引当金を計上する。

(退職給付費用)	11,000	(退職給付引当金)	11,000

▶▶▶ 本社事務員は，工事には直接かかわらず，販売・一般管理活動に従事します。詳細な勘定科目である退職給付費用は，総合した勘定科目では，販売費及び一般管理費に含まれます。
(借方) 当期に負担すべき退職金の見積額の費用計上→費用の増加
→借方　退職給付費用
(貸方) 将来の退職金の潜在的支払義務の発生→潜在的負債の増加
→貸方　退職給付引当金

仕訳例 11

現場作業員について，当期退職給付費用は13,000円と計算された。なお，毎月1,000円ずつ予定計上されている。

（退職給付費用）	1,000	（退職給付引当金）	1,000

▶▶▶ 現場作業員は，工事に直接かかわります。したがって，詳細な勘定科目である退職給付費用は，総合した勘定科目では，未成工事支出金に含まれます。
当期の要引当額：13,000円
すでに予定計上した額：1,000円×12か月＝12,000円
追加計上すべき額：13,000円－12,000円＝1,000円
（借方）当期に負担すべき退職金の見積額の費用計上→費用の増加
→借方　退職給付費用
（貸方）将来の退職金の潜在的支払義務の発生→潜在的負債の増加
→貸方　退職給付引当金

ここがPOINT

詳細な勘定科目である退職給付費用は，だれに対する引当計上なのかにより，総合した勘定科目が異なります。
工事にかかわらない者：本社事務員など→販売費及び一般管理費
工事にかかわる者：現場作業員など→経費→未成工事支出金

仕訳例 12

当期中に従業員1名が退職し，退職金5,000円について小切手を振り出して支払った。なお，前期末の退職給付引当金残高は，80,000円であった。

（退職給付引当金）	5,000	（当座預金）	5,000

▶▶▶ （貸方）小切手の振り出し→当座預金の減少→会社の財産の減少
→資産の減少→貸方　当座預金
（借方）退職給付引当金の設定対象者の退職→退職金の支払義務の履行
→負債の減少→借方　退職給付引当金

MEMO

17 Theme 社　債

◆重要論点◆

1．社債の発行
2．社債発行費
3．買入償還

1 社債とは

会社が資金を調達する手段には，大きく分けて①銀行から借り入れる，②社債を発行する，③新株式を発行する，の３つがあります。

ここでは，資金の調達手段の一つである社債をみていきます。

社債とは，株式会社が社債券という有価証券を発行して不特定多数から長期的資金を調達するもので，**償還期日**（返済期日）には調達した資金を支払わなければならないので，負債にします。

社債は，**社債権者**（社債の所有者）からの借入れなので，通常の借入金同様，定期的に利息を支払います。ただし，借入金に対する利息は支払利息ですが，社債に対する利息は**社債利息**として区別するので注意してください。

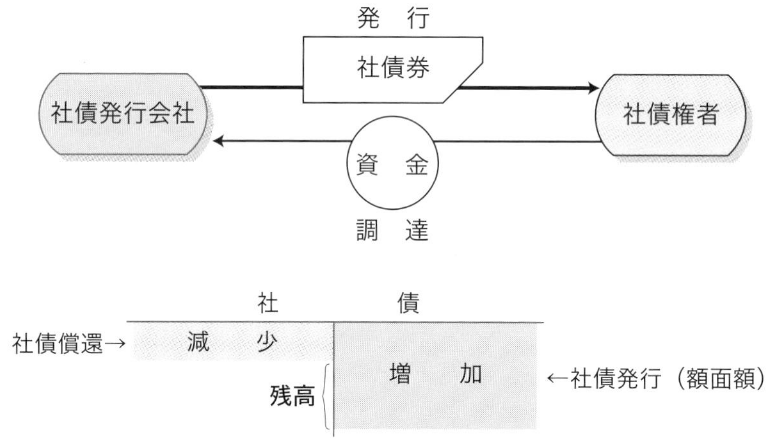

2 社債の発行

通常，社債は市場の金利動向を反映するため，額面@100円に対して99％や98％といったように割り引いて発行します。これを**割引発行**といいます。

社債は，償却原価法（[テーマ08　有価証券 5有価証券の期末評価］参照）によるため，額面金額ではなく発行価額で処理し，割引発行にともなう額面金額と発行価額との差額は，額面金額に近づけるよう償還時までの期間にわたって月割り（定額法）で帳簿価額に加算していきます。毎期の加算額は，社債利息（費用）で処理します。

（社　債　利　息）　××　（社　　　債）　××

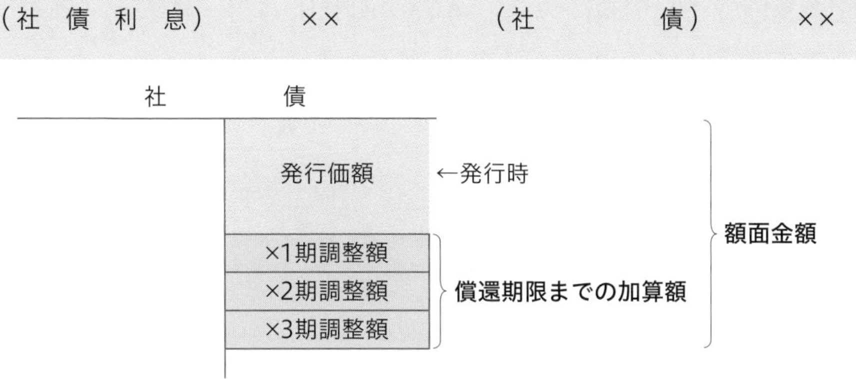

また，社債を発行する場合，社債募集広告費，印刷費，目論見書作成費，登記費など多額な費用がかかります。社債を発行するために直接要したこれらの費用を，**社債発行費**といいます。

社債発行費の効果は社債の償還期限に及ぶので，繰延資産です。社債発行費は，償還期限までにわたって利息法または継続適用を条件として月割りで償却（定額法）します。

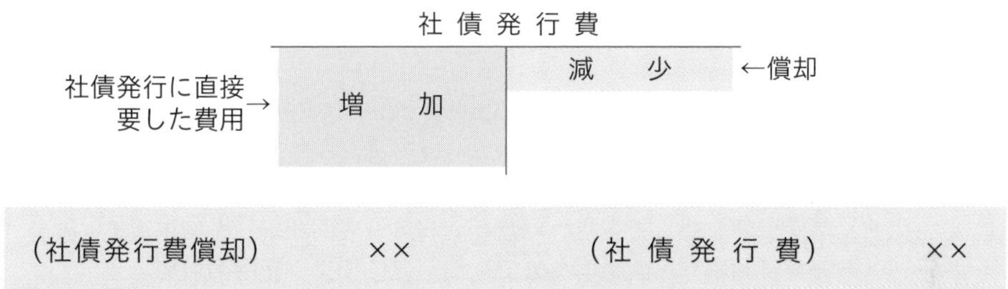

（社債発行費償却）　××　（社 債 発 行 費）　××

仕訳例 01

額面総額100,000円の社債を，額面100円につき98円で発行し，手取り分を当座預金に預け入れた。

（当　座　預　金）　98,000　（社　　　債）　98,000

▶▶▶ 発行価額：100,000円÷100円×98円＝98,000円
（貸方）社債の発行→将来の支払義務の発生→負債の増加
→貸方　社債（発行価額）
（借方）当座預金に預け入れ→会社の財産の増加→資産の増加
→借方　当座預金

仕訳例 02

額面総額100,000円の社債について，半年分の利払日（利率：年３％）となり，現金で支払った。

（社 債 利 息）	1,500	（現 金）	1,500

▶▶▶ 社債利息：100,000円×３％÷12か月×６か月＝1,500円
（貸方）現金で支払い→会社の財産の減少→資産の減少→貸方　現金
（借方）社債利息の支払い→費用の増加→借方　社債利息

仕訳例 03

決算（１年間）に際し，当期央に発行した社債について償却原価法（定額法）により評価する。社債発行の条件は次のとおりである。

額面総額　100,000円
発行価額　 97,000円
償還期限　発行日から５年経過後

（社 債 利 息）	300	（社 債）	300

▶▶▶ 社債利息：（100,000円－97,000円）÷60か月×６か月＝300円
（貸方）割引発行による帳簿価額の調整→発行価額を額面金額に近づけるため社債の帳簿価額に加算→社債の増加→負債の増加→貸方　社債
（借方）額面金額に対して支払われた社債利息（表面利率）を実質利率に調整→実質利率＞表面利率なので社債利息に加算→費用の増加→借方　社債利息

3 買入償還

資金に余力が生じた場合など，余分な利息を支払わないために償還期限前に取引市場から社債を買い取ることがあります。これを**買入償還**といいます。

買入償還は，市場価格で社債を買い入れて償還するため，買入価額と帳簿価額とは一般的に差額が生じます。買入償還した社債の買入価額と帳簿価額の差額が，**社債償還損益**です。

買入償還した社債の帳簿価額＜買入価額：差損⇒社債償還損（費用）
買入償還した社債の帳簿価額＞買入価額：差益⇒社債償還益（収益）

仕訳例 04

社債額面総額100,000円（発行価額97,000円，償還期限５年，当期末で３年経過）を当期末に100円につき99円で全額買入償還し，現金で支払った。なお，額面総額と発行価額との差額は金利調整分であり，償還期限までにわたって定額法により調整している。

（社債利息）	600	（社　債）	600
（社　債）	98,800	（現　金）	99,000
（社債償還損）	200		

▶▶▶ 社債の帳簿価額：前期末で２年経過なので，前期末の帳簿価額は，
97,000円＋（100,000円－97,000円）÷60か月×24か月
＝98,200円
当期末に社債の帳簿価額を加算する額は，
（100,000円－97,000円）÷60か月×12か月＝600円
よって，当期末の社債の帳簿価額は，
98,200円＋600円＝98,800円

社債の買入価額：100,000円÷100円×99円＝99,000円
社債償還損：99,000円－98,800円＝200円

〔１行目の仕訳〕
償却原価法（定額法）により，当期経過分（12か月）について社債の帳簿価額を加算する仕訳です。

〔２行目・３行目の仕訳〕
（貸方）現金の支払い→会社の財産の減少→資産の減少→貸方　現金
（借方）社債の買入償還→支払義務の履行→負債の減少
→借方　社債（買入償還時の帳簿価額）98,800
社債の買入償還による差損の発生→費用の増加
→借方　社債償還損200

基本例題11

第５期央に社債額面総額100,000円（償還期限５年，額面総額と発行価額の差額は定額法により調整）を100円につき97円で発行し，第７期末を迎えた。当期の決算後の社債の帳簿価額はいくらか。

解　答11

社債の帳簿価額：98,500円

解説

社債の発行価額：100,000円÷100円×97円＝97,000円

額面総額より発行価額が低いので（割引発行），差額は定額法より償還期限である60か月にわたって社債の帳簿価額に加算していきます。

１か月あたり社債の帳簿価額の加算額：（100,000円－97,000円）÷60か月＝50円

	加　算　額	帳簿価額
社債発行時		97,000円
第５期末	50円×６か月＝300円	97,300円
第６期末	50円×12か月＝600円	97,900円
第７期末	50円×12か月＝600円	98,500円

MEMO

18 Theme 未払法人税等・未払消費税

◆重要論点◆

未払法人税等
1．中間納付時の処理
2．事業年度末の処理

未払消費税
1．事業年度末の処理

1 未払法人税等

法人税・住民税・事業税は，会社の利益を基に算定するので，事業年度が終了しないと金額が確定しません。しかし，金額が確定してからまとめて納付すると資金負担が重くなるので，通常は半年ごとに納付します。上半期分の納付時（**中間納付**）の金額は概算額なので，とりあえず**仮払法人税等**という勘定で処理します。支出時に費用にしないという意味で，資産にします。

事業年度が終了し，税額が確定すれば，当期の負担すべき税金を費用計上します。**法人税、住民税及び事業税**という勘定で処理します。納付時期は，決算日後2か月以内なので，決算時にはまだ支払時期がきていません。つまり，未払いです。税金の未払いなので，通常の未払金と区別するため，**未払法人税等**という勘定で処理します。

なお，確定税額のうち約半分は上半期分としてすでに納付しているので（仮払法人税等処理），その分は未払法人税等から控除します。

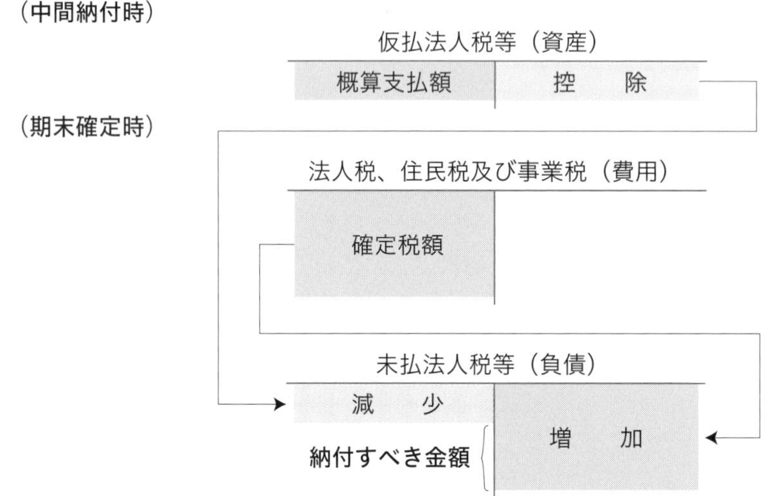

仕訳例 01

法人税の中間納付5,000円を現金で支払った。なお，仮払法人税等で処理する。

（仮払法人税等）	5,000	（現　　　金）	5,000

▶▶▶（貸方）現金の支払い→会社の財産の減少→資産の減少→貸方　現金
（借方）税金の概算納付→費用にしない意味での資産の増加
→借方　仮払法人税等

仕訳例 02

事業年度が終了し，法人税額が11,000円と確定した。なお，中間納付5,000円は仮払法人税等で処理している。

（法人税、住民税及び事業税）	11,000	（仮払法人税等）	5,000
		（未払法人税等）	6,000

▶▶▶（借方）税額の確定→費用の増加→借方　法人税、住民税及び事業税
中間納付分は，支払義務の履行→負債の減少→借方　未払法人税等
（貸方）納付期日前→将来の支払義務の発生→負債の増加
→貸方　未払法人税等
中間納付時に計上した仮払法人税等を未払法人税等から控除
→仮払資産の減少→貸方　仮払法人税等

2 未払消費税

消費税は，財・サービスの最終消費者に課される税金ですが，最終消費者が消費のつど税金を税務署に納付することは煩雑です。そこで，最終消費者は消費のつど，財を販売しサービスを提供した会社に消費税相当額を支払い，当該会社は，最終消費者から預かった消費税相当額を，決算日後２か月以内に税務署にまとめて納付します。これにより，最終消費者は，消費税を会社経由で納付したことになります。

一方，会社は，他の会社から財を購入しサービスの提供を受ければ，消費者として当該他の会社に消費税相当額を支払います。

A社が財をB社に販売し（消費税相当額80円），B社が利益を上乗せして最終消費者に財を販売した（消費税相当額100円）場合を考えてみましょう。

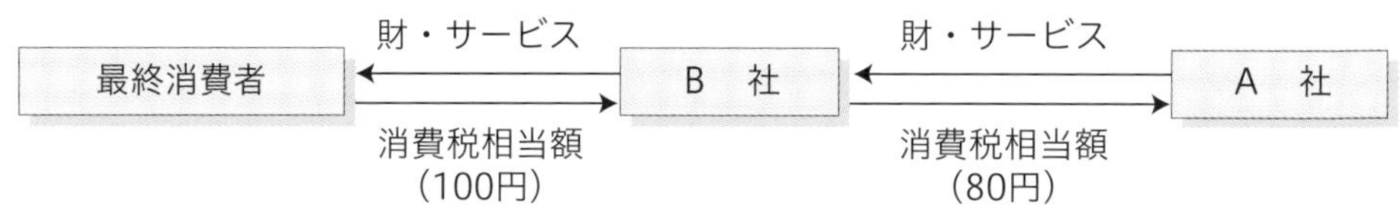

税務署が受け取るべき消費税額は，最終消費者が負担する100円ですが，会社が預かった金額をそのまま納付すると，A社の納付額80円，B社の納付額100円となってしまいます。そこで，会社は，預かった消費税相当額から支払った消費税相当額を差し引いて納付します。すなわちB社は，預かった100円から支払った80円を差し引いた20円を納付します。これにより，A社の納付額80円，B社の納付額20円となり，全体として100円の納付となります。

消費税の会計処理方法には，**税込方式**と**税抜方式**がありますが，ここでは，税抜方式を学習します。税抜方式とは，仕訳する場合に，消費税相当額を独立した勘定科目を用いて処理する方法です。

会社では，消費者から一時預かった消費税相当額を**仮受消費税**という勘定で処理し，他の会社から財を購入したときに支払った消費税相当額を**仮払消費税**という勘定で処理しておきます。決算時には，仮受消費税から仮払消費税を差し引いた額を，税務署に対する未払いとして，**未払消費税**（負債）という勘定に集約します。決算日後２か月以内に未払消費税を税務署に納付します。

もし，仮受消費税より仮払消費税の方が多ければ，その差額は税務署から還付されます。そこで，税務署に対する未収金として，**未収消費税**（資産）という勘定で処理します。

最近の問題では，第１問の仕訳で出題されています。問題文で（消費税込み）となっている直前の金額については税抜処理し，（消費税抜き）となっているものについてはその相手科目となる債権・債務について税込みの金額で処理してください。ただし，工事進行基準を適用する場合には，工事に係る消費税は完成引渡時に計上することがあります。この場合には，完成引渡前に行う仕訳はすべて税抜処理なので注意してください。

（期　中）

仮 受 消 費 税

	預かった額

仮 払 消 費 税

支払った額	

（決算時…未払い）

未 払 消 費 税

仮払消費税	仮受消費税
納付額	

（決算時…未　収）

未 収 消 費 税

仮払消費税	仮受消費税
	還付額

仕訳例 03

請負金額11,000円（消費税込み）の工事が完成し，引き渡した。なお，工事代金は後日受け取ることにした。

（完成工事未収入金）	11,000	（完 成 工 事 高）	10,000
		（仮 受 消 費 税）	1,000

▶▶▶（借方）完成工事に係る未収の発生→代金請求権の取得→会社の財産の増加
→資産の増加→借方　完成工事未収入金（消費税込み）
（貸方）工事の完成・引き渡し→収益の増加
→貸方　完成工事高（消費税抜き）10,000円
請負サービスの提供→消費税の一時預かり
→税務署に対する潜在的支払義務の発生→負債の増加
→貸方　仮受消費税（10%）1,000円

仕訳例 04

当期に受注した請負金額11,000円（消費税込み）の工事について，期末現在の進捗率は40％であり，すでに3,300円を受領している。当社は，工事進行基準を適用して工事収益を計上することとしている。なお，工事収益に係る消費税は，完成引渡時に計上する。

（未成工事受入金）	3,300	（完 成 工 事 高）	4,000
（完成工事未収入金）	700		

▶▶▶ 工事収益に係る消費税は，完成引渡時に計上する方針なので，完成するまではすべて消費税抜きとみなして処理します。

工事進行基準による当期完成工事高：10,000円×40％＝4,000円

（貸方）請負金額のうち進捗割合分の工事について収益を認識→収益の増加
→貸方　完成工事高（消費税抜き）

（借方）完成していない未成工事についてすでに受領している前受代金のうち収益を認識した金額までは返済不要
→支払義務の消滅→負債の減少
→借方　未成工事受入金（先方で消費税込みという認識で支払ったとしても，当社では完成引渡時に仮受消費税1,000円を一括計上するので，受領した金額はすべて消費税抜きとみなします）3,300円
工事に係る未収の発生（4,000円－入金済額3,300円）
→代金請求権の取得→会社の財産の増加→資産の増加
→借方　完成工事未収入金（完成引渡時に仮受消費税1,000円を一括計上するので，完成工事未収入金は消費税抜きとなります）700円

（参考：完成引渡時）

（未成工事受入金）	××	（完 成 工 事 高）	××
（完成工事未収入金）	××	（仮 受 消 費 税）	1,000

このときの完成工事未収入金は，仮受消費税1,000円を含んだ消費税込みの金額になります。

仕訳例 05

当期に計上した完成工事未収入金について，当期中に5,500円（消費税込み）だけ貸倒れとなった。なお，消費税の会計処理は税抜方式を採用している。

（貸 倒 損 失）	5,000	（完成工事未収入金）	5,500
（仮 受 消 費 税）	500		

▶▶▶（貸方）完成工事未収入金（消費税込み）が回収不能→代金請求権の実質的消滅→会社の財産の減少→資産の減少→貸方　完成工事未収入金
（借方）貸倒引当金の設定対象となっていない債権について会社に損失が発生→費用の増加→借方　貸倒損失（消費税抜き）5,000円
工事売上時に計上した仮受消費税の取り消し
→税務署に対する潜在的支払義務の消滅→負債の減少
→借方　仮受消費税（10%）500円

仕訳例 06

工事用材料5,500円（消費税込み）を購入したが，購入代金は後日支払うことにした。

（材　　　料）	5,000	（工事未払金）	5,500
（仮払消費税）	500		

▶▶▶（貸方）工事に係る将来の支払義務の発生→負債の増加
→貸方　工事未払金（消費税込み）
（借方）材料の購入→会社の財産の増加→資産の増加
→借方　材料（消費税抜き）5,000円
財の購入→消費税の支払い→税務署に対する前払納付
→費用にしないという意味での資産の増加
→借方　仮払消費税（10%）500円

仕訳例 07

無償補修特約にもとづき外注工事費6,600円（消費税込み）を約束手形を振り出して支払った。なお，前期において完成工事補償引当金10,000円を計上していた。

（完成工事補償引当金）	6,000	（支払手形）	6,600
（仮払消費税）	600		

▶▶▶（貸方）営業取引から生じた約束手形の振り出し→将来の支払義務の発生
→負債の増加→貸方　支払手形（消費税込み）
（借方）完成工事補償引当金の引き当ての対象となった費用の発生
→支払義務の履行→負債の減少
→借方　完成工事補償引当金（消費税抜き）6,000円
サービスの消費→消費税の支払い→税務署に対する前払納付
→費用にしないという意味での資産の増加
→借方　仮払消費税（10%）600円

仕訳例 08

本社建物の修繕費8,000円（消費税抜き）を約束手形を振り出して支払った。

（修　繕　費）	8,000	（営業外支払手形）	8,800
（仮 払 消 費 税）	800		

▶▶▶（貸方）営業取引以外での約束手形の振り出し→将来の支払義務の発生
→負債の増加
→貸方　営業外支払手形（消費税込み）
（借方）修繕費の発生→費用の増加
→借方　修繕費（消費税抜き）8,000円
サービスの消費→消費税の支払い→税務署に対する前払納付
→費用にしないという意味での資産の増加
→借方　仮払消費税（10%）800円

仕訳例 09

決算に際し，未払消費税を計上する。なお，仮受消費税勘定残高は5,000円，仮払消費税勘定残高は3,000円であった。

（仮 受 消 費 税）	5,000	（仮 払 消 費 税）	3,000
		（未 払 消 費 税）	2,000

▶▶▶（借方）仮受消費税の精算→貸方残の振り替え→借方　仮受消費税
（貸方）仮払消費税の精算→借方残の振り替え→貸方　仮払消費税
税務署に対する納付額の確定→将来の支払義務の発生→負債の増加
→貸方　未払消費税（5,000円－3,000円）

仕訳例 10

決算に際し，未収消費税を計上する。なお，仮受消費税勘定残高は4,000円，仮払消費税勘定残高は5,000円であった。

（仮受消費税）	4,000	（仮払消費税）	5,000
（未収消費税）	1,000		

▶▶▶ （貸方）仮払消費税の精算→借方残の振り替え→貸方　仮払消費税
（借方）仮受消費税の精算→貸方残の振り替え→借方　仮受消費税
税務署からの還付額の確定→還付請求権の取得→資産の増加
→借方　未収消費税（5,000円－4,000円）

仕訳例 11

未払消費税（2,000円）を現金で納付した。

（未払消費税）	2,000	（現　　金）	2,000

▶▶▶ （貸方）手持ち現金の減少→資産の減少→貸方　現金
（借方）未払消費税の納付→支払義務の履行→負債の減少
→借方　未払消費税

仕訳例 12

税務署から消費税の還付通知が到着し，当座預金口座に1,000円が振り込まれた。

（当座預金）	1,000	（未収消費税）	1,000

▶▶▶ （借方）当座預金口座に入金→会社の財産の増加→資産の増加
→借方　当座預金
（貸方）税務署から消費税過払額が還付→還付請求権の消滅
→会社の財産の減少→資産の減少→貸方　未収消費税

19 資本（純資産）

Theme

◆重要論点◆

1．資本（純資産）の種類
2．株式発行の流れ
3．吸収合併
4．株式併合
5．資本準備金の資本金への組み入れ

1 株式とは

会社を運営していく場合，まず事業を行うためのいろいろな設備，たとえば，土地，建物，机，いす，応接セット，電話，ファックス，パソコンなどが必要です。

これらを購入するためには資金がいります。そこで，会社のスポンサー（＝出資者＝株主）を募集し**元手**（もとで）を集めます。元手を基に商売を続けるうちに**利益**が生じます。

株主からの出資額（元手）と，営業活動により獲得した利益をあわせて，**資本**（**純資産**）といいます。商売が順調であれば，利益が大きくなり，資本（純資産）も増えます。

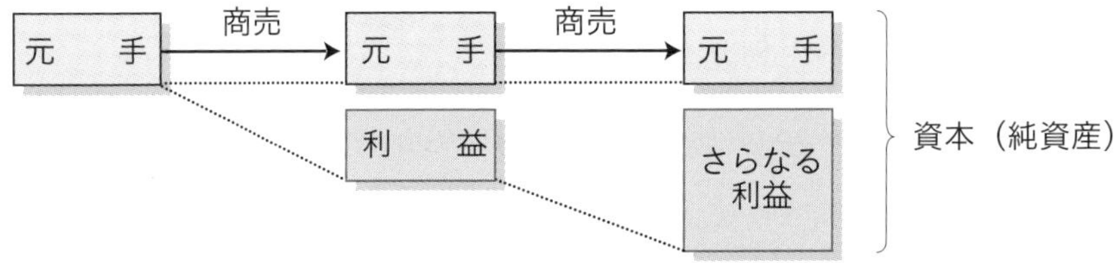

ところで，株式会社ではスポンサーから資金を募集する際，**株式**を発行し，定款で定めれば株主に**株券**を交付します（会社法第214条及び第215条）。株式とは株主としての地位・権利であり，株式を表す証券を株券といいます。

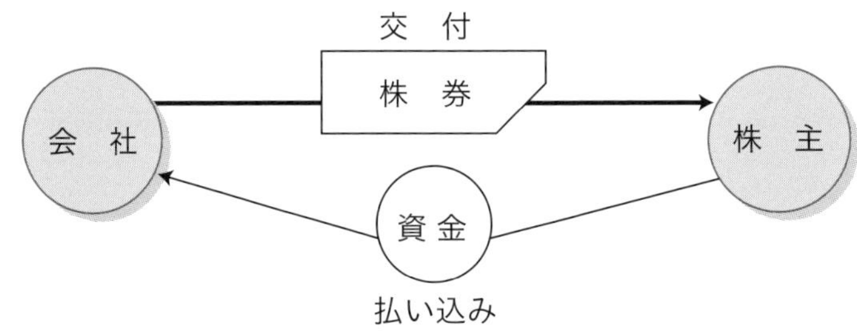

2 資本（純資産）の種類

資本（純資産）は，大きく次のように分類されます。

資本金：	資本金		元手
資本剰余金：	資本準備金：株式払込剰余金，合併差益		元手
	その他資本剰余金：資本金減少差益（減資差益）		元手
利益剰余金：	利益準備金：利益準備金		利益
	その他利益剰余金：任意積立金（新築積立金，別途積立金など），繰越利益剰余金		利益

1．資本金

資本金とは，株主からの払込額（＝発行価額）のうち資本金に組み入れた額をいいます。

なお，設立時においては**公開会社**（株式譲渡の際，会社の承認が必要である旨を定款に定めていない会社）の場合，**発行可能株式総数**（会社が発行することができる株式の総数）の4分の1以上の株式を発行しなければなりませんが，公開会社でなければ，このような条件はありません（会社法第37条第3項）。

〈原則〉発行価額をすべて資本金に組み入れます（会社法第445条第1項）。

〈容認〉会社法第445条第2項により，発行価額の2分の1を資本金に組み入れれば，それ以外は組み入れないことが認められます。株主からの払込額のうち，株式発行時に資本金に組み入れなかった部分を，**株式払込剰余金**といいます。

2. 資本準備金

株主からの払込額のうち，資本金に組み入れなかった部分を，**資本準備金**といいます。

株式払込剰余金：株式発行時に生じます。
合　併　差　益：吸収合併時に生じます（後述）。

3. その他資本剰余金

その他資本剰余金とは，資本剰余金のうち資本準備金以外のものです。

資本金減少差益（減資差益）：資本金で赤字を補塡（ほてん）する場合に生じます（後述）。

4. 利益準備金

株式会社では，決算日後３か月以内に株主を集めて**株主総会**を開催し，会社がいままでに獲得してきた利益をどのように分配し，処分するのかを審議・決議します。これを**利益処分**（剰余金の処分）といいます。

利益処分（剰余金の処分）では，株主配当金（株主に対する分配）といった，会社の外部に対する支払いも審議・決議されます。しかし，獲得してきた利益を会社の外部に支払うということは，資本基盤がそれだけ小さくなるということで，取引先や銀行といった債権者からすれば，資本基盤が小さくなることは不安です。

そこで，会社の資本を充実させ債権者が損害をこうむらないよう，利益の外部支払額に対して，一定額まで資本として積み立てることを強要しています。

これにより積み立てるのが，**利益準備金**です。

資本準備金も利益準備金も準備金に変わりないので，資本準備金と利益準備金の合計が資本金の25％に達するまで，株主配当金の10％を配当の原資の種類により資本準備金または利益準備金として積み立てます。すなわち，配当の原資がその他資本剰余金の場合は資本準備金として，その他利益剰余金の場合は利益準備金として積み立てます。

なお，会社法第458条において，株式会社の純資産額が300万円を下回る場合には，株主配当はできない旨規定されていますので，株主配当を行う際には十分注意が必要です。

5. 任意積立金

利益処分（剰余金の処分）において，特定の目的（たとえば，将来の本社の改築や記念事業など）のために自主的に積み立てを決議することがあります。これを**任意積立金**といいます。

6. 繰越利益剰余金

当事業年度末までに獲得してきた利益のうち，まだ処分方針が決まっていないのが**繰越利益剰余金**です。

3 株式発行の流れ

株式を発行する場合の流れは，次のとおりです。

	会　社	購入予定者
株式の募集	取りまとめ証券会社を通じてスポンサーを募集します。	証券会社などから情報を入手し出資するかどうか判断します。
申込開始	払い込まれたお金はまだ会社のものではないので，通常のお金と区別するため，**別段預金**として処理し，貸方相手科目は，**新株式申込証拠金**（資本）で処理します。	購入予定額（申込証拠金）を払い込んで，申し込みの意思表示を行います。
	(別　段　預　金)　×× (新株式申込証拠金)　××	
払込期日	募集予定以上に申し込みがあった場合には，申込超過分を返金します。	申込超過分は返金されます。
	(新株式申込証拠金)　×× (別　段　預　金)　××	
	新株式申込証拠金を資本金に振り替えます（株券の交付）。また，別段預金として区別していた預金は，区別する必要がなくなるので，当座預金に預け入れます。	正式な株主となり，株券が交付されます。

仕訳（申込開始）:

借方		貸方	
(別　段　預　金)	××	(新株式申込証拠金)	××

仕訳（払込期日・返金）:

借方		貸方	
(新株式申込証拠金)	××	(別　段　預　金)	××

仕訳（払込期日・振替）:

借方		貸方	
(新株式申込証拠金)	××	(資　本　金)	××
(当　座　預　金)	××	(別　段　預　金)	××

株式発行の流れにおける資本関係を勘定連絡図で表せば，次のとおりです。

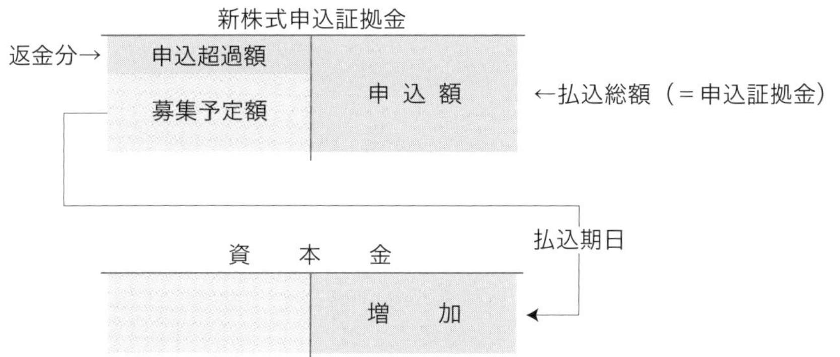

仕訳例 01

会社が新株200株を発行することとし，発行価額@60,000円の条件を提示し，全株引き受けがあり，申込証拠金12,000,000円を別段預金に預け入れた。

（別 段 預 金）	12,000,000	（新株式申込証拠金）	12,000,000

▶▶▶ 払込金額：200株×@60,000円＝12,000,000円
（借方）別段預金に預け入れ→会社の財産の増加→資産の増加
→借方 別段預金
（貸方）払い込みによる潜在的資本の増加→貸方 新株式申込証拠金

仕訳例 02

払込期日となったので，新株式申込証拠金12,000,000円を全額資本金に組み入れた。また，別段預金は当座預金に預け入れた。

(新株式申込証拠金)	12,000,000	(資　本　金)	12,000,000
(当　座　預　金)	12,000,000	(別　段　預　金)	12,000,000

▶▶▶〔1行目の仕訳〕
(貸方) 払込期日に資本金化→資本の増加→貸方　資本金
(借方) 潜在的な資本が顕在化→潜在的資本の消滅
→借方　新株式申込証拠金
〔2行目の仕訳〕
(借方) 当座預金への預け入れ→会社の財産の増加→資産の増加
→借方　当座預金
(貸方) 別段預金の引き出し→会社の財産の減少→資産の減少
→貸方　別段預金

仕訳例 03

会社の設立に際して，200株を発行することとし，発行価額@60,000円の条件を提示し，払込期日となって会社法に規定する最低限だけ資本に組み入れた。なお，別段預金についての仕訳は不要である。

(新株式申込証拠金)	12,000,000	(資　本　金)	6,000,000
		(株式払込剰余金)	6,000,000

▶▶▶ 最低資本組入額：発行価額の２分の１→200株×@60,000円÷２＝6,000,000円
株式払込剰余金：200株×@60,000円－6,000,000円＝6,000,000円
(借方) 潜在的な資本が顕在化→潜在的資本の消滅
→借方　新株式申込証拠金
(貸方) 払込期日に資本金化→資本の増加
→貸方　資本金6,000,000円
払込期日に資本金化→資本の増加
→貸方　株式払込剰余金6,000,000円

4 合併差益

最近，国際的競争力の強化や効率性の観点から，会社の吸収や合併（M＆A）・買収が盛んに行われています。

合併のうち**吸収合併**では，合併会社（＝存続会社）は被合併会社（合併される会社＝消滅会社）の財産（資産総額－負債総額）を譲り受け，その株主に対して合併会社の新株式を発行します。

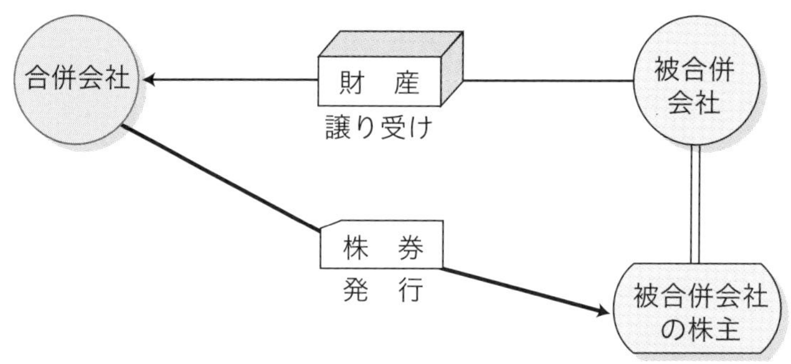

したがって，被合併会社の財産評価と，発行する新株式数の関係が問題です。

①引継財産＞株式発行価額 の場合

引継財産は，被合併会社の株主からの現物による払込額です。これに対して，それより少ない発行価額が資本組入額になるので，差額は，株主からの払込額のうち資本に組み入れなかった部分，つまり資本準備金の一つです。合併により生じた差額なので，**合併差益**で処理します。

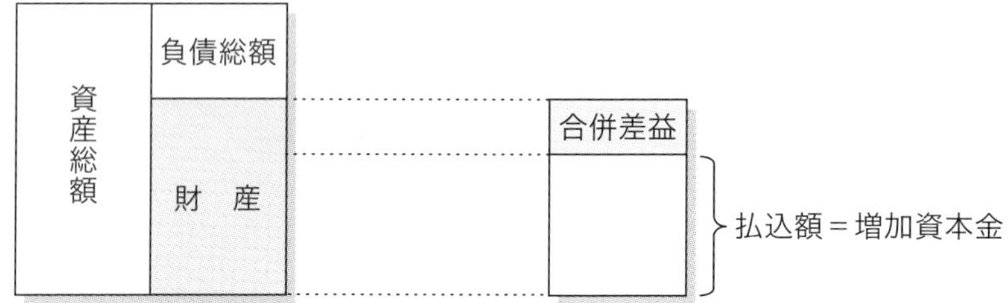

②引継財産＜株式発行価額 の場合

引継財産以上の株式を発行するのは，目に見える財産のほかに，優れた技術や知名度といった目に見えない価値（のれん）を考慮したためです。のれんは，**のれん**という勘定で処理します。のれんは，被合併会社の持つ特殊なノウハウや技術，ブランドイメージの使用権なので，資産にします。

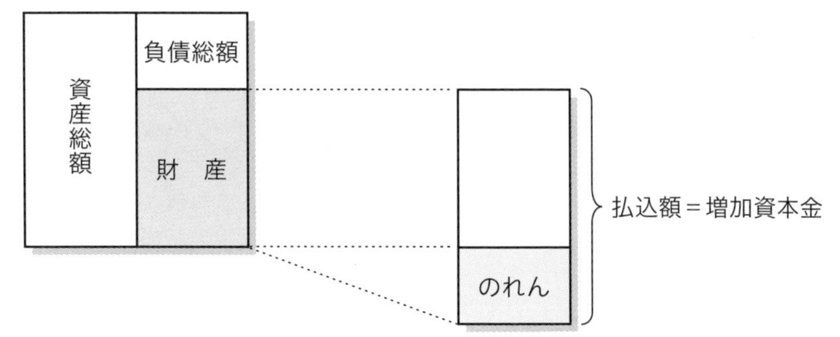

仕訳例 04

諸資産800,000円，諸負債200,000円の会社を吸収合併し，被合併会社の株主に15株@50,000円の新株式を発行した。なお，諸資産，諸負債は便宜上，諸資産勘定および諸負債勘定で処理する。

（諸　資　産）	800,000	（諸　負　債）	200,000
（の　れ　ん）	150,000	（資　本　金）	750,000

▶▶▶ 株式発行価額：15株×@50,000円＝750,000円
引継財産：諸資産800,000円－諸負債200,000円＝600,000円
引継財産＜株式発行価額 なので，差額がのれんです。
（貸方）引き継ぎによる諸負債の増加→貸方　諸負債
新株発行による資本金の増加→株主資本の増加→純資産の増加
→貸方　資本金
（借方）引き継ぎによる諸資産の増加→借方　諸資産
吸収合併にともなうのれんの発生→無形固定資産の増加
→借方　のれん

仕訳例 05

諸資産800,000円，諸負債200,000円の会社を吸収合併し，被合併会社の株主に10株@50,000円の新株式を発行した。なお，諸資産，諸負債は便宜上，諸資産勘定および諸負債勘定で処理する。

（諸　資　産）	800,000	（諸　負　債）	200,000
		（資　本　金）	500,000
		（合 併 差 益）	100,000

▶▶▶ 株式発行価額：10株×@50,000円＝500,000円
引継財産：諸資産800,000円－諸負債200,000円＝600,000円
引継財産＞株式発行価額なので，差額が合併差益です。
（貸方）引き継ぎによる諸負債の増加→貸方　諸負債
新株発行による資本金の増加→株主資本の増加→純資産の増加
→貸方　資本金
吸収合併にともなう資本未組入の発生→資本の増加
→貸方　合併差益
（借方）引き継ぎによる諸資産の増加→借方　諸資産

仕訳例 06

A社との合併期日が当期央であり，固定資産に計上したのれん100,000円について20年で償却する。

（のれん償却費）	2,500	（の　れ　ん）	2,500

▶▶▶ のれんの当期償却額：100,000円÷20年÷12か月×６か月経過分＝2,500円
（貸方）のれんの減少→固定資産の減少→貸方　のれん
（借方）固定資産の減少にともなう費用の発生→借方　のれん償却費

（注）会計基準では，のれんは20年以内の効果の及ぶ期間にわたって，定額法その他の合理的な方法により規則的に償却するよう規定されています。

買収の場合には，被買収会社に対して買収の対価が支払われ，また受け入れる財産は時価評価する点が合併の場合と異なるので，注意してください。

仕訳例 07

A社はB社（買収時の帳簿価額：諸資産700,000円（時価900,000円），諸負債200,000円（時価200,000円））を800,000円で買収し，代金は小切手を振り出して支払った。なお，諸資産，諸負債は便宜上，諸資産勘定および諸負債勘定で処理する。

（諸　資　産）	900,000	（諸　負　債）	200,000
（の　れ　ん）	100,000	（当　座　預　金）	800,000

▶▶▶ 取得した財産：諸資産900,000円－諸負債200,000円＝700,000円
取得した財産より支払った対価が大きいので，差額がのれんです。
なお，買収による場合，取得した財産は時価で受け入れることに注意してください。
（貸方）買収による諸負債の増加→貸方　諸負債
小切手の振り出し→当座預金の減少→会社の財産の減少
→資産の減少→貸方　当座預金
（借方）買収による諸資産の増加→借方　諸資産
買収によるのれんの発生→無形固定資産の増加→借方　のれん

基本例題12

諸資産800,000円，諸負債200,000円の会社を合併した。なお，諸資産，諸負債は便宜上，諸資産勘定および諸負債勘定で処理する。

[問1] 被合併会社の株主に10株@50,000円の新株式を発行した場合

[問2] 被合併会社の株主に15株@50,000円の新株式を発行した場合

の，それぞれの合併仕訳を示しなさい。

解　答12

[問1]

(諸　資　産)	800,000	(諸　負　債)	200,000
		(資　本　金)	500,000
		(合 併 差 益)	100,000

[問2]

(諸　資　産)	800,000	(諸　負　債)	200,000
(の　れ　ん)	150,000	(資　本　金)	750,000

解説

引継財産の評価額：800,000円－200,000円＝600,000円

［問1］発行価額　10株×@50,000円＝500,000円

評 価 額　600,000円 → 資本金　500,000円

　　　　　　　　　　→ 合併差益　100,000円

［問2］発行価額　15株×@50,000円＝750,000円

評 価 額　600,000円
の れ ん　150,000円　} → 資本金　750,000円

5 資本金減少差益（減資差益）

会社の経営成績が思わしくなく，累積的に赤字が生じている場合，資本のうちの繰越利益剰余金はマイナスです。

たとえば，資本金が150,000円で，繰越利益剰余金がマイナス40,000円とすれば，資本合計は，

150,000円－40,000円＝110,000円

です。資本金は株主からの払込額ですが，資本は元手と利益で，会社の実態を表すものですから，ここでは会社の実態に比べて，資本金が過大になっています。そこで，資本金を会社の実態に合わせるよう，繰越利益剰余金と資本金を相殺（そうさい）することがあります。

また，資本金を減少することを，**減資**といいます。減資の方法の一つに，発行済みの株式をまとめる（併合）ことによって繰越利益剰余金と資本金を相殺する**株式併合**があります。

３株を２株に併合する場合を考えてみましょう。

資本金150,000円，発行済株式総数は3,000株であり，繰越利益剰余金がマイナス40,000円とします。

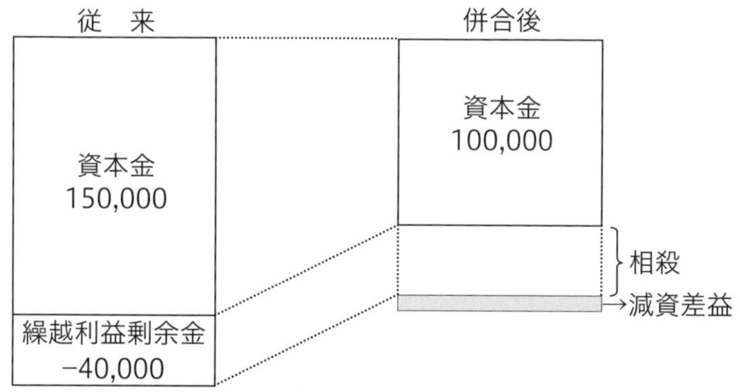

「株式３株を２株に併合する」とは，発行済株式総数を3,000株から株式併合後には，3,000株÷３株×２株＝2,000株 に減らすということです。したがって，1,000株分の資本金を減少させます。

資本金の減少額は，（150,000円÷3,000株）×1,000株＝50,000円 です。この減少する資本金と繰越利益剰余金のマイナス40,000円を相殺します。

しかし，減少する資本金50,000円＞繰越利益剰余金の相殺額40,000円 なので，差額が生じます。減資により生じた差額なので，**資本金減少差益**または**減資差益**という勘定で処理します。

資本金，資本準備金，利益準備金は，資本充実の観点から最低限維持すべき会社の財産なので，株主への配当の対象にはできません。

一方，資本の減少は，株主総会決議および債権者保護手続を経て行われる株主への資本の払い戻しですから，資本金の減少額部分は株主に還元すべきです。すなわち，株主への配当の対象に含めるべきです。

減資差益は，資本の減少によって生じたものなので，原資は資本金です。そこで，株主への配当の対象に含めるため，資本準備金とは区別して，その他資本剰余金に含めます。

仕訳例 08

発行済株式総数10株，資本金500,000円について，２株を１株に併合し，繰越利益剰余金のマイナス200,000円に充当した。

（資　本　金）	250,000	（繰越利益剰余金）	200,000
		（減　資　差　益）	50,000

▶▶▶ 併合後の株式数：10株÷２株×１株＝５株

減少する株式数：10株－５株＝５株

減少する資本金：(500,000円÷10株)×５株 =250,000円

減少する資本金250,000円 → 繰越利益剰余金の相殺200,000円
→ 減　資　差　益 50,000円

（借方）株式併合による資本金の減少→資本の減少
→借方　資本金

（貸方）株式併合による繰越利益剰余金の相殺→資本のマイナスの減少
→貸方　繰越利益剰余金200,000円
減資による差額の発生→資本の増加
→貸方　減資差益50,000円

また，資本金が150,000円で，繰越利益剰余金がマイナス40,000円のように，繰越利益剰余金がマイナスの場合，資本金（または資本準備金）を減少させて繰越利益剰余金のマイナスを解消させることができます。これを**欠損てん補**といいます。

繰越利益剰余金マイナス40,000円を解消させるために資本金を同額減少させる場合，結果的な仕訳は，

（資　本　金）	40,000	（繰越利益剰余金）	40,000

となります。

しかし，本来，資本金をダイレクトに繰越利益剰余金に振り替えることはできません。正しくは，次の２つの仕訳を合算しています。

①資本金の額の減少の仕訳

（資　本　金）	40,000	（その他資本剰余金）	40,000

②剰余金の処分の仕訳

（その他資本剰余金）	40,000	（繰越利益剰余金）	40,000

つまり，欠損てん補は，資本金の額を減少することによって得られたその他資本剰余金を，剰余金の処分として，繰越利益剰余金のマイナスに充当するという意味になります。

6 資本準備金の資本金への組み入れ

株主からの払込額のうち，資本金に組み入れなかった部分が，**資本準備金**です。会社法では，資本準備金について，債権者保護の観点から，使用を制限していますが，株主総会の決議により資本準備金を資本金に組み入れることを認めています。これは，資本準備金の資本金への組み入れにより，資本金が増額されるので，債権者保護が強化されるからです。

一方，既存の株主に対し所有株式に応じて株式を発行すれば，会社の財産が変化せずに発行済株式数が増加するため，１株の相対的価値が下がります。会社経営者にとっては，株式売買金額の引き下げにより，株式流通の活性化が期待できます。

仕訳例 09

株主総会の決議により，資本準備金500,000円を資本金に組み入れ，株式10株を１株50,000円で交付した。

（資本準備金）	500,000	（資　本　金）	500,000

▶▶▶（貸方）資本金の組み入れ→資本金の増加→資本の増加
→貸方　資本金
（借方）資本準備金の使用→資本準備金の減少→資本の減少
→借方　資本準備金

20 Theme 利益処分（剰余金の処分）

◆重要論点◆

1．役員賞与の会計処理
2．繰越利益剰余金の動き
3．株主資本等変動計算書
4．利益処分（剰余金の処分）時の仕訳
5．外部支払項目の支払い
6．当期純利益金額の振り替え
7．中間配当

1 役員賞与の会計処理

役員報酬も役員賞与も職務執行の対価として会社から受ける財産上の利益である点は同じなので，役員賞与は役員報酬と同様に発生時に費用処理します。すなわち，会社の根本規範である定款で報酬等に関する一定の事項を定めていない場合は，株主総会の決議によります。

当期分の職務実績によって役員賞与という費用が発生し，その支給見込額が合理的に算定でき，株主総会で承認される可能性が高ければ，引当金の要件を満たしますので，決算時に役員賞与引当金を計上することになります。

仕訳例 01

当期分の職務実績の対価として役員賞与20,000円を支給することにした。なお，株主総会の決議が前提であるが，承認の可能性が高い。

（役員賞与引当金繰入）	20,000	（役員賞与引当金）	20,000

▶▶▶ 当該役員賞与は，当期費用負担分について将来発生可能性が高く金額を合理的に算定できるので，引当金の要件を満たします。
（借方）当期に負担すべき役員賞与見込額の費用計上→費用の増加
→借方　役員賞与引当金繰入
（貸方）将来の役員賞与の潜在的支払義務の発生→潜在的負債の増加
→貸方　役員賞与引当金

仕訳例 02

役員賞与20,000円について株主総会で承認されたので，小切手を振り出して支払った。当該役員賞与については，決算時に引当金計上している。

（役員賞与引当金）	20,000	（当　座　預　金）	20,000

▶▶▶ （借方）役員賞与の潜在的支払義務の顕在化にともなう履行→負債の減少
→借方　役員賞与引当金
（貸方）小切手の振り出し→当座預金の減少→会社の財産の減少
→資産の減少→貸方　当座預金

2 繰越利益剰余金の動き

資本の一つである**繰越利益剰余金**は，当事業年度末までに獲得した利益のうち，処分方針が決まっていないものをいいます。

一方，当期に獲得した利益が**当期純利益金額**です。収益から費用を差し引いて算定します。すなわち，決算において，精算表上，損益計算書を作成することにより求められます。

前期末の繰越利益剰余金から，当期中に開催された株主総会での利益処分（剰余金の処分）額を減算し，当期末に算定した当期純利益金額を加算した額が，当期末の繰越利益剰余金で，翌期に開催される株主総会での利益処分（剰余金の処分）財源になります。

前期決算日後３か月以内には株主総会が開催され，役員賞与の承認のほか，前期末の繰越利益剰余金の処分方針が審議・決議されます。利益処分（剰余金の処分）項目には，株主配当金といった会社外部へ支払う項目のほか，会社法で強要される資本準備金または利益準備金の積み立て，自主的な任意積立金の積み立てなどがあります。

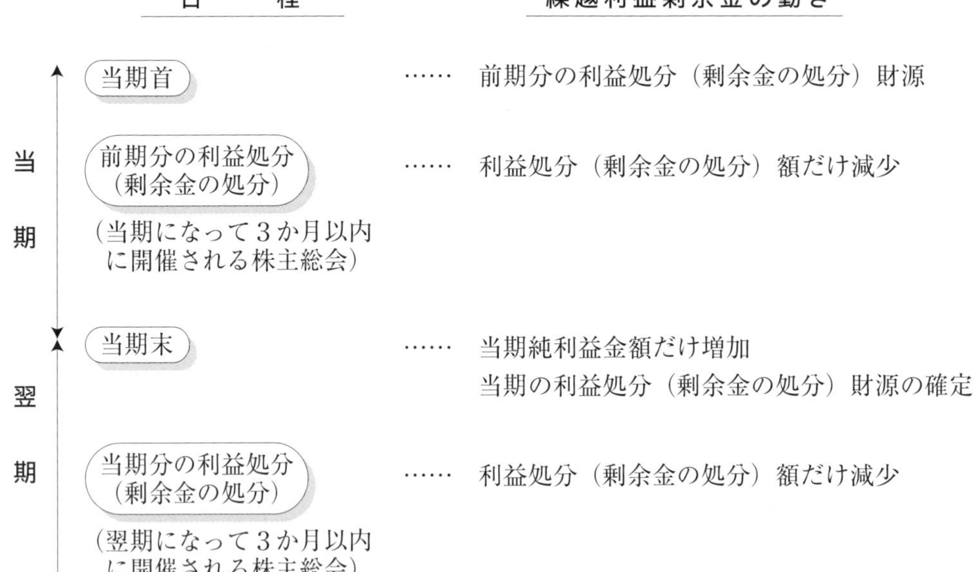

前記の繰越利益剰余金の動きをT勘定で表せば，次のとおりです。

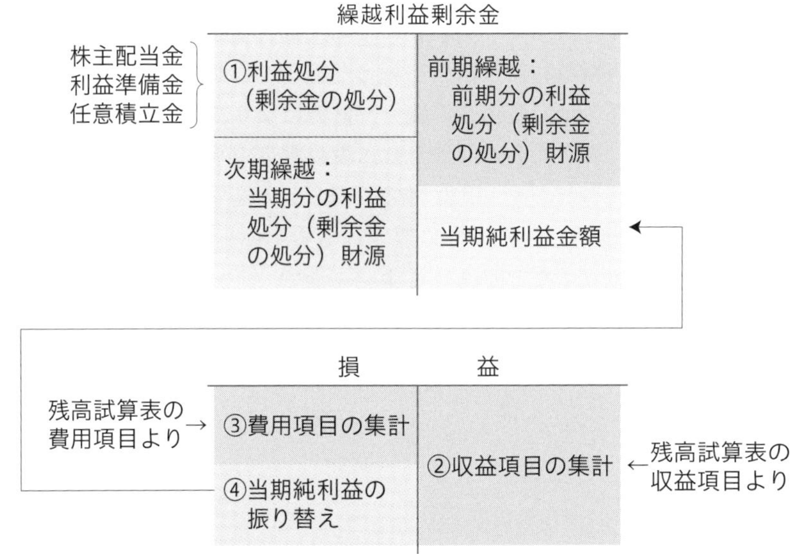

① 株主総会で利益処分（剰余金の処分）について決議
② 収益項目の損益勘定への振り替え
③ 費用項目の損益勘定への振り替え
④ 損益勘定を繰越利益剰余金勘定へ振り替え

3 株主資本等変動計算書

その他有価証券評価差額金等従来の資本の部に直接計上される項目が増え，自己株式の取得等が容易になるなど，資本の部の変動要因が増加していることから，ディスクロージャーの充実のため，株主持分の変動に関する開示制度として株主資本等変動計算書が導入されました。

株主資本等変動計算書の内容は，純資産の部の各項目の増減残高表です。純資産の部の前期末残高が当期中にどのように増減し，当期末残高に至るのかを明示することにより，ディスクロージャーの充実を図り，また，貸借対照表と損益計算書を結びつける役割を担っています。

仕訳例 03

1．決算時（前期末）

①役員賞与について，10,000円を引当金計上

（役員賞与引当金繰入）	10,000	（役員賞与引当金）	10,000

②各収益勘定，各費用勘定を損益勘定に振り替え

（各収益勘定）	70,000	（損益）	70,000
（損益）	30,000	（各費用勘定）	30,000

③当期純利益金額を繰越利益剰余金勘定に振り替え

（損益）	40,000	（繰越利益剰余金）	40,000

2．利益処分（剰余金の処分）時（株主総会時）

株主総会で剰余金配当議案10,000円，役員賞与議案10,000円，利益準備金の積み立てに関する資本の部の計数変動議案1,000円について承認された。なお，役員賞与金については，決算時に引当金計上している。

（繰越利益剰余金）	11,000	（未払配当金）	10,000
		（利益準備金）	1,000

3．役員賞与支給時

（役員賞与引当金）	10,000	（現金預金）	10,000

4．株主配当金支払時

（未払配当金）	10,000	（現金預金）	10,000

5．決算時（当期末）

①役員賞与について，12,000円を引当金計上

（役員賞与引当金繰入）	12,000	（役員賞与引当金）	12,000

②各収益勘定，各費用勘定を損益勘定に振り替え

（各収益勘定）	80,000	（損益）	80,000
（損益）	50,000	（各費用勘定）	50,000

③当期純利益金額を繰越利益剰余金勘定に振り替え

（損益）	30,000	（繰越利益剰余金）	30,000

［仕訳例03］から株主資本等変動計算書を作成すれば，次のようになります。

株主資本等変動計算書

（単位：円）

<table>
<tr><th rowspan="3" colspan="2"></th><th colspan="9">株主資本</th><th rowspan="3">評価・換算差額等</th><th rowspan="3">新株予約権</th><th rowspan="3">純資産合計</th></tr>
<tr><th rowspan="2">資本金</th><th colspan="3">資本剰余金</th><th colspan="4">利益剰余金</th><th rowspan="2">株主資本合計</th></tr>
<tr><th>資本準備金</th><th>その他資本剰余金</th><th>資本剰余金合計</th><th>利益準備金</th><th>その他利益剰余金
任意積立金</th><th>その他利益剰余金
繰越利益剰余金</th><th>利益剰余金合計</th></tr>
<tr><td colspan="2">前期末残高</td><td>××</td><td>××</td><td>××</td><td>××</td><td>××</td><td>××</td><td>××</td><td>××</td><td>××</td><td>××</td><td>××</td><td>××</td></tr>
<tr><td rowspan="3">当期変動額</td><td>剰余金の配当</td><td></td><td></td><td></td><td></td><td>1,000</td><td></td><td>－11,000</td><td>－10,000</td><td>－10,000</td><td></td><td></td><td>－10,000</td></tr>
<tr><td>当期純利益</td><td></td><td></td><td></td><td></td><td></td><td></td><td>30,000</td><td>30,000</td><td>30,000</td><td></td><td></td><td>30,000</td></tr>
<tr><td>当期変動額合計</td><td>—</td><td>—</td><td>—</td><td>—</td><td>1,000</td><td>—</td><td>19,000</td><td>20,000</td><td>20,000</td><td>—</td><td>—</td><td>20,000</td></tr>
<tr><td colspan="2">当期末残高</td><td>××</td><td>××</td><td>××</td><td>××</td><td>××</td><td>××</td><td>××</td><td>××</td><td>××</td><td>××</td><td>××</td><td>××</td></tr>
</table>

4 利益処分（剰余金の処分）時の仕訳

株主総会では，利益処分（剰余金の処分）財源である繰越利益剰余金の処分方針が決議されます。

仕訳例 04

資本金100,000千円，既積立資本準備金15,000千円，既積立利益準備金5,000千円，繰越利益剰余金50,000千円の会社の株主総会で剰余金配当議案10,000千円，役員賞与議案10,000千円，利益準備金の積み立てに関する議案について承認された。なお，役員賞与金については，決算時に引当金計上している。

（単位：千円）

（繰越利益剰余金）	11,000	（未払配当金）	10,000
		（利益準備金）	1,000

▶▶▶ 1．株主配当の適法性

純資産額：資本金100,000千円＋資本準備金15,000千円
＋利益準備金5,000千円＋繰越利益剰余金50,000千円
＝170,000千円

純資産額170,000千円が3,000千円を下回っていないので，株主に対して配当することは適法です。

2．利益準備金の積み立て

資本金の25％まで：100,000千円×25％－（15,000千円＋5,000千円）
＝5,000千円

株主配当金の10％：10,000千円×10％＝1,000千円
5,000千円＞1,000千円なので，1,000千円

3．役員賞与

役員賞与については，決算時に既に費用処理し引当金計上していますので，株主総会での承認は概算計上した引当金が確定債務になることを意味します。純資産に影響を及ぼさないので，役員賞与に関する仕訳はありません。

（借方）利益処分（剰余金の処分）による内部留保額の減少
→株主資本の減少→純資産の減少
→借方　繰越利益剰余金

（貸方）配当金支給の確定→将来の支払義務の増加→負債の増加
→貸方　未払配当金
利益準備金の積み立て→株主資本の増加→純資産の増加
→貸方　利益準備金

5 外部支払項目の支払い

株主総会で決議された外部支払項目（株主配当金，役員賞与）は，決議時点では未払いのため，未払配当金として仕訳（役員賞与は決算時に役員賞与引当金として仕訳済み）され，その後，外部支払項目を実際に支払った時点で未払配当金，役員賞与引当金を精算します。

なお，配当金に対しては，所得税の個人負担がかかり，役員賞与に対しては，社会保険や所得税・住民税の個人負担がかかります。これらの個人負担分については，受取人である個人が社会保険事務所や税務署に納めることは煩雑なので，いったん会社が個人負担分を預かり，後日，会社がまとめて納付する仕組みになっています。一時的に預かる個人負担分は，預り金で処理します。

仕訳例 05

株主総会で決議された株主配当金10,000円および役員賞与5,000円について，小切手を振り出して支払った。なお，配当金および役員賞与に対する源泉所得税は，1,500円である。

借方	金額	貸方	金額
（未払配当金）	10,000	（当座預金）	13,500
（役員賞与引当金）	5,000	（預り金）	1,500

▶▶▶（借方）未払配当金の支払い→支払義務の履行→負債の減少
→借方　未払配当金
役員賞与の支払い→潜在的支払義務の顕在化に伴う履行→負債の減少
→借方　役員賞与引当金
（貸方）個人が負担する所得税の一時預かり
→税務署に対する将来の支払義務の発生→負債の増加
→貸方　預り金
小切手の振り出し→当座預金の減少→会社の財産の減少
→資産の減少
→貸方　当座預金

仕訳例 06

個人から預かっている源泉所得税1,500円について，小切手を振り出して支払った。

（預　り　金）	1,500	（当 座 預 金）	1,500

▶▶▶（借方）源泉所得税の納付→税務署に対する支払義務の履行→負債の減少
→借方　預り金
（貸方）小切手の振り出し→当座預金の減少→会社の財産の減少
→資産の減少
→貸方　当座預金

6 当期純利益金額の振り替え

1. 収益・費用項目の損益勘定への振り替え

当期純利益金額は，収益から費用を差し引いて算定されます。そこで，当期純利益金額を求めるために，収益・費用の各勘定科目を損益勘定に集約します。

（収　　益）	70,000	（損　　益）	70,000
（損　　益）	30,000	（費　　用）	30,000

Theme 20 利益処分（剰余金の処分）

2. 損益勘定を繰越利益剰余金勘定へ振り替え

当期純利益金額は利益処分（剰余金の処分）財源なので，繰越利益剰余金勘定に集約します。そこで，損益勘定で算定した当期純利益金額を繰越利益剰余金勘定へ振り替えます。

（損　　　　益）	40,000	（繰越利益剰余金）	40,000

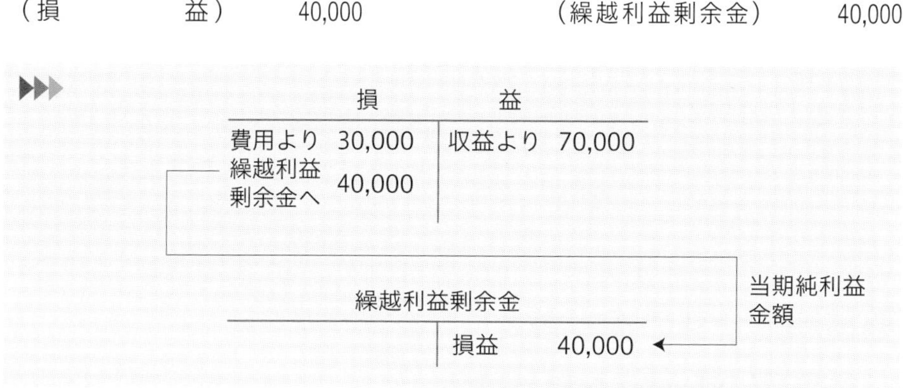

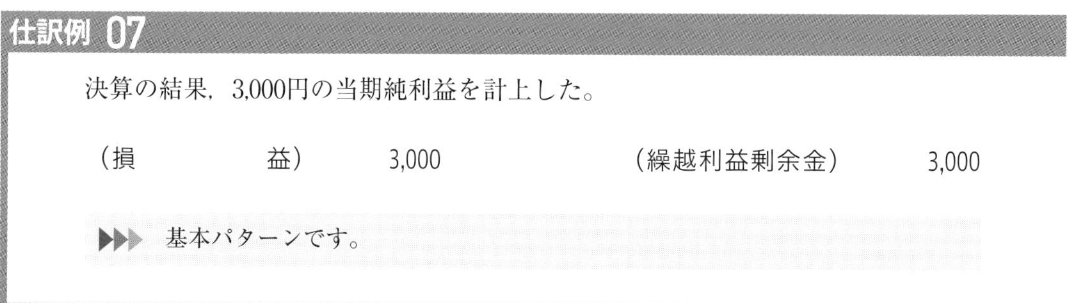

仕訳例 07

決算の結果，3,000円の当期純利益を計上した。

（損　　　　益）	3,000	（繰越利益剰余金）	3,000

▶▶▶ 基本パターンです。

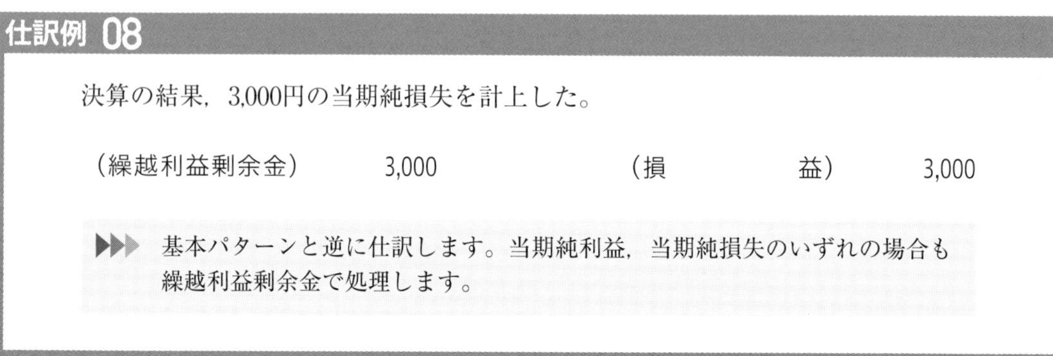

仕訳例 08

決算の結果，3,000円の当期純損失を計上した。

（繰越利益剰余金）	3,000	（損　　　　益）	3,000

▶▶▶ 基本パターンと逆に仕訳します。当期純利益，当期純損失のいずれの場合も繰越利益剰余金で処理します。

7 中間配当

株主総会の決議を経れば，剰余金の配当ができるので（会社法第453条および第454条），定時株主総会のほか，期中においても配当を行うことができます。また，会計監査人設置会社（公認会計士または監査法人が監査をしている会社）は，会社の定款（会社の行動規範）で取締役会の決議により剰余金の配当を行えるよう定めることができます。株主総会の決議でなく取締役会の決議で剰余金の配当が行えるようになると，経営者にとっては状況に応じて柔軟に配当できるメリットがあります。最近では，四半期ごとに配当を行う企業もあります。このように，定時株主総会時以外に行う剰余金の配当を，**中間配当**といいます。

定時株主総会時に行う通常の配当と中間配当とは，配当の時期が異なるだけで処理の流れおよび準備金の積み立て方法は同じです。すなわち，準備金（資本準備金と利益準備金の合計）が資本金の25％に達するまで，株主配当金の10％を配当の原資の種類により資本準備金または利益準備金として積み立てます。

仕訳例 09

1．決議時（配当の原資がその他利益剰余金の場合）

（単位：千円）

借方	金額	貸方	金額
（繰越利益剰余金）	11,000	（未払配当金）	10,000
		（利益準備金）	1,000

2．株主配当金支払時

（単位：千円）

借方	金額	貸方	金額
（未払配当金）	10,000	（現金預金）	10,000

21 工事進行基準と本支店会計

Theme

◆重要論点◆

工事進行基準

1．工事進行基準による処理

本支店会計

1．本支店会計
①本支店間取引
②支店間取引
③未達取引
④合併整理事項
⑤本支店合併財務諸表

1 工事進行基準

これまで，各勘定科目の内容と処理の仕方を，おおむね資産，負債，資本（純資産）の順にみてきました。その他の押さえるべき論点として，工事進行基準，本支店会計があります。まず**工事進行基準**をみていきます。

仕事の完成に対して対価が支払われる請負契約のうち，土木，建築など基本的な仕様や作業内容を顧客の指図にもとづいて行うものを，**工事契約**といいます。この工事契約に関し工事収益および工事原価を認識する基準には，主に工事進行基準と**工事完成基準**があります。

工事進行基準とは，工事契約に関して，工事収益総額，工事原価総額，期末時の**工事進捗度**（しんちょく）（工事原価総額に対する当期までの発生工事原価累計額の割合）を合理的に見積り，工事進捗度に応じて当期の工事収益および工事原価を認識する方法です。

たとえば，工事収益総額が150,000円，工事原価総額が100,000円の工事契約で，１年目の発生工事原価が40,000円のとき，１年度の工事進捗度は，40,000円 ÷ 100,000円 × 100 = 40％になり，１年度に計上する工事収益は，150,000円 × 40％ = 60,000円になります。

２年目に工事収益総額が160,000円，工事原価総額が105,000円に変更され，２年目の発生工事原価が54,500円のとき，２年度までの工事進捗度は，{(40,000円 + 54,500円) ÷ 105,000円} × 100 = 90％になり，２年度に計上する工事収益は，160,000円 × 90％ − 60,000円（すでに１年度に計上済みの額） = 84,000円になります。

計上した収益に対する代金回収については，すでに受け取った未成工事受入金（［テーマ13 未払金と建設業特有の債務 **2**未成工事受入金］参照）があればこれを充当し，不足があれば完成工事未収入金（［テーマ09　貸付金と建設業特有の債権 **2**未収入金・完成工事未収入金］参照）で処理します。

一方，工事完成基準とは，工事契約に関して，工事が完成し，請負工事物件を引き渡した時点で工事収益および工事原価を認識する方法です。工事完成基準では，工期が長期になる場合，着工年度に工事収益も工事原価も認識しません。したがって，引き渡し年度までに受け取った着手金などは，未成工事受入金で処理し，引き渡し年度までに支払った工事原価は，未成工事支出金

(［テーマ09　貸付金と建設業特有の債権 **3** 未成工事支出金（前渡金）］参照）で処理しておきます。

〈参考〉

「収益認識に関する会計基準」への対応について

2021年4月1日以降に始まる事業年度から，「収益認識に関する会計基準」（企業会計基準第29号）が適用され，収益の認識については，進捗部分の成果の確実性で判断するのではなく，取引開始時点で，履行義務が，一定の期間にわたり充足されるタイプなのか，一時点で充足されるタイプなのかにより判断することになります。

ここで，履行義務とは，顧客との請負契約において，工事物件を顧客に移転（顧客が当該物件の使用を指示し，便益を享受する能力を獲得）する約束をいいます。

フローチャートで表すと，次のようになります。

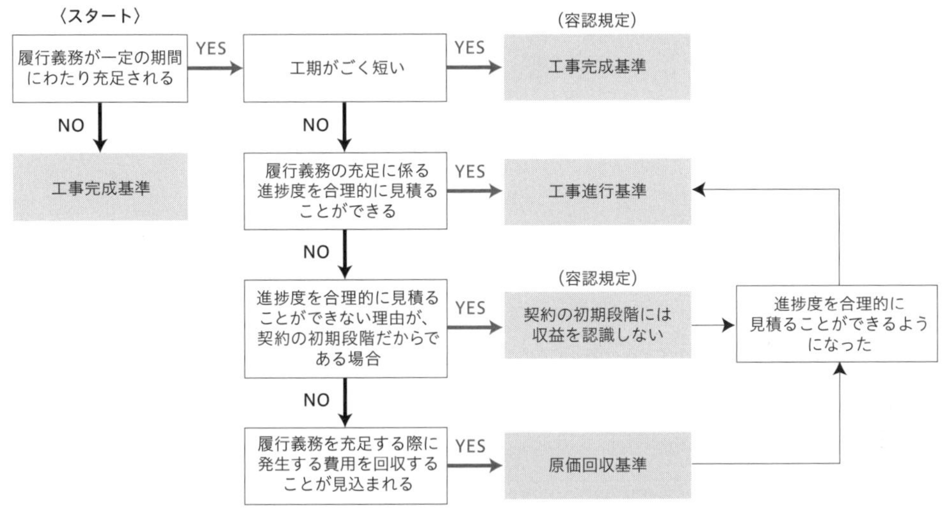

なお，フローチャートには，従来認められていなかった原価回収基準がありますが，これは，発生した費用と同額を収益として認識するものです。収益と費用が同額計上されるため，原価回収基準によっている限り，利益は計上されません。

■工事進行基準の適用例

⑴　**従来の問題文**

前期に請負金額50,000円の工事（工期は5年）を受注し，前期より工事進行基準を適用している。当該工事の前期における総見積原価は40,000円であったが，当期末において原材料の高騰を受けて，総見積原価を42,000円に変更した。前期における工事原価の発生額は4,000円であり，当期は6,500円である。工事進捗度の算定を原価比例法によっている場合，当期の完成工事高は［　　　］円である。

⑵　**今後想定される問題文（当面の間は従来どおり）**

前期に請負金額50,000円の工事（工期は5年）を受注した。当該工事については，顧客が建設中の工事を支配しており，一定の期間にわたり充足される履行義務であると判断している。また，発生した原価を基礎としたインプット法に基づき，履行義務に係る進捗度を適切に見積ることができると判断している。当該工事の前期における総見積原価は40,000円であったが，当期末において原材料の高騰を受けて，総見積原価を42,000円に変更した。前期における工事原価の発生額は4,000円であり，当期は6,500円である時，当期の完成工事高は［　　］である。

■工事完成基準の適用例

⑴　**従来の問題文**

請負契約を締結した。工事代金の決定は，実際工事原価に15%の利益を上乗せする方法によっている。当期に工事が完成し，実際工事原価は52,500円であったが，この原価の中には異常な仕損280円が含まれている。当期に計上される工事収益の額は［　　］円である。

⑵　**今後想定される問題文（当面の間は従来どおり）**

請負契約を締結した。当該工事については，履行義務が一定の期間にわたり充足されるものではないと判断している。工事代金の決定は，実際工事原価に15%の利益を上乗せする方法によっている。当期に工事が完成し，実際原価は52,500円であったが，この原価の中には異常な仕損280円が含まれている。当期に計上される工事収益の額は［　　］円である。

平成30年６月１日，国税庁ホームページにて「収益認識に関する会計基準」への対応について，と題する掲載があります。これによれば，「中小企業の会計処理については，従来どおり企業会計原則等による処理が認められることとされていますので，今般の通達改正により従来の取扱いが変更されるものではありません」と記載されています。したがって，実務上，公認会計士の会計監査を受けていない中小企業にあっては，従来どおりの収益計上で問題ありません。

会計処理は上記のとおりですが，表示については，次のとおり，従来の表示科目から変更しなければならないものが多くあります。

表示科目	定義
契約資産	企業が顧客に移転した財またはサービスと交換に受け取る対価に対する企業の権利（ただし、顧客との契約から生じた債権を除く）
顧客との契約から生じた債権	企業が顧客に移転した財またはサービスと交換に受け取る対価に対する企業の権利のうち無条件のもの（すなわち、対価に対する法的な請求権）
契約負債	財またはサービスを顧客に移転する企業の義務に対して、企業が顧客から対価を受け取ったものまたは対価を受ける期限が到来しているもの

工事進行基準を適用した場合，工事進捗度に応じて計上する完成工事高に対応する完成工事未収入金は，対価に対する法的な請求権ではないため，「契約資産」に該当します。ところが，工事完成基準を適用した場合，工事が完成し引渡しが完了したことにより計上する完成工事高に対応する完成工事未収入金は，対価に対する法的な請求権があるため，「顧客との契約から生じた債権」に該当します。

したがって，同じ完成工事未収入金であっても，内容によって「契約資産」と「顧客との契約により生じた債権」とに区分しなければなりません。

また，継続してサービスを提供している場合，既にサービスを提供していて後からまとめて入金となる未収収益は，請求期限が来ない限りは請求権がないため，請求期限が来るまでは「契約資産」に該当します。

一方，未成工事受入金のほか，継続してサービスを提供している場合，未だ提供していないサービスに対してあらかじめ対価を受けとっている前受収益は，「契約負債」に該当します。

なお，建設業経理士検定試験出題区分表（１級・２級）に記載のとおり，しばらくは従来どおりの会計処理と表示となりますので注意してください。

仕訳例 01

決算に際し，工事進行基準により工事収益および工事原価を計上する。なお，工事契約は当期に締結したもので，工事収益総額12,000円，工事原価総額9,000円，未成工事支出金計上額5,400円である。また，未成工事受入金が1,200円ある。

[工事収益部分]

(未成工事受入金)	1,200	(完成工事高)	7,200
(完成工事未収入金)	6,000		

[工事原価部分]

(完成工事原価)	5,400	(未成工事支出金)	5,400

▶▶▶ 工事進捗度：(5,400円 ÷ 9,000円) × 100 = 60%
工事収益計上額：12,000円 × 60% = 7,200円

[工事収益部分]
(貸方) 工事物件の当期完成分→営業収益の増加
→貸方　完成工事高
(借方) 前受額を販売代金に充当→負債から収益に振り替え→負債の減少
→借方　未成工事受入金
工事進捗部分について販売代金請求権の取得
→会社の財産の増加→資産の増加
→借方　完成工事未収入金

[工事原価部分]
(借方) 工事支払額を原価に振り替え→費用の増加
→借方　完成工事原価
(貸方) 工事支払額を原価に振り替え→未成工事支出金の減額
→会社の財産の減少
→資産の減少→貸方　未成工事支出金

基本例題13

当初の工事請負金額800,000円，見積工事原価500,000円，当期の発生工事原価が200,000円とすれば，当期の完成工事高および利益はいくらか。

解　答13

当期の完成工事高：320,000円
当期の利益　　　：120,000円

解説

利益総額：800,000円 − 500,000円 = 300,000円
工事進行割合：200,000円 ÷ 500,000円 × 100 = 40%
当期の完成工事高：800,000円 × 40% = 320,000円
当期の利益：300,000円 × 40% = 120,000円

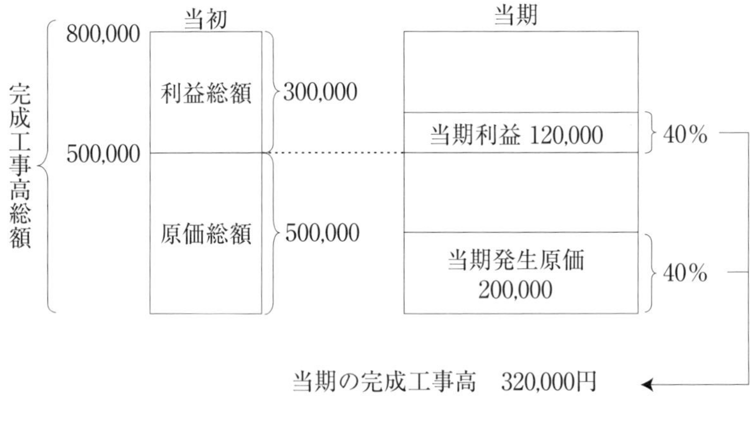

基本例題14

当初の工事請負金額800,000円，見積工事原価500,000円，当期の発生工事原価が100,000円（前期までの発生工事原価は200,000円）とすれば，当期の完成工事高および利益はいくらか。

解　答14

当期の完成工事高：160,000円
当期の利益　　　：　60,000円

解説

前期から継続している場合，まず当期までの進行割合による収益および利益を算定し，そこから前期までに計上した収益および利益を控除することにより，当期の収益および利益を求めます。

利益総額：800,000円－500,000円＝300,000円

①当期までの分

当期までの工事進行割合：（100,000円＋200,000円）÷500,000円×100＝60%

当期までの完成工事高：800,000円×60%＝480,000円

当期までの利益：300,000円×60%＝180,000円

②前期までの分

前期までの工事進行割合：200,000円÷500,000円×100＝40%

前期までの完成工事高：800,000円×40%＝320,000円

前期までの利益：300,000円×40%＝120,000円

③当期の分

当期の完成工事高：480,000円－320,000円＝160,000円

当期の利益：180,000円－120,000円＝60,000円

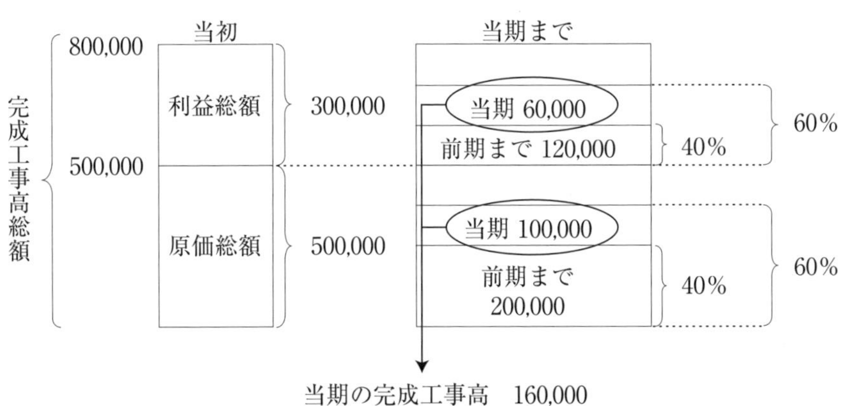

2 本支店会計

その他の押さえるべき論点として**本支店会計**があります。これは今後出題の可能性が高い論点です。

本店以外に支店を持つ会社では，すべてを本店で管理せず，支店の管理は支店に任せるケースが多くみられます。このような場合，支店でも帳簿をつけ，支店は独立した一会社のような位置付けになります。

支店が支店の帳簿を持ち，独立して会計処理を行うことを，**本支店会計**といいます。

1. 本支店間取引

本支店間で取引がある場合，本店では**支店勘定**を設け，支店では**本店勘定**を設けて処理します。

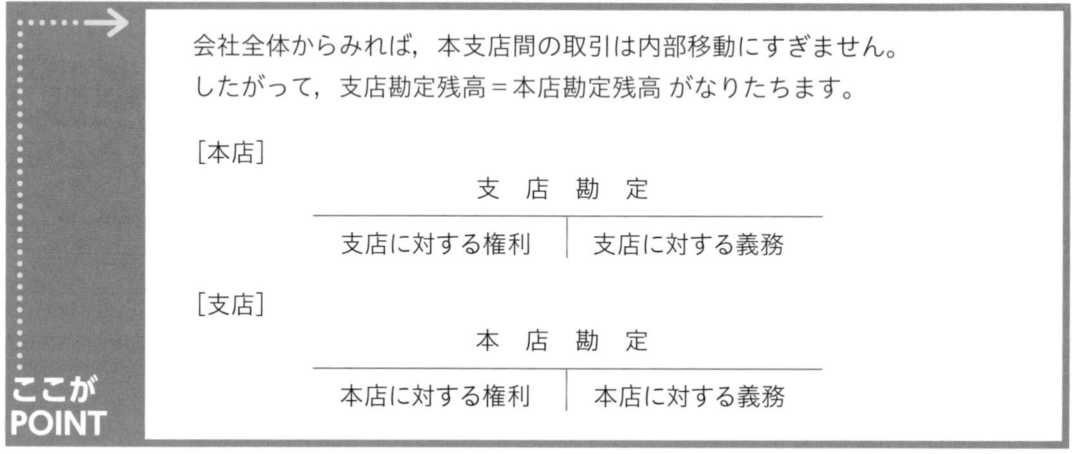

ここが
POINT
会社全体からみれば，本支店間の取引は内部移動にすぎません。
したがって，支店勘定残高＝本店勘定残高 がなりたちます。
［本店］
支 店 勘 定
支店に対する権利
支店に対する義務
［支店］
本 店 勘 定
本店に対する権利
本店に対する義務

仕訳例 02

支店を設立し，本店から現金90,000円を支店に送金し，支店は現金を受け取った。

［本店］

（支　　　店）	90,000	（現　　　金）	90,000

▶▶▶（貸方）現金の支払い→会社の財産の減少→資産の減少→貸方　現金
（借方）支店に対する現金返還権の発生→資産の増加→借方　支店

［支店］

（現　　　金）	90,000	（本　　　店）	90,000

▶▶▶（借方）現金の受け取り→会社の財産の増加→資産の増加→借方　現金
（貸方）本店に対する現金返還義務の発生→負債の増加→貸方　本店

本店と支店が独立している以上，取引先も本店と支店を明確に区分してくれれば問題ありませんが，実際には本店との取引であるのに支店に支払ってしまったり，その逆の場合があったりします。

この場合，本支店会計では本支店間での立替取引と考えます。

仕訳例 03

支店で，本店の完成工事未収入金10,000円を現金で回収した。

［本店］

（支　　　店）	10,000	（完成工事未収入金）	10,000

▶▶▶（貸方）本店の完成工事未収入金の回収→代金請求権の消滅
→会社の財産の減少→資産の減少→貸方　完成工事未収入金
（借方）支店に対する現金返還権の発生→資産の増加→借方　支店

［支店］

（現　　　金）	10,000	（本　　　店）	10,000

▶▶▶（借方）現金の受け取り→会社の財産の増加→資産の増加→借方　現金
（貸方）本店に対する現金返還義務の発生→負債の増加→貸方　本店

仕訳例 04

本店で，支店の工事未払金20,000円を現金で立替払いした。

［本店］

（支　　　　店）	20,000	（現　　　　金）	20,000

▶▶▶（貸方）現金の支払い→会社の財産の減少→資産の減少→貸方　現金
（借方）支店に対する現金返還権の発生→資産の増加→借方　支店

［支店］

（工 事 未 払 金）	20,000	（本　　　　店）	20,000

▶▶▶（借方）工事未払金の支払い→支払義務の履行→負債の減少
→借方　工事未払金
（貸方）本店に対する現金返還義務の発生→負債の増加→貸方　本店

2. 支店間取引

複数の支店がある場合，支店間で取引が行われることもあります。その場合の処理方法には，**支店分散計算制度**と**本店集中計算制度**があります。

(1) 支店分散計算制度

支店分散計算制度とは，本店を通さず，実態どおり支店間の直接取引として処理する方法です。それぞれの支店では，相手支店勘定を用いて処理します。

仕訳例 05

A支店は現金10,000円をB支店に送金し，B支店は現金を受け取った。

［A支店］

（B　支　店）	10,000	（現　　金）	10,000

▶▶▶（貸方）現金の支払い→会社の財産の減少→資産の減少→貸方　現金
（借方）B支店に対する現金返還権の発生→資産の増加→借方　B支店

［B支店］

（現　　金）	10,000	（A　支　店）	10,000

▶▶▶（借方）現金の受け取り→会社の財産の増加→資産の増加→借方　現金
（貸方）A支店に対する現金返還義務の発生→負債の増加→貸方　A支店

(2) 本店集中計算制度

支店間で直接処理を行うと，本店が取引内容を把握できません。

本店集中計算制度は，支店間の取引でも本店経由で取引したものとみなして処理する方法です。

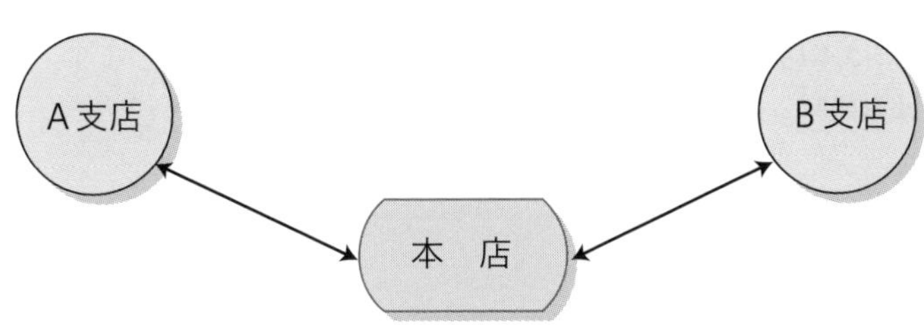

仕訳例 06

Ａ支店は現金10,000円をＢ支店に送金し，Ｂ支店は現金を受け取った。

［Ａ支店］

（本　　　店）	10,000	（現　　　金）	10,000

▶▶▶ 本店に送金したと考えます。
（貸方）現金の支払い→会社の財産の減少→資産の減少→貸方　現金
（借方）本店に対する現金返還権の発生→資産の増加→借方　本店

［Ｂ支店］

（現　　　金）	10,000	（本　　　店）	10,000

▶▶▶ 本店より現金を受け取ったと考えます。
（借方）現金の受け取り→会社の財産の増加→資産の増加→借方　現金
（貸方）本店に対する現金返還義務の発生→負債の増加→貸方　本店

［本店］

（現　　　金）	10,000	（Ａ　支　店）	10,000
（Ｂ　支　店）	10,000	（現　　　金）	10,000

⇩

（Ｂ　支　店）	10,000	（Ａ　支　店）	10,000

▶▶▶ Ａ支店から現金を受け取り，ただちにＢ支店に送金したと考えます。
〔１行目の仕訳〕
（借方）現金の受け取り→会社の財産の増加→資産の増加→借方　現金
（貸方）Ａ支店に対する現金返還義務の発生→負債の増加→貸方　Ａ支店
〔２行目の仕訳〕
（貸方）現金の支払い→会社の財産の減少→資産の減少→貸方　現金
（借方）Ｂ支店に対する現金返還権の発生→資産の増加→借方　Ｂ支店
〔３行目の仕訳〕
実際には本店で現金の動きがないため，現金部分を相殺します。
最終的には，それぞれの支店勘定だけの仕訳になります。

基本例題15

本店におけるＡ支店勘定は20,000円の借方残，Ｂ支店勘定は30,000円の借方残である。その後，Ｂ支店はＡ支店の工事代金の未収分10,000円を現金で回収し，Ａ支店はＢ支店の従業員の出張旅費5,000円を現金で立替払いした場合，本店におけるＡ支店勘定残高はいくらか。なお，支店間取引は本店集中計算制度による。

解　答15

Ａ支店勘定残高：5,000円

解説

①　工事代金の回収

会社全体としては，

（現　　　　金）	10,000	（完成工事未収入金）	10,000

となります。

これを，本店集中計算制度により本支店間に分けると

【Ａ支店】

（本　　　　店）	10,000	（完成工事未収入金）	10,000

【Ｂ支店】

（現　　　　金）	10,000	（本　　　　店）	10,000

【本店】

（Ｂ　支　店）	10,000	（Ａ　支　店）	10,000

となります。

②　旅費の支払い

会社全体としては，

（旅費交通費）	5,000	（現　　　　金）	5,000

となります。

これを，本店集中計算制度により本支店間に分けると

【Ａ支店】

（本　　　　店）	5,000	（現　　　　金）	5,000

【Ｂ支店】

（旅費交通費）	5,000	（本　　　　店）	5,000

【本店】

（Ｂ　支　店）	5,000	（Ａ　支　店）	5,000

となります。

以上から，本店におけるＡ支店勘定残高は，20,000円－10,000円－5,000円＝5,000円（借方残）となります。

3. 未達取引

実際の本支店間取引では，報告に時間がかかったり，現品の到達に時間がかかったりするので，本店と支店の記帳時期に差が生じます。一方で処理済み，他方で未処理となっている本支店間取引を**未達取引**（みたつとりひき）といいます。本来，本店勘定と支店勘定は一致すべきですが，未達取引があれば，その分不一致が生じます。そこで，期末に未達取引があれば，本店勘定＝支店勘定 となるよう調整が必要です。つまり，未達側で到着したものとみなした処理を行います。その際には，本来の勘定と区別して，**未達**○○という勘定を用います。

仕訳例 07

支店を設立し，本店から現金90,000円を支店に送金したが，支店には未達であった。

［支店］

（未 達 現 金）	90,000	（本 店）	90,000

▶▶▶ 未達側は支店なので，支店で現金が到着したとみなした仕訳を行います。
（借方）現金の受け取りとみなす→会社の財産の増加→資産の増加
→借方　未達現金
（貸方）本店に対する現金返還義務の発生とみなす→負債の増加
→貸方　本店

仕訳例 08

支店から本店に材料10,000円を発送したが，本店では未達であった。

［本店］

（未　達　材　料）	10,000	（支　　　　　店）	10,000

▶▶▶ 未達側は本店なので，本店で材料が到着したとみなした仕訳を行います。
（借方）材料の到着とみなす→会社の財産の増加→資産の増加
→借方　未達材料
（貸方）支店に対する材料代金支払義務の発生とみなす→負債の増加
→貸方　支店

4. 合併整理事項

本店で資材を一括購入し支店に販売する場合など，本支店間の売買取引であっても外部取引と同様に，購入原価に一定の利益を加算して販売することがあります。しかし，会社全体からみれば本支店間の売買取引は内部移動であり，そこから利益は生じません。利益は会社が外部に販売してはじめて実現します。

また，本支店間での取引にともなって発生する本店勘定・支店勘定は，会社全体からみれば，内部的な権利義務関係を表しているにすぎません。決算時には，全社的な報告が必要なので，本店勘定と支店勘定を相殺し，本支店間の売買取引を相殺し，内部利益を消去する手続きが必要です。

このように，本店レベル，支店レベルの帳簿から全社レベルの精算表を作成するために行う修正事項を，**合併整理事項**といいます。

具体的な会計処理は次の３点です。

① 本店勘定，支店勘定の相殺
② 本支店間の売買取引の相殺
③ 内部利益の消去

仕訳例 09

本店は，取得価額10,000円の材料を2,000円の内部利益を付して支店に販売し，支店はこれを受け取った。なお，本店では，材料売上で処理する。

また，販売のつど，原価を材料売上原価に振り替える。

[本店]

(支　　　店)	12,000	(材 料 売 上)	12,000
(材料売上原価)	10,000	(材　　　料)	10,000

▶▶▶〔1行目の仕訳〕………売上の計上

(貸方) 材料の販売→本店レベルで収益の増加→貸方　材料売上

(借方) 支店に対する販売代金請求権の発生→資産の増加→借方　支店

〔2行目の仕訳〕………原価の計上

(貸方) 材料の減少→本店レベルで財産の減少→資産の減少→貸方　材料

(借方) 売上に対応する原価の計上→費用の増加→借方　材料売上原価

[支店]

(材　　　料)	12,000	(本　　　店)	12,000

▶▶▶ (借方) 本店より材料購入→支店レベルで財産の増加→資産の増加→借方　材料

(貸方) 本店に対する購入代金支払義務の発生→負債の増加→貸方　本店

仕訳例 10

［仕訳例09］の条件で，支店は，材料8,400円を現場に搬入した。なお，未成工事支出金で処理する。

［支店］

（未成工事支出金）	8,400	（材　　　料）	8,400

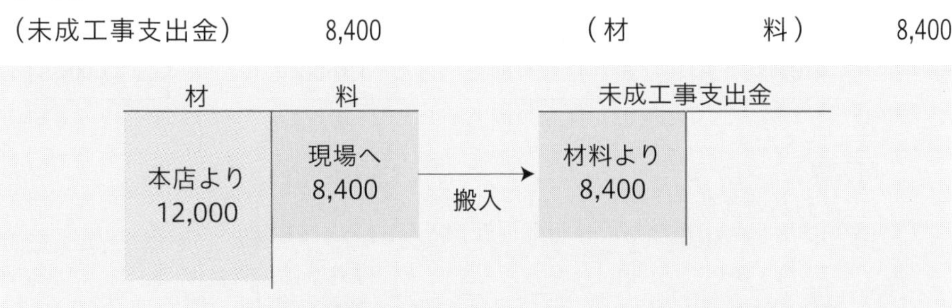

▶▶▶（貸方）材料を現場で使用したので，材料の減少→会社の財産の減少→資産の減少→貸方　材料
（借方）使用した材料を工事物件の完成・引き渡しまで費用にしない意味で資産の増加→借方　未成工事支出金

仕訳例 11

［仕訳例09］の条件で，支店は，材料8,400円を使用した工事が完成したので，注文者に引き渡した（材料部分のみの仕訳でよい）。

［支店］

（完成工事原価）	8,400	（未成工事支出金）	8,400

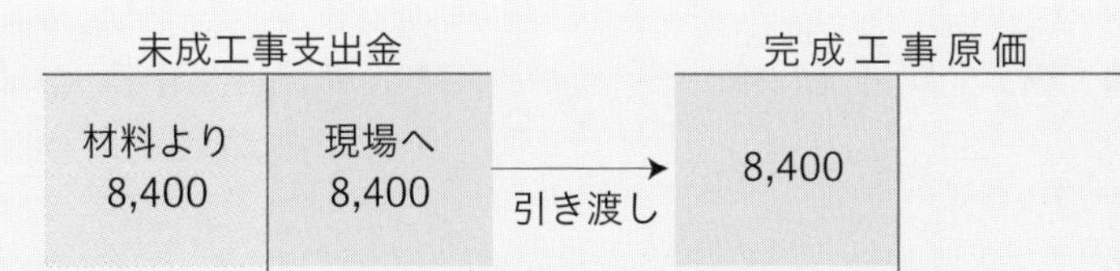

▶▶▶（貸方）工事の完成・引き渡しにより，未成工事支出金は費用に振り替え→資産の減少→貸方　未成工事支出金
（借方）工事の完成・引き渡しにより，工事原価の発生→費用の増加→借方　完成工事原価

[仕訳例11]で，決算を迎えた場合を考えてみましょう。

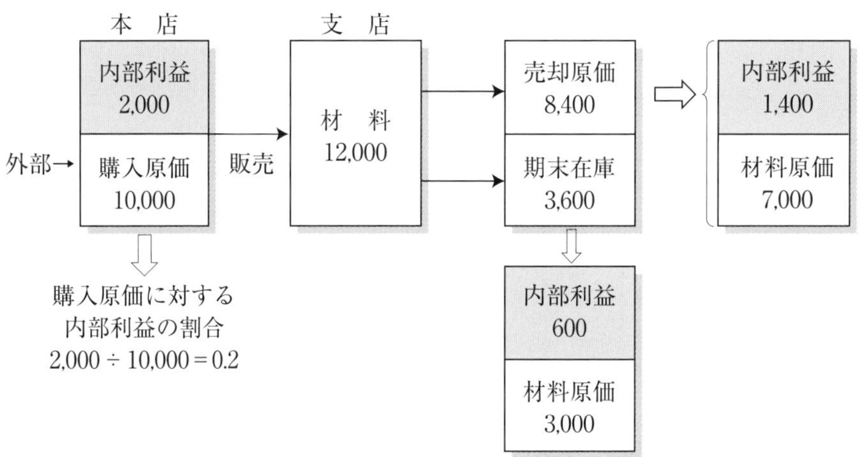

①本店勘定，支店勘定の相殺

支店の本店勘定12,000円および本店の支店勘定12,000円は，全社レベルでみれば内部的な権利義務関係を表しているだけなので，相殺します。

(本　　　店)	12,000	(支　　　店)	12,000

②本支店間の売買取引の相殺

本店レベルで計上した材料売上12,000円および材料売上原価10,000円は，全社レベルでみれば内部移動なので，相殺します。差額については，最終的に完成工事原価に集約されるので，完成工事原価で処理します。

(材　料　売　上)	12,000	(材料売上原価)	10,000
		(完成工事原価)	2,000

③内部利益の消去

支店レベルでは，材料勘定に本店が付加した内部利益が含まれているので，全社レベルで消去します。

内部利益を消去する場合，材料勘定を直接減額する方法もありますが，ここでは，間接的に減額する方法を学習します。

内部利益を間接的に減額する場合には，**内部利益控除引当金**という勘定を用います。内部利益控除引当金は，材料など内部利益を含んだ資産勘定のマイナス勘定です。

また，②の貸方（完成工事原価）2,000により，内部利益が全額控除されていますが，支店レベルでの材料勘定に含まれている内部利益分までも控除されてしまい，このままでは控除額が過大，すなわち，完成工事原価が過小となります。そこで，**内部利益控除**という費用科目を用いて調整します。

材料勘定に含まれる内部利益額：3,600円÷（100%＋20%）×20%＝600円

（内部利益控除）	600	（内部利益控除引当金）	600

［仕訳例09］から［仕訳例11］までにもとづいて，全社レベルの精算表を作成すれば，以下のようになります。

なお，本店で購入した材料10,000円は後日支払い，支店が外部に引き渡した工事代金11,000円は後日受け取るという条件を加えています。

精　算　表

（単位：円）

勘定科目	合計試算表				合併整理事項		損益計算書		貸借対照表	
	本店		支店							
	借方	貸方	借方	貸方	借方	貸方	借方	貸方	借方	貸方
材料	10,000	10,000	12,000	8,400					3,600	
完成工事未収入金			11,000						11,000	
未成工事支出金			8,400	8,400						
支店	12,000					12,000				
工事未払金		10,000								10,000
本店				12,000	12,000					
完成工事高				11,000				11,000		
材料売上		12,000			12,000					
材料売上原価	10,000					10,000				
完成工事原価			8,400			2,000	6,400			
内部利益控除引当金						600				600
内部利益控除					600		600			
当期純利益金額							4,000			4,000
	32,000	32,000	39,800	39,800	24,600	24,600	11,000	11,000	14,600	14,600

ここがPOINT

支店の独立性を尊重し，支店の業績評価を行うために本店・支店に区分しているので，本店・支店レベルの帳簿では，本店勘定・支店勘定の相殺仕訳および本支店間の売買取引の相殺仕訳は反映させません。これらの仕訳は，全社レベルの精算表上だけのものです。

一方，内部利益は，本店で管理する必要があるので，内部利益の消去仕訳は，全社レベルの精算表だけでなく，本店レベルの帳簿にも反映させます。合併整理事項には，一部本店レベルの帳簿に反映されるものがあることに注意してください。

基本例題16

以下の資料から，合併整理事項に関する仕訳を行いなさい。

(資料)

1．本店は，材料購入価額に10%の利益を加えて支店に販売している。
2．本店は支店にのみ材料を販売している。
3．本店の材料売上勘定は，11,000円である。
4．本店では，材料販売のつど，原価分を材料売上原価に振り替えている。
5．支店は，本店より購入した材料のうち，8,800円を工事現場に搬入した。
6．現場に搬入した8,800円のうち，5,500円分の工事は完成・引渡し済みである。
7．工事に係る費用は，物件を引き渡すまで，未成工事支出金で処理する。

解　答16

①本店勘定，支店勘定の相殺

(本　　店)	11,000	(支　　店)	11,000

②本支店間売買取引の相殺

(材 料 売 上)	11,000	(材料売上原価)	10,000
		(完成工事原価)	1,000

③材料に含まれる内部利益の消去

(内部利益控除)	200	(内部利益控除引当金)	200

④未成工事支出金に含まれる内部利益の消去

(内部利益控除)	300	(内部利益控除引当金)	300

■解説

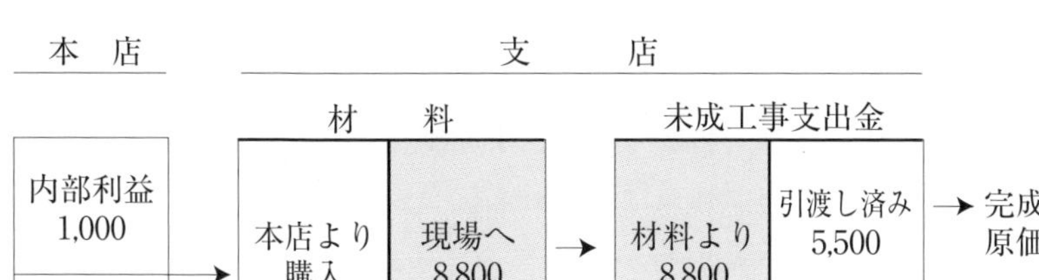

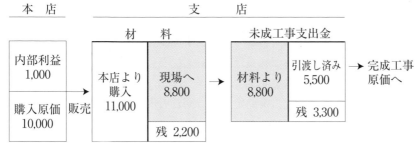

本店が加算した内部利益は，11,000円 ÷ 110% × 10% = 1,000円です。

これが，支店の材料勘定，未成工事支出金勘定，完成工事原価勘定に含まれます。

　材料期末在庫：2,200円 ÷ 110% × 10% = 200円

　未成工事支出金期末残：3,300円 ÷ 110% × 10% = 300円

基本例題17

本店はA支店に対して，原価に10%の利益を加算した額で材料を送っている。A支店の期末時点における未成工事支出金に含まれる材料費は5,000円（うち本店仕入分3,300円），未使用の材料は3,000円（うち本店仕入分1,650円）である場合，控除される内部利益はいくらか。

解答17

控除される内部利益：450円

■解説

例えば，本店が原価1,000円の材料をA支店に送る場合，A支店では1,100円（1,000 × 1.1）で受け入れます。A支店で受け入れた1,100円に含まれる内部利益は，1,100円 ÷ 1.1 × 0.1 = 100円と計算できます。

本例題においては，本店からA支店に送られた材料のうち会社内部に残っているのは，未成工事支出金に含まれる材料費と未使用の材料です（3,300円 + 1,650円 = 4,950円）。

控除される内部利益は，4,950円 ÷ 1.1 × 0.1 = 450円となります。

継続して本支店間の売買取引があれば，本店・支店レベルでは，期首在庫残高にも内部利益が含まれます。全社レベルの精算表を作成するためには，期首在庫残高に含まれる内部利益を消去する作業が必要です。

まず，期首在庫残高は，優先して使用され，当期の完成工事原価に含まれると考えます。そのため，当期の完成工事原価勘定が，期首の内部利益分だけ過大になっています。そこで，**内部利益控除引当金戻入**という収益科目を用いて調整します。

一方，支店レベルの材料勘定，未成工事支出金勘定では，期首の内部利益を含めた額で振り替えているので，期末在庫残高は期首の内部利益分だけ過小になっています。その分を本店において，内部利益控除引当金で調整します。

以上から，期首在庫残高に含まれる内部利益の消去仕訳は，次のとおりです。

（内部利益控除引当金）	××	（内部利益控除引当金戻入）	××

たとえば，支店の期首材料に1,000円，期首未成工事支出金に2,000円の内部利益が含まれていたとします。

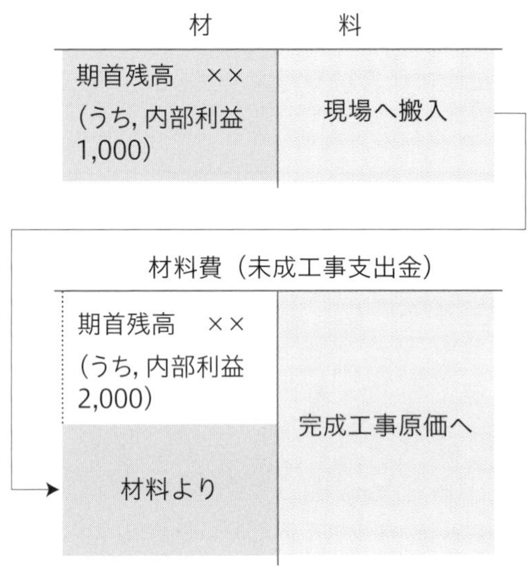

期首在庫残高に含まれる内部利益の消去仕訳は，次のとおりです。

（内部利益控除引当金）	3,000	（内部利益控除引当金戻入）	3,000

5. 本支店合併貸借対照表，本支店合併損益計算書の作成

会社全体からみれば，本店も支店も一部分です。支店単位の業績評価のために本店・支店に区分しますが，最終的には会社全体としての外部公表用の報告書を作成しなければなりません。したがって，本店および支店単位の報告書を会社全体としての外部公表用の報告書にまとめる作業が必要です。

外部公表用の報告書は**本支店合併貸借対照表**および**本支店合併損益計算書**からなり，全社レベルの精算表を組み替えて作成します。

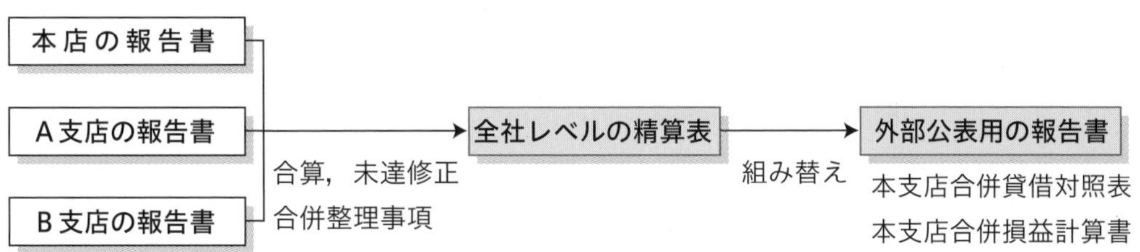

具体的な作業手順は，次のとおりです。

① 各支店および本店の残高試算表の入手
② 残高試算表の合算
③ 未達取引の整理
④ 合併整理事項
　ⅰ．本店勘定および支店勘定の相殺
　ⅱ．本支店間の売買取引の相殺
　ⅲ．内部利益の消去
⑤ 外部公表用の財務諸表作成のための組み替え
　ⅰ．材料勘定の組み替え
　　全社レベルの精算表残高 － 期末に含まれている内部利益
　ⅱ．未成工事支出金勘定の組み替え
　　全社レベルの精算表残高 － 期末に含まれている内部利益
　ⅲ．内部利益控除引当金
　　全社レベルの精算表残高を材料勘定および未成工事支出金勘定に振り替えているので，外部公表ベースでは，0となります。
　ⅳ．完成工事原価勘定の組み替え
　　全社レベルの精算表残高 － 内部利益控除引当金戻入 ＋ 内部利益控除
　ⅴ．内部利益控除引当金戻入勘定および内部利益控除勘定
　　それぞれの精算表残高を完成工事原価勘定に振り替えているので，外部公表ベース上では，0となります。
⑥ 本支店合併貸借対照表および本支店合併損益計算書の作成

外部公表用の財務諸表を作成する場合には，合併整理事項である内部利益の消去仕訳で用いた内部利益控除引当金勘定，内部利益控除引当金戻入勘定，内部利益控除勘定を，内部利益が影響している材料勘定，未成工事支出金勘定，完成工事原価勘定から直接控除するために，勘定科目の組替仕訳を行います。

基本例題18

以下の資料から，本支店合併貸借対照表および本支店合併損益計算書を作成しなさい。

(資料1)

1．本店は，前期から材料購入価額に10%の利益を加算して支店に販売している。
2．本店は，支店にのみ材料を販売し，支店は本店からのみ材料を購入している。
3．未達事項
　　本店は，支店に現金5,000円送金したが，支店には未達である。
　　本店は，支店に材料4,400円（売価）を販売したが，支店には未達である。
4．支店の期首材料残高は，33,000円であった。

(資料2)

本店および支店の残高試算表は，それぞれ次のとおりである。

本店の残高試算表

現金預金	100,000	内部利益控除引当金	3,000
材料	10,000	資本金	200,000
支店	104,000	繰越利益剰余金	7,000
材料売上原価	90,000	材料売上	99,000
販売費及び一般管理費	5,000		
	309,000		309,000

支店の残高試算表

現金預金	100,000	本店	94,600
材料	6,600	完成工事高	200,000
完成工事原価	160,000		
販売費及び一般管理費	28,000		
	294,600		294,600

本支店合併貸借対照表

現金預金		資本金	
材料		繰越利益剰余金	
		当期純利益金額	

本支店合併損益計算書

完成工事原価		完成工事高	
販売費及び一般管理費			
当期純利益金額			

解　答18

本支店合併貸借対照表

現金預金	205,000	資本金	200,000
材料	20,000	繰越利益剰余金	7,000
		当期純利益金額	18,000
	225,000		225,000

本支店合併損益計算書

完成工事原価	149,000	完成工事高	200,000
販売費及び一般管理費	33,000		
当期純利益金額	18,000		
	200,000		200,000

解説

1．未達取引の整理

いずれも，未達側は支店なので，支店で到達したものとみなした仕訳を行います。

問題文で与えられている本支店合併貸借対照表および本支店合併損益計算書より，使用する勘定科目が特定されているので，未達現金，未達材料の代わりに，現金預金，材料勘定を用います。

（現金預金）	5,000	（本店）	5,000
（材料）	4,400	（本店）	4,400

2．本店勘定と支店勘定の相殺

本店勘定，支店勘定は，会社内部の権利・義務を表すもので，全社レベルでは不要な勘定科目です。したがって，相殺します。

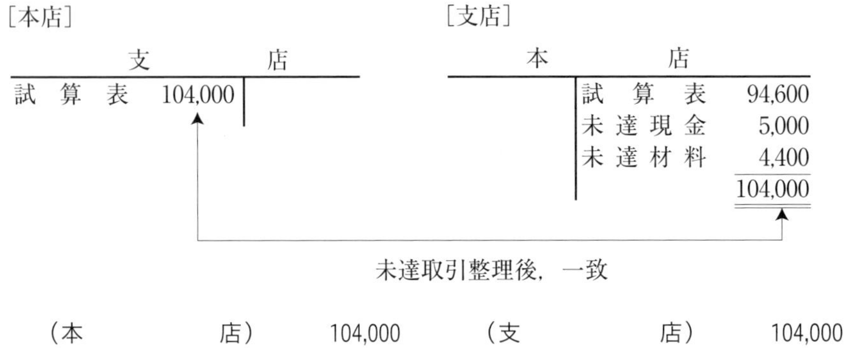

（本店）	104,000	（支店）	104,000

3．本支店間売買取引および内部取引の相殺・消去

支店の材料勘定の動きは，次のとおりです。

前期から繰り越した材料

前期から繰り越し	33,000	工事原価へ	33,000
（うち，内部利益）（＊1）	3,000	（うち，内部利益）	3,000

当期に購入した材料

本店の材料売上	99,000	工事原価へ	88,000
（うち，内部利益）（＊2）	9,000	（うち，内部利益）（＊5）	8,000
		在庫（試算表）	6,600
		（うち，内部利益）（＊4）	600
		在庫（未達分）（＊3）	4,400
		（うち，内部利益）（＊4）	400

（注意）

支店の残高試算表に，未成工事支出金がありません。これは，当期に現場に搬入した材料に係る工事物件が，すべて完成・引渡し済みであるという意味です。

（＊1）支店の材料購入価額は，本店の購入価額の110％です。したがって，支店の期首材料には，33,000円÷110％×10％＝3,000円の内部利益が含まれます。

（＊2）当期購入材料に含まれる内部利益は，99,000円÷110％×10％＝9,000円です。

（＊3）材料の未達分は，支店の残高試算表には含まれていません。忘れないよう注意してください。

（＊4）材料期末在庫に含まれる内部利益

残高試算表の分	6,600円÷110％×10％ ＝ 600円
未達の分	4,400円÷110％×10％ ＝ 400円
合　計	600円＋400円＝1,000円

（＊5）当期購入材料のうち，完成工事原価に含まれる内部利益は，（＊2）および（＊4）より，9,000円－1,000円＝8,000円です。

（ⅰ）本支店間売買取引の相殺

（材料売上）	99,000	（材料売上原価）	90,000
		（完成工事原価）	9,000

（ⅱ）期首材料に含まれる内部利益の消去

（内部利益控除引当金）	3,000	（内部利益控除引当金戻入）	3,000

（ⅲ）期末材料に含まれる内部利益の消去

（内部利益控除）	1,000	（内部利益控除引当金）	1,000

4．外部公表用の財務諸表作成のための組み替え

（ｉ）材料勘定の組み替え

（内部利益控除引当金）	1,000	（材　　　　料）	1,000

（ii）完成工事原価勘定の組み替え

（内部利益控除引当金戻入）	3,000	（完 成 工 事 原 価）	3,000
（完 成 工 事 原 価）	1,000	（内 部 利 益 控 除）	1,000

《参考》

全社レベルの精算表

精　　算　　表

（単位：円）

勘定科目	残高試算表				決算整理・合併整理事項		損益計算書		貸借対照表	
	本店		支店							
	借方	貸方	借方	貸方	借方	貸方	借方	貸方	借方	貸方
現金預金	100,000		100,000		5,000				205,000	
材料	10,000		6,600		4,400				21,000	
支店	104,000					104,000				
内部利益控除引当金		3,000			3,000	1,000				1,000
本店				94,600	104,000	9,400				
資本金		200,000								200,000
繰越利益剰余金		7,000								7,000
完成工事高				200,000				200,000		
材料売上		99,000			99,000					
完成工事原価			160,000			9,000	151,000			
材料売上原価	90,000					90,000				
販売費及び一般管理費	5,000		28,000				33,000			
内部利益控除引当金戻入						3,000		3,000		
内部利益控除					1,000		1,000			
当期純利益金額							18,000			18,000
	309,000	309,000	294,600	294,600	216,400	216,400	203,000	203,000	226,000	226,000

《参考》

外部公表用の財務諸表

精　算　表

（単位：円）

勘定科目	全社レベルの精算表				組み替え		本支店合併			
	損益計算書		貸借対照表				損益計算書		貸借対照表	
	借　方	貸　方	借　方	貸　方	借　方	貸　方	借　方	貸　方	借　方	貸　方
現金預金			205,000						205,000	
材料			21,000			1,000			20,000	
内部利益控除引当金				1,000	1,000					
資本金				200,000						200,000
繰越利益剰余金				7,000						7,000
完成工事高		200,000						200,000		
完成工事原価	151,000				1,000	3,000	149,000			
販売費及び一般管理費	33,000						33,000			
内部利益控除引当金戻入		3,000			3,000					
内部利益控除	1,000					1,000				
当期純利益金額	18,000			18,000			18,000			18,000
	203,000	203,000	226,000	226,000	5,000	5,000	200,000	200,000	225,000	225,000

第3部

第3問・第4問を解くための基礎知識

ここでは，建設業を理解するために工業簿記の論点を中心に，建設業特有の論点も併せて学習します。商業簿記とは違った考え方をしますので注意してください。
ここまでくると，いかにも建設業らしくなります。

22 Theme 原価計算の基本

◆重要論点◆

1．製造業と建設業の違い
2．原価の一般概念
3．原価の基本的諸概念
4．原価計算の種類
5．原価の基礎的分類基準
6．原価の構成要素
7．工事間接費の配賦
8．完成工事原価報告書
9．工事原価明細表
10．営業費の分類

1 製造業と建設業の違い

製造業では，ユーザーのニーズを判断し，仕入先から部品・材料を購入し，組み立て・加工して製品を生産し，得意先に販売します。製品が完成するまでの状態を仕掛品（しかかりひん）といい，完成した状態を製品といいます。販売した製品に要した原価は，製品製造原価といいます。

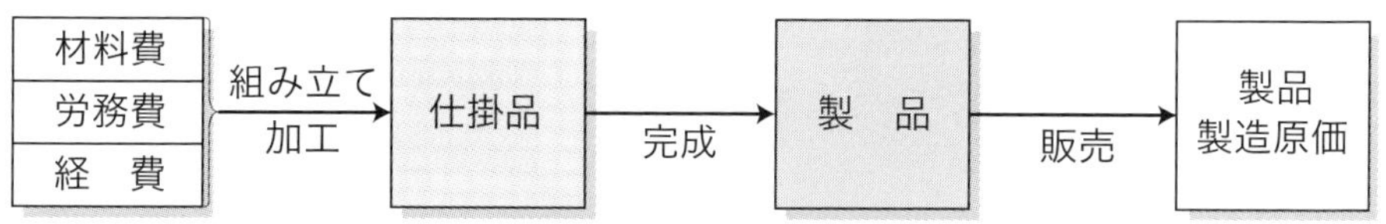

一方，**建設業**では，特定の注文者から工事の依頼を受け，それを完成させるために必要な部品・材料を購入し，自前の労働力のほか，下請業者の人員や設備を用いながら，土木作業や建築作業を行って工事を完成させ，注文者に引き渡します。完成・引き渡しの前までにかかった費用は未成工事支出金で処理し，完成・引き渡しが完了したあと，完成工事原価に振り替えます。

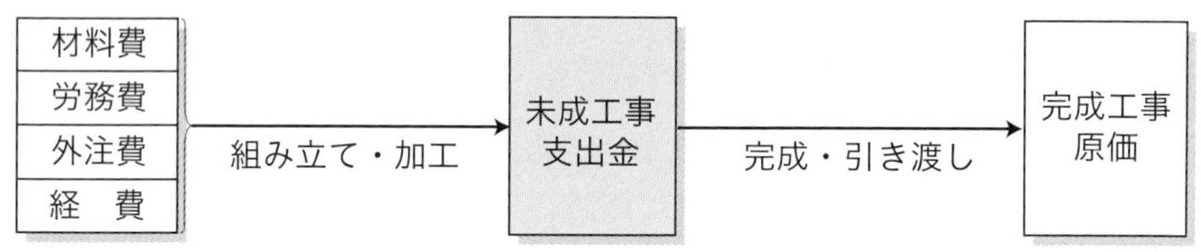

建設業では，特定の注文者から注文を受けます。そこで，受注工事別に収益性などを管理するため，原価も受注工事別に把握します。受注工事別に原価を計算する方法を**個別原価計算**といいます。A工事とB工事があれば，それぞれに原価を管理します。

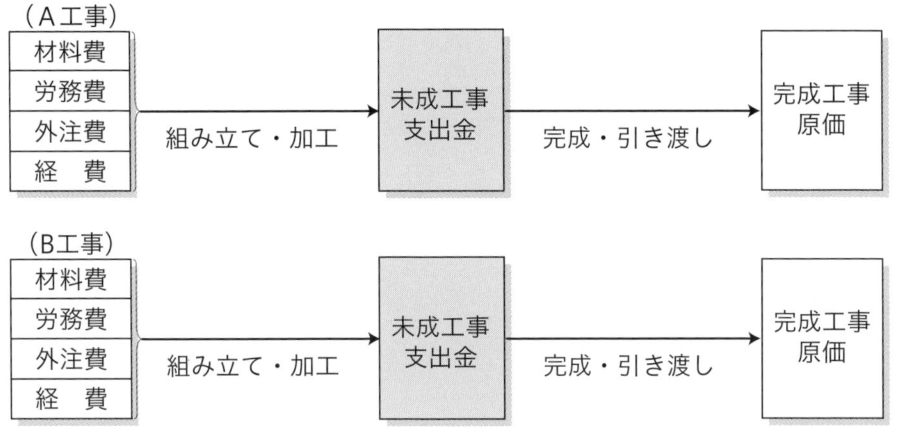

2 原価の一般概念

原価の一般概念について，「原価計算基準」では，

> 原価とは，経営における一定の給付にかかわらせて，把握された財貨または用役の消費を，貨幣価値的に表わしたものである。

と定義し，具体的な原価の本質として，次の４つをあげています。

①原価は，経済価値の消費である。

経営の活動は，一定の財貨を生産し販売することを目的とし，一定の財貨を作り出すために，必要な財貨すなわち経済価値を消費する過程です。したがって，原価は，経営過程における価値の消費を意味します。

②原価は，経営において作り出された一定の給付に転嫁される価値であり，その給付にかかわらせて，把握されたものである。

給付とは，経営が作り出す財貨をいい，経営の最終給付（完成品）だけではなく，中間的給付（半製品，仕掛品）も含まれます。建設業における給付は，建設物です。

③原価は，経営目的に関連したものである。

経営過程は，一定の財貨を生産し販売するという経営の目的を達成するために行われる価値の消費と生成の過程です。原価は，このような経営過程における財貨の生産，販売に関して消費された経済価値なので，経営目的に関連しない価値の消費は，原価に含まれません。したがって，資本の調達，返還，利益処分などの財務活動に関して発生する支払利息，支払配当金などの財務費用は，原則として原価に含まれません。

④原価は，正常的なものである。

原価は，正常な状態のもとにおける経営活動を前提として，把握された価値の消費なので，異常な状態を原因とする偶発的・臨時的な価値の減少は，原価に含まれません。

原価の本質に関する選択問題文例

①原価の本質に該当するもの

・本社役員と関係会社幹部とは，定例の業績報告会を開催している。

・現在の重機による施工では，一定のやむを得ざる作業屑が発生する。

・受注工事に関して，道路使用許可を申請しなければならない。

・工事を受注するために，マスタープランを作成しプレゼンテーションを進めている。

・受注活動のマスタープラン作成に際して，相当のデザイン料を支払った。

②非原価項目に該当するもの

・保管資材について，台風により相当の減損が発生し特別損失として処理する。

原価の本質に関する穴埋め問題文例

・原価は，（　①　）の消費である。

・原価は，経営において作り出された（　②　）に転嫁される価値である。

・原価は，（　③　）に関連したものである。この（　③　）には，基本的に財務活動は含まない。

・原価は，（　④　）である。原則として偶発的，臨時的な価値の喪失を含めるべきではない。

①　経済価値　　②　一定の給付　　③　経営目的　　④　正常的なもの

3 原価の基本的諸概念

原価の基本的諸概念は，原価の本質および原価計算の目的に対応して，いろいろ考えられます。

①事前原価と事後原価

原価は，測定時期によって**事前原価**と**事後原価**に区分できます。

事前原価（予定原価）とは，経営活動を行う前に測定される原価をいいます。建設業では，見積書作成のために原価を積み上げ計算（積算）し，また，予算管理や原価管理目的のため，事前に原価を測定することが重要です。事前原価は，広義では次のものが含まれます。

・注文獲得や契約価格設定のために算定される**見積原価**

・経営活動を想定して算定される**実行予算原価**

・原価能率を増進する目的で，原価の実際発生額と比較するために設定される**標準原価**

このうち，見積原価は，必要に応じて随時測定されますが，実行予算原価と標準原価は常時継続的に毎期測定されます。

一方，事後原価（歴史的原価）とは，経営活動を行った後に測定される原価をいいます。

会社の出資者，債権者，経営者などのために，過去の一定期間（通常1年間）における損益（経営成績）および期末時点における財政状態を財務諸表（いわゆる決算書）として作成するためには，事後原価が必要です。事後原価は，実際消費量×実際価格（または予定価格）で計算されます。実際消費量で計算するかぎり，事後原価となります。実際原価ともよばれています。

②プロダクト・コスト（製品原価）とピリオド・コスト（期間原価）

原価は，収益との対応の仕方により，**プロダクト・コスト**と**ピリオド・コスト**に区分できます。

プロダクト・コストとは，一定の生産物（給付）単位に集計され，期末に損益計算書（売上原価）と貸借対照表（棚卸資産）に配分される製造原価で，建設業では工事原価になります。プロダクト・コストは，売上高と直接的・個別的な対応関係にあります。

一方，ピリオド・コストとは，一定期間（通常１年間）の収益に関連させて一定期間における発生額をそのまま期間費用として集計する原価のことで，具体的には販売費及び一般管理費を指します。ピリオド・コストは，売上高と間接的・期間的な対応関係にあります。

③全部原価と部分原価

原価は，集計される原価の範囲により，**全部原価**と**部分原価**に区分できます。

全部原価とは，一定の給付に対して発生する全部の製造原価，またはこれに販売費及び一般管理費を加えて集計したものをいいます。

一方，部分原価とは，全部原価の一部分，たとえば変動直接費および変動間接費のみを集計した**直接原価**（変動原価）をいいます。

4 原価計算の種類

算定目的により原価の計算方法が異なるので，原価計算の種類はいろいろ考えられます。

①事前原価計算と事後原価計算

原価は，測定時期によって事前原価と事後原価に区分できるので，具体的な原価の測定は，**事前原価計算**と**事後原価計算**に区別できます。

事前原価計算は，事前原価に対応するもので，**見積原価計算**，**予算原価計算**，**標準原価計算**に区分できます。

見積原価計算：見積原価に対応するもので，入札における指名獲得や受注活動のような対外的資料作成のための原価算定を目的としています。必要に応じて随時行われる原価調査です。

予算原価計算：実行予算原価に対応するもので，受注工事を確実に採算化するための内部的な原価算定を目的としています。

標準原価計算：標準原価に対応するもので，各工事を日常的に管理するための能率水準としての原価算定を目的としています。

予算原価計算および標準原価計算は，**原価計算制度**の対象となります。「原価計算基準」では，原価計算制度について次のように定義しています。

原価計算制度は，財務諸表の作成，原価管理，予算統制等の異なる目的が，重点の相違はあるが相ともに達成されるべき一定の計算秩序である。……財務会計機構（複式簿記）と有機的に結びつき常時継続的に行なわれる計算体系である。原価計算制度は，この意味で原価会計にほかならない。

広い意味での原価の計算には，……経営の基本計画および予算編成における選択的事項の決定に必要な特殊の原価たとえば差額原価，機会原価，付加原価等を，随時に統計的，技術的に調査測定することも含まれる。しかしかかる**特殊原価調査**は，制度としての原価計算の範囲外に属する……。

一方，事後原価計算は，事後原価に対応するもので，実際原価（歴史的原価）の測定であり，工事の進行にともなって原価が累積され，最終的には工事終了時に確定される原価計算です。財務諸表の作成のために実施されます。

「原価計算基準」では，事前原価計算としての標準原価計算と事後原価計算としての実際原価計算を原価計算制度として体系づけています。

②総原価計算と製造原価計算

販売費及び一般管理費を製品単位あたりの計算に含めるかどうかにより，**総原価計算**と**製造原価計算**に区分できます。

総原価計算とは，製品単位あたりの原価計算に製造原価のほか，販売費及び一般管理費を加えて行うものです。

一方，製造原価計算とは，製品単位あたりの原価計算を製造原価だけで行うものです。

これを建設業にあてはめてみれば，次のような図になります。製造原価計算は，**工事原価計算**になります。

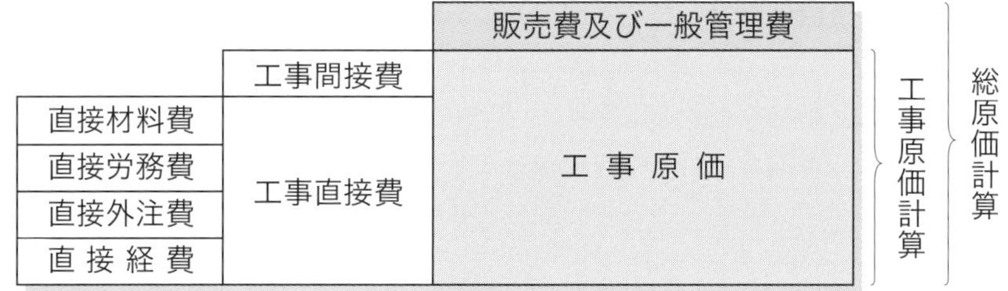

建設業では，事前では，総コスト回収という観点から，総原価計算を活用し，事後では，工事原価計算が中心となります。工事間接費と販売費及び一般管理費の区別がポイントになるので，工事施工に関係する管理経費（工事間接費）と本社での営業関係費（販売費及び一般管理費）をはっきり分ける必要があります。

原価計算制度において，原価性を有しないと判定されるものを非原価項目といいます。建設業でいえば，工事原価（材料費，労務費，外注費，経費）と販売費及び一般管理費（営業所での販売活動に伴う費用，本社での会社全般に係る管理費用）以外のものをいいます。工事原価を特定するためには，販売費及び一般管理費と非原価項目の具体例について理解しておくことが重要です。

〈販売費及び一般管理費の具体例〉

営業所建物の減価償却費など営業所に係る諸費用，営業部員の活動に伴う諸費用，本社建物の減価償却費，本社総務部・経理部・社長室での諸費，支店設置のための登記関係諸費など本社での会社全般に係る管理諸費用

〈非原価項目の具体例〉

・経営目的に関連しない価値の減少

投資資産の減価償却費，未稼働の固定資産，長期休止設備の管理費，銀行借入金に対する支払利息などの財務費用

・異常な状態を原因とする価値の減少

資材盗難など異常な棚卸減耗，異常な貸倒損失，自然災害による工事設備の著しい損耗・復旧費用，臨時多額の退職金，訴訟費，固定資産の処分（売却または除却）

・その他の利益剰余金に課する項目

税務上の課税所得にもとづいて計算される法人税・住民税・事業税，株主に対する配当金

③形態別原価計算と機能別原価計算

原価をどのような要素に分けて把握するかにより，**形態別原価計算**と**機能別原価計算**に区分できます。

形態別原価計算とは，原価を発生形態別（材料費，労務費，外注費，経費）に把握する原価計算をいいます。事後における財務諸表の作成に役立ちます。

一方，機能別原価計算とは，原価を作業機能別に把握する原価計算をいいます。建設業では，**工種別原価計算**といいます。受注工事について，事前に積算し実行予算を作成して原価管理を行うためには，原価を工種別に把握する必要があります。

④個別原価計算と総合原価計算

原価集計単位の違いにより，**個別原価計算**と**総合原価計算**に区分できます。

個別原価計算とは，一つの特定製造指図書（生産指図書）に指示された数量を原価集計単位として，その生産活動に費消した原価を集計・計算する原価計算方法をいいます。建設業の工事原価計算は，受注工事ごとに原価を把握するので，個別原価計算を適用します。

一方，総合原価計算とは，原価計算期間（通常1か月）における同一種生産物の生産量を原価集計単位として，原価計算期間に費消した原価を当該期間の生産数量で割って生産量単位あたりの原価を算定していく原価計算方法をいいます。市場規模を見込み，同一規格品を大量生産する場合に適用されます。

原価計算の種類に関する選択問題文例

①事前原価計算に該当するもの
- 個別工事について実行予算を設定しておくことは，原価管理にとって重要である。
- 個別原価を適正価額で受注できるか否かを判断するために行う原価計算方法である。

②事前原価計算のうち標準原価計算に該当するもの
- 特定の業務について能率を測定する尺度となるよう，事前の目標原価を計算しておく。
- コストコントロールのために能率水準としての目標を定める。

③総原価計算に該当するもの
- 工事原価に販売費及び一般管理費までを含めたものがいわゆる原価性を有する。

④形態別原価計算に該当するもの
- 建設業法施行規則に定める完成工事原価報告書を作成するための工事原価を集計する。
- 材料費，労務費，外注費，経費に区分して原価を計算し，報告書の基本とする。

⑤機能別原価計算（工種別原価計算）に該当するもの
- 入札に参加するため，予定価格用の工事原価を積算する。

⑥個別原価計算に該当するもの
- 建設業や造船業では，原則として，受注した工事別に原価を集計する。
- 受注生産の企業では，原則として受注番号別の原価を集計する。
- 受注単位の生産活動に消費された原価を集計・計算する原価計算方法である。

⑦総合原価計算に該当するもの
- 見込み量産の原価計算では，素材とそれを加工する作業との区分が大切である。
- 量産企業では，一定期間に発生した原価を生産量で割って製品単位原価を計算する。

個別原価計算に関する穴埋め問題文例

個別原価計算では，製造原価を製造直接費と（　①　）に分類し，原則として直接費は仕掛品勘定に直接振替えの手続きにより集計し，間接費は製造間接費勘定に集計する。

建設業の工事原価計算でも，工事原価を（　②　）と（　③　）に分類し，（　②　）は（　④　）勘定に直接集計し，（　③　）は（　③　）勘定に集計する。

①　製造間接費　　②　工事直接費　　③　工事間接費　　④　未成工事支出金

原価計算制度に関する選択問題文例

①原価計算制度に該当するもの
- 施工管理者の人件費を予定賃率により各工事に予定配賦する。
- 工事車両関係費を運転時間基準により各工事に予定配賦する。
- 現場事務所費を各工事に配賦する。
- 部門共通費を複合配賦基準によって各部門に配賦する。
- 施工中の工事に関して，期末に総工事原価を算定する。

②特殊原価調査に該当するもの
- 機械装置の取替えに関する検討資料を作成する。
- 機械装置の取替えが工事原価に及ぼす影響の検討資料を作成する。
- 自社で作業している部分を外注すべきかどうかの意思決定資料を作成する。
- 新工法の採用可否に関する経済計算を行う。

<u>原価計算制度に関する穴埋め問題文例</u>

（ ① ）とは，財務諸表の作成，原価管理，予算統制等の異なる目的が，重点の相違はあるが相ともに達成されるべき一定の計算秩序である。これは，（ ② ）と有機的に結びついて常時継続的に行われる計算体系で，随時断片的に行われる原価の統計的，技術的計算ないし調査である（ ③ ）とは異なったものである。

建設業における（ ① ）は基本的に（ ④ ）によって実施されるものであるが，実務上は工事収益の認識基準について（ ⑤ ）と（ ⑥ ）のいずれを適用するかに影響される。

① 原価計算制度　② 財務会計機構　③ 特殊原価調査
④ 個別原価計算　⑤⑥ 工事完成基準・工事進行基準（⑤⑥は順不同）

<u>工事原価・販売費及び一般管理費（期間原価）・非原価に関する選択問題文例</u>

①工事原価（プロダクト・コスト）に該当するもの
- 特定工事のための仮設資材センターの管理に係る支出
- 現場作業員の安全管理に関する支出
- 建築工事現場に仮設された昇降機の使用による損耗額
- 鉄骨資材の購入と現場搬入費
- 受注した工事に関する現場搬入の運搬経費
- 受注した工事の入札時の設計料の支出
- 工事現場を管理するための現場事務所の賃借料
- 工事現場監督者の人件費
- コンクリート工事外注費
- 仮設材料費

②販売費及び一般管理費（ピリオド・コスト）に該当するもの
- 支店設置のための登記関係諸費
- 出張所における一般の受注促進のための支出
- 事業の全般的な広報活動に関する新聞広告のための支出
- 本社建物の賃借料
- 本社建物の水道光熱費
- 本社経理部職員の人件費，出張旅費
- 入札に応じたが受注できなかった工事の設計料

③非原価に該当するもの
- 工事現場で火災事故が発生しその復旧に係る支出
- 工事現場での豪雨による水害の復旧に係る巨額な支出
- 道路工事現場におけるガス爆発事故の資産喪失額
- 使用してきた工事用機械の売却損
- 外注代金支払いのための借入金の利息
- 材料倉庫用土地を取得するための借入金の利息
- 本社用土地を取得するための借入金の利息
- 工事用機械を購入するための借入金の利息
- 社債発行費償却
- 資材盗難による損失

5 原価の基礎的分類基準

原価は，視点の違いにより，以下のようにさまざまな分類が考えられます。

①計算目的別分類

計算目的別分類は，計算領域の違い，すなわち原価のどの範囲を集計するのかを決める分類で，取得原価，工事原価，販売費及び一般管理費に分類されます。

②発生形態別分類

発生形態別分類は，原価がどのような形態・特性で生じるかによる分類で，材料費，労務費，外注費，経費に分類されます。

なお，外注費のなかには，大部分が労働である労務外注費（［テーマ24　労務費・外注費・経費 2 2. 労務外注費］参照）がありますが，労務外注費は臨時雇用者に対する賃金の支払いと同質なので，労務費とすることが望ましい場合もあります。

③作業機能別分類

作業機能別分類は，会社経営上，原価がどのような機能のために生じたのかによる分類で，計算目的別分類および発生形態別分類をさらに細分するために利用されます。

たとえば，同じ材料費でも，直接工事の鉄筋工事で生じる材料費と共通仮設工事で生じる材料費は機能を異にするので，材料費は，主要材料費，修繕材料費，試験研究材料費などに分類します。

建設業において原価を工事種類（工種）別に区分することは，この分類基準に属します。

④計算対象との関連性分類

計算対象との関連性分類は，計算対象である工事に関して，原価の発生が直接的に認識できるかどうかによる分類で，工事直接費と工事間接費に分類されます。

建設業では，特定の注文者からの注文により工事を完成させていくため，個別原価計算が適用され，原価は工事別に集計します。材料費，労務費，外注費は，工事別の発生を認識できるので，工事直接費となり，経費は，共通的に発生し工事別の発生を認識できないので，工事間接費となります。

⑤操業度との関連性分類

操業度との関連性分類は，原価が操業度（［テーマ25　工事間接費 4基準操業度の種類］参照）の増減に比例して発生するかどうかによる分類で，変動費と固定費に分類されます。

変動費は，操業度の増減に比例して発生する原価で，固定費は，操業度の増減と関係なく一定額発生する原価です。大まかにいえば，工事に関連する工事原価が変動費となり，その他会社の維持管理に要する販売費及び一般管理費が固定費となります。

会社を存続させるためには，収益により変動費だけでなく，固定費もカバーしなければなりません。したがって，受注金額の設定においては，工事原価のほか販売費及び一般管理費も織り込みます。

⑥発生源泉別分類　　　　　　　　　　　　　　　　　　　（参考：１級の範囲）

発生源泉別分類は，原価管理（コスト・マネジメント）目的のため，原価を発生源泉の観点から分類するもので，業務活動費（アクティビティ・コスト）と経営能力費（キャパシティ・コスト）に分類されます。

アクティビティ・コストは，工事が行われることにより発生する原価で，操業度にほぼ比例して発生する原価をいいます。直接材料費や外注費があげられます。一方，キャパシティ・コストは，会社の製造販売能力（労働力，設備）を準備・維持・管理するために発生する原価です。

労働力や設備は，いったん契約・購入すると，長期的に雇用・利用し，その能力維持のために固定的に原価が発生するので，短期的には原価の発生をコントロールできません。しかし，長期的には，経営者の意思決定により，労働形態を常勤から非常勤に切り替えたり，設備を購入からリースに切り替えたりして，原価の発生をある程度コントロールすることが可能です。

⑦管理可能性分類　　　　　　　　　　　　　　　　　　　（参考：１級の範囲）

管理可能性分類は，一定の管理者層によって原価の発生が管理可能であるかどうかによる分類で，管理可能費と管理不能費に分類されます。下級の管理者層にとっては管理不能であっても，上級の管理者層にとっては管理可能となるため，どの層を基準とするのかが重要です。

建設業では，受注工事別に管理するので，組織上の縦断的関係のほか，工事別の横断的関係も重要です。同種の原価でも，ある工事現場では管理可能で，別の工事現場では管理不能となることもあるからです。

<u>原価の基礎的分類基準に関する選択問題文例</u>

①発生形態別分類に該当するもの
- 完成工事原価報告書で，現場管理の従業員給与等を経費内書きの「人件費」とする。
- 下請けによる外注費が多額発生するため，伝統的に４分類法が採用される。
- 完成工事原価報告書では，材料費，労務費，外注費，経費に分類する。

②作業機能別分類に該当するもの
- 工事原価を管理するための実行予算作成の際，工事種類別に原価を区分して計算する。
- 多くの建設業では，工事原価を工種別に把握することが有益である。

③計算対象との関連性分類に該当するもの
- 特定の請負工事の建設のみに発生する正常的な費用を工事直接費とする。
- 最終生産物は受注工事であるため，工事直接費と工事間接費の分類が基本である。

④操業度との関連性分類に該当するもの
- 材料費は受注金額と比例的に発生するが，減価償却費等は一定額固定的に発生する。
- 直接原価計算では，活動量に比例する費用の区分が不可欠である。
- 出来高に比例する原価を変動費，出来高に係らず変化しない原価を固定費という。

6 原価の構成要素

原価の構成要素は，**材料費**，**労務費**，**外注費**，**経費**の４つです。

「建設業法施行規則別記様式第15号及び第16号の国土交通大臣の定める勘定科目の分類を定める件」では，完成工事原価報告書の表示科目及び内容について次のように定めています（⇒は筆者のコメント）。

科　　目	内　　　　容
材 料 費	工事のために直接購入した素材，半製品，製品，材料貯蔵品勘定等から振り替えられた材料費（仮設材料の損耗額等を含む。） ⇒素材費・買入部品費といった主要材料費，補助材料費，仮設用材料費（損耗分・賃借料）。燃料費，現場管理用の消耗品費は経費。
労 務 費	工事に従事した直接雇用の作業員に対する賃金，給料及び手当等。 ⇒労務費の範囲はかなり限定されており，現場管理業務に従事する技術・事務職員の給料手当，退職給付引当金繰入額，法定福利費，福利施設負担金，福利厚生費等は経費。 工種・工程別等の工事の完成を約する契約でその大部分が労務費であるもの（⇒労務外注費）は，労務費に含めて記載することができる。
（うち労務外注費）	労務費のうち，工種・工程別等の工事の完成を約する契約でその大部分が労務費であるものに基づく支払額
外 注 費	工種・工程別等の工事について素材，半製品，製品等を作業とともに提供し，これを完成することを約する契約に基づく支払額。ただし，労務費に含めたもの（⇒労務外注費）を除く。 ⇒直接経費ですが，建設業では工事原価に占める外注費の割合が高いので，経費とは区分して独立掲記します。
経　　費	完成工事について発生し，又は負担すべき材料費，労務費及び外注費以外の費用で，動力用水光熱費，機械等経費，設計費，労務管理費，租税公課，地代家賃，保険料，従業員給料手当，退職金，法定福利費，福利厚生費，事務用品費，通信交通費，交際費，補償費，雑費，出張所等経費配賦額等のもの ⇒測定方法の違いによって，支払経費，月割経費，測定経費，発生経費に分類されます。 ①支払経費 実際の支払額（領収証に基づく）や支払うべき額（領収証の金額に請求明細書や納品書から前払額・未払額を加減）に基づいて発生額を計算する経費。運賃，福利厚生費，事務用品費，通信交通費，交際費，雑費等。 ②月割経費 数か月分をまとめて前払いした場合，当月分の発生額は月割りで計算します。減価償却費，租税公課，地代家賃，保険料等。 ③測定経費 備え付けの計器類等によって，今月末と前月末の測定値の差に基づいて当月の発生額を算定する経費。電力料，ガス代，水道料等。 ④発生経費 正常的に発生する材料の減耗等他の測定方法では把握できない経費。棚卸減耗費等。なお，臨時性・異常性のあるものは原価性がなく非原価項目。
（うち人件費）	経費のうち従業員給料手当，退職金，法定福利費及び福利厚生費

材料費，労務費，外注費は，受注工事別の発生状況がわかるので，受注工事別に管理が可能です。しかし，経費には，受注工事別に管理可能なものもあれば，工事現場監督者の給料など，複数の工事にかかわるために受注工事別の発生額を直接的には把握できないものもあります。

経費のうち，発注工事別の発生額が把握できる経費を**直接経費**，複数の工事にかかわり，受注工事別の発生額を把握できない経費を**工事間接費**といいます。

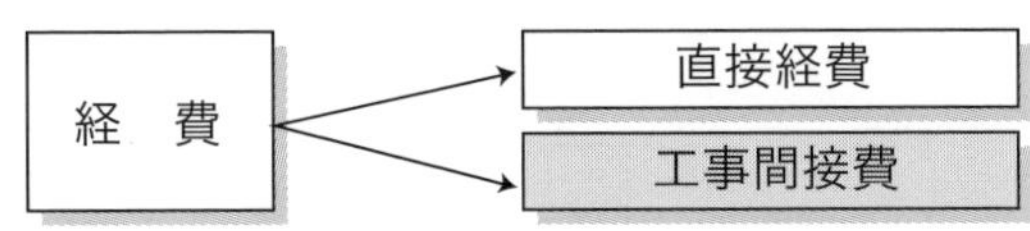

個別原価計算では原価を受注工事別に管理するので，工事間接費をなんらかの方法で受注工事別に配分する必要があります。一定の合理的な基準にしたがって配分することを**配賦**といいます。

7 工事間接費の配賦

個別原価計算では，工事間接費の配賦計算が最も重要です。そのため，複数の配賦方法があります。

A工事，B工事，C工事がある場合の流れは，次のとおりです。いまは流れだけ理解してください。以下の図では，工事間接費は経費のみから発生するものと仮定しています。

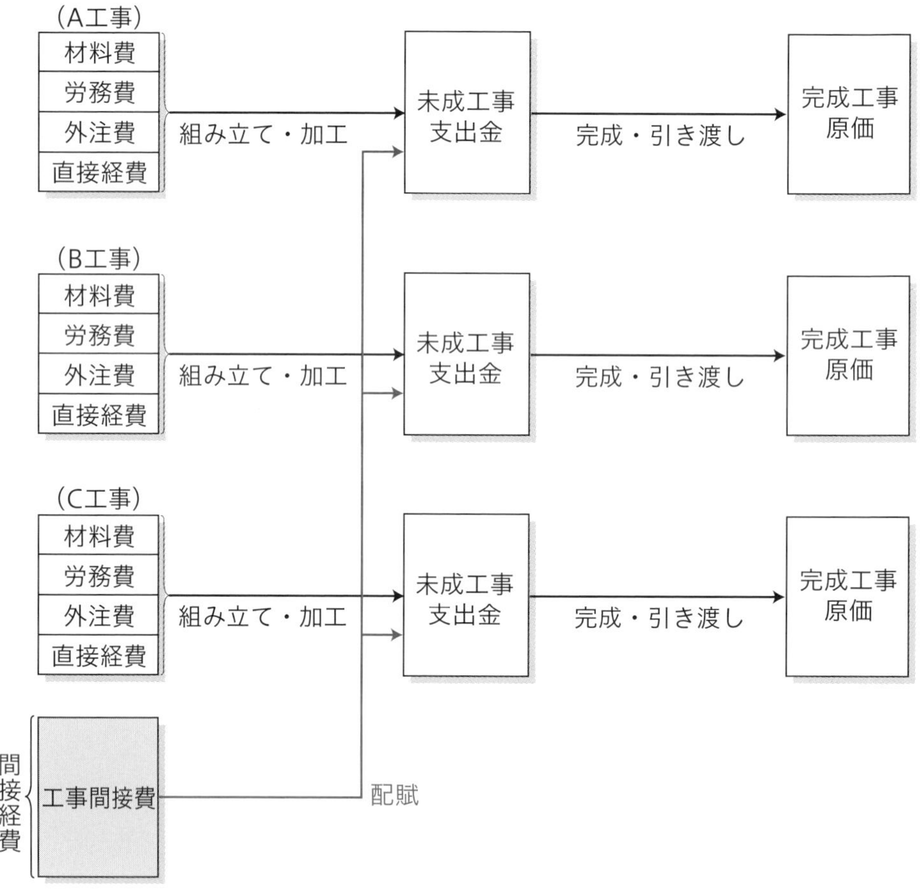

以下では，具体的な数値例で流れをみていきます。

材　料

期首残	1,000	現場払出	4,000	①
当期購入	5,000	期末残	2,000	

（直接）材料費

①	材料より	4,000	A工事へ	1,100	②
			B工事へ	2,200	②
			C工事へ	700	②

（直接）労務費

当期発生額	15,000	A工事へ	4,800	③
(うち労務外注費)	6,000	(うち労務外注費)	2,100	③
		B工事へ	6,300	③
		(うち労務外注費)	2,700	③
		C工事へ	3,900	③
		(うち労務外注費)	1,200	③

（直接）外注費

当期発生額	80,000	A工事へ	25,000	④
		B工事へ	38,000	④
		C工事へ	17,000	④

直接経費

当期発生額	12,000	A工事へ	4,300	⑤
(うち人件費)	3,000	(うち人件費)	1,200	⑤
		B工事へ	6,200	⑤
		(うち人件費)	1,000	⑤
		C工事へ	1,500	⑤
		(うち人件費)	800	⑤

工事間接費

当期発生額	47,000	A工事へ	16,000	⑥
(うち人件費)	19,000	(うち人件費)	7,000	⑥
		B工事へ	24,000	⑥
		(うち人件費)	11,000	⑥
		C工事へ	7,000	⑥
		(うち人件費)	1,000	⑥

未成工事支出金

⑦	期首残	109,100	完成工事原価	237,000	⑧
	当期発生額		(完成)		
②	直接材料費	4,000	期末残	30,100	⑨
③	直接労務費	15,000	(未完成)		
③	(うち労務外注費)	6,000			
④	直接外注費	80,000			
⑤	直接経費	12,000			
⑤	(うち人件費)	3,000			
⑥	工事間接費	47,000			
⑥	(うち人件費)	19,000			

未成工事支出金を原価要素別・工事別に集計した表を，**原価計算表**といいます。

原　価　計　算　表

（単位：円）

	A工事	B工事	C工事	合　計	
期首未成工事原価					
材料費	500	700	—	1,200	
労務費	1,600	2,300	—	3,900	
（うち労務外注費）	600	900	—	1,500	
外注費	41,000	57,000	—	98,000	
経　費	2,600	3,400	—	6,000	
（うち人件費）	800	1,300	—	2,100	
計	45,700	63,400	—	109,100	⑦
当期発生工事原価					
材料費	1,100	2,200	700	4,000	②
労務費	4,800	6,300	3,900	15,000	③
（うち労務外注費）	2,100	2,700	1,200	6,000	③
外注費	25,000	38,000	17,000	80,000	④
経　費	4,300	6,200	1,500	12,000	⑤
（うち人件費）	1,200	1,000	800	3,000	⑤
工事間接費	16,000	24,000	7,000	47,000	⑥
（うち人件費）	7,000	11,000	1,000	19,000	⑥
計	51,200	76,700	⑨ 30,100	158,000	
合　　　計	96,900	140,100	30,100	267,100	
備　　　考	完　成	完　成	未完成		

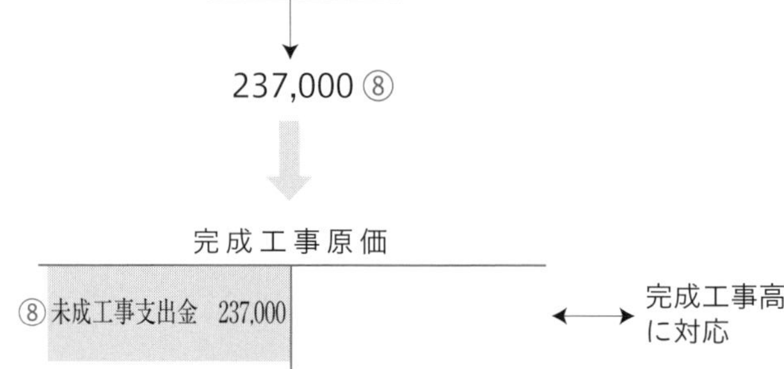

8 完成工事原価報告書

完成工事原価を原価要素別に集約した報告書を，**完成工事原価報告書**といいます。完成工事原価報告書は，原価計算表のうち，完成した工事について，原価要素ごとに集計して作成します。

（単位：円）

完成工事原価報告書		
Ⅰ 材料費		4,500
Ⅱ 労務費		15,000
（うち　労務外注費	6,300）	
Ⅲ 外注費		161,000
Ⅳ 経　費		56,500
（うち　人件費	22,300）	
完成工事原価		237,000 ⑧

（注）1．7 8を通じて，表中の○の番号は対応しますので，よく確認してください。
2．材料費，労務費，外注費，経費の前の「直接」とは，受注工事別の発生額を直接把握できるという意味です。
3．ここでは，原価計算の流れに重点を置いているので，総合した勘定科目である**未成工事支出金**を用いています。未成工事支出金をさらに原価要素別に分類すれば，直接材料費（未成工事支出金），直接労務費（未成工事支出金），直接外注費（未成工事支出金），直接経費（未成工事支出金），工事間接費（未成工事支出金）になります。

9 工事原価明細表

当月発生した工事原価と当月完成・引き渡しした工事原価を，原価要素別に対比させた明細表を，**工事原価明細表**といいます。

［7工事間接費の配賦］の具体的な数値例を用いて，工事原価明細表をみてみます。なお，「期首」は「月初」，「当期」は「当月」，「期末」は「月末」と読み替えてください。

未成工事支出金は，7のT字勘定の構成から，「月初未成工事原価＋当月発生工事原価－月末未成工事原価＝当月完成工事原価」となることがわかります。

原価計算表は，未成工事支出金を原価要素別・工事別に集計するので，月初未成工事原価，当月発生工事原価，月末未成工事原価，当月完成工事原価のすべてを表示しますが，工事原価明細表は，月初未成工事原価と月末未成工事原価を表示せず，当月発生工事原価と当月完成工事原価のみを表示する点が，原価計算表と大きく異なります。

（単位：円）

工事原価明細表

	当月発生工事原価		当月完成工事原価	
Ⅰ 材料費	4,000	②	4,500	
Ⅱ 労務費	15,000	③	15,000	
Ⅲ 外注費	80,000	④	161,000	
Ⅳ 経　費	59,000	⑤＋⑥	56,500	
（うち人件費）	(22,000)	⑤＋⑥	(22,300)	
完成工事原価	158,000		237,000	⑧

（注）1．**7** **9**を通じて，表中の○の番号は対応しますので，よく確認してください。
　　　2．当月完成工事原価部分は，**8**完成工事原価報告書とまったく同じ数値です。

当月発生工事原価とは，当月消費額または当月負担額のことであり，当月購入額や当月支払額とは異なります。発生額・消費額・負担額と購入額・支払額の違いについては，後述する［テーマ23　材料・材料費 **1**材料と材料費（未成工事支出金）の違い］［テーマ24　労務費・外注費・経費 **1**労務費，**2**外注費，**3**経費］を参照してください。

以上で，おおまかな原価計算の流れをみました。次テーマ以降は，原価を構成する材料費，労務費，外注費，経費（直接経費，工事間接費）に関する個々の論点をみていきます。

10 営業費の分類

営業費（販売費及び一般管理費）は，工事原価を構成するわけではないですが，期間原価として損益に影響を及ぼします。営業費は，主に予算管理を効率的に実施するために，機能別分類として，注文獲得費・注文履行費・全般管理費に分類することができます。

注文獲得費は，工事の受注促進活動から生じるコストで，企画調査費・広告宣伝費・販売促進費・販売手数料などが挙げられます。

注文履行費は，獲得した受注工事を履行するために生じるコストで，物流費・倉庫保管費・掛売集金費・アフターサービス費などが挙げられます。

全般管理費は，会社全体の活動の維持・管理に関して生じるコストで，総務部・経理部・社長室などに関連する費用などが挙げられます。

MEMO

23 Theme 材料・材料費

◆重要論点◆

1．材料と材料費の違い
2．材料の購入価額
3．材料の現場への払出額の算定方法
4．材料の期末評価
5．仮設材料の処理

1 材料と材料費（未成工事支出金）の違い

材料とは，工事用の資材（鉄筋，鉄骨，セメントなど）をいいます。購入しただけで，まだ作業現場に搬入（払い出し）していないので，資産です。材料を作業現場に搬入し消費したときに，**材料費**（未成工事支出金）に振り替えます。

材　料　→工事現場に搬入する前の未使用の資材
材料費（未成工事支出金）→工事現場に搬入され，まだ工事物件が完成していない状態

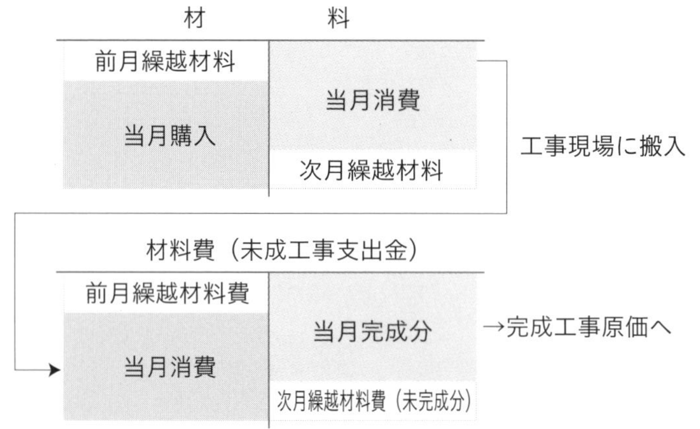

2 材料の購入価額

材料の購入価額は，次の算式で計算します。

材料の購入価額＝購入代価－仕入値引・仕入割戻し・返品＋附随費用

仕入割引は，仕入金額のマイナスではなく収益であり，材料の購入価額には関係しません。なお，具体例は［テーマ10　材料・貯蔵品 1材料］の項を参照してください。

3 材料の現場への払出額の算定方法

材料の現場への払出額の算式は，次のとおりです。

払出額＝払出数量×払出単価

購入のつど購入単価が異なれば，どの単価のものを払い出すかにより，払出額が異なります。そこで，一定の方法にしたがって処理する必要があります。

払出額の算定方法には，**先入先出法**（さきいれさきだしほう），**総平均法**，**移動平均法**などがあります。

先入先出法：先に購入したものから先に払い出すと仮定して計算する方法

総 平 均 法：（前月繰越額＋当月購入額）÷（前月繰越数量＋当月購入数量）により平均単価を求め，これに払出数量を掛けて払出額を算定する方法

移動平均法：単価の異なるものを購入したつど平均単価を求め，これに払出数量を掛けて払出額を算定する方法

なお，払い出した材料が現場から戻ってきた場合にも払出額の算定方法に従って戻入処理（払出欄にマイナスとして記入）します。

たとえば，4月25日に，4月20日払い出し（@100円×1,000個，@120円×1,000個）のうち300個が戻ってきた場合，先入先出法によれば，未使用は後に払い出した@120円×300個であると考え，払出欄に@120円×△300個と記入します。

基本例題19

以下の受払記録をもとに（1）先入先出法，（2）総平均法，（3）移動平均法による当月払出額を算定しなさい（平均単価の円未満は切り捨て）。

受　払　記　録

	単価（円）	数量（個）	金額（円）
前月繰越	100	2,000	200,000
4月1日 購入	120	1,000	120,000
4月10日 払出		1,000	
4月15日 購入	110	1,000	110,000
4月20日 払出		2,000	
4月30日 次月繰越		1,000	

解　答19

（1）先入先出法　　当月払出額：320,000円

（2）総 平 均 法　　当月払出額：321,000円

（3）移動平均法　　当月払出額：322,000円

解説

（1）先入先出法

	残	高		払	出	額
	単　価	数　量	金　額	単　価	数　量	金　額
10日払出前	100	2,000	200,000			
	120	1,000	120,000			
10日払出				100	1,000	100,000
20日払出前	100	1,000	100,000			
	120	1,000	120,000			
	110	1,000	110,000			
20日払出				100	1,000	100,000
				120	1,000	120,000
次月繰越	110	1,000	110,000			
					払出額	320,000

(注) 1. この表は，正式ではありません。払出額を効率的に算定するための表です。
2. 残高欄は，先に購入したものを上に記入します。
3. 払出額欄は，先に払い出す分を上に記入します。

(2) 総平均法

まず，4月の平均単価を求めます。

$$\frac{\text{前月繰越額}+4\text{月購入額}}{\text{前月繰越数量}+4\text{月購入数量}}=\frac{200{,}000\text{円}+120{,}000\text{円}+110{,}000\text{円}}{2{,}000\text{個}+1{,}000\text{個}+1{,}000\text{個}}$$

＝@107.5円 となり，問題文より円未満切捨てのため，@107円です。

払出数量は，10日に1,000個，20日に2,000個の合計3,000個なので，払出額は，3,000個×@107円＝321,000円 です。

(3) 移動平均法

	残高			払出額		
	単価	数量	金額	単価	数量	金額
10日払出前	100	2,000	200,000			
	120	1,000	120,000			
平均単価	106(＊1)					
10日払出	106	−1,000	−106,000	106(＊2)	1,000	106,000
20日払出前		2,000	214,000(＊3)			
	110	1,000	110,000			
平均単価	108					
20日払出	108	−2,000	−216,000	108	2,000	216,000
次月繰越	108	1,000	108,000			
					払出額	322,000

(＊1) 購入のつど，平均単価を求めます。

$$\frac{200{,}000\text{円}+120{,}000\text{円}}{2{,}000\text{個}+1{,}000\text{個}}=@106.66\cdots\text{円}$$ 問題文より@106円

(＊2) (＊1) で求めた平均単価で払い出します。

(＊3) 10日の払い出しの結果，数量残は2,000個，金額は，(200,000円＋120,000円) −106,000円＝214,000円 です。

それ以降も，(＊1) から (＊3) までと同じように計算します。

(注) この表は，正式ではありません。払出額を効率的に算定するための表です。

4 材料の期末評価

試験では，材料の期末評価が頻出事項なので，［テーマ10　材料・貯蔵品 1材料］を参照してください。

なお，棚卸減耗損の発生原因のうち通常発生の範囲内であれば，原価性があるものとして工事間接費（工事原価）に含めますが，盗難など異常な原因によるものは，原価性がありませんので，工事原価には含めずに，営業外費用または特別損失として処理しますので注意してください。

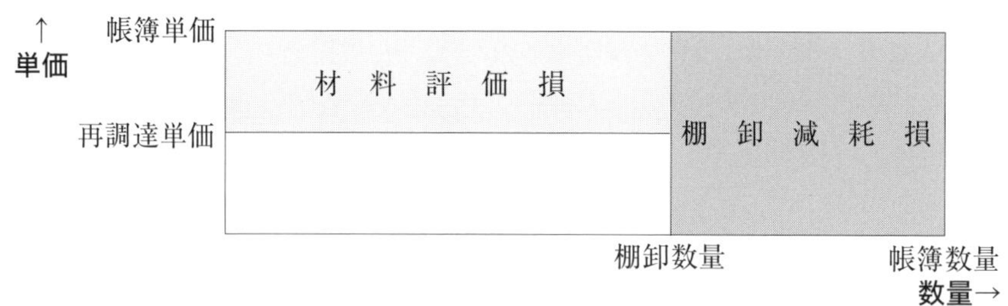

1．帳簿単価および帳簿数量は大枠に書きます。
2．まず，棚卸減耗損を計算します。
3．次に，材料評価損を計算します。

5 仮設材料の処理

建設工事用の足場，型わく，山留用材，ロープ，シート，危険防止用金網といった**仮設材料**は，工事期間中使用され続け，工事完了とともに撤去されますが，汎用性があるため別の工事現場で再び使用することができます。

仮設材料の処理については，社内損料計算方式と**すくい出し方式**がありますが，２級ではすくい出し方式が出題されます。

すくい出し方式は，工事の用に供した時点で，取得価額の全額を費用処理し，工事完了時に資産価値があるものについてすくい出し，その評価額を当該工事原価から控除する方法です。

この考えのもとには，材料の購入に関する処理の方法の１つである**購入時材料費処理法**があります。購入時材料費処理法は，材料はすべて消費されるという前提で，購入時に材料費（工事原価は未成工事支出金を経由して処理する方法によっている場合には，未成工事支出金）処理してしまう方法です。受け払い記録は省略できますが，工事完了時に残存材料がある場合，資産価値を評価し，材料費から材料に振り替えることが必要になります。

(1)　**材料購入時**

(材　　料)	××	(工事未払金)	××
(未成工事支出金)	××	(材　　料)	××

(2) **材料消費時**

仕 訳 な し

(3) **工事完了時**

(材　　　料)	××	(未成工事支出金)	××

購入時材料費処理法とすくい出し方式による場合，会計処理は次のようになります。

(1) **仮設材料購入時**

(材 料 貯 蔵 品)	××	(工 事 未 払 金)	××
(未成工事支出金)	××	(材 料 貯 蔵 品)	××

(2) **仮設材料消費時**

仕 訳 な し

(3) **工事完了時**

(材 料 貯 蔵 品)	××	(未成工事支出金)	××

仕訳例 01

材料費については購入時材料費処理法を採用し，仮設材料の消費分の把握についてはすくい出し方式を採用している。工事が完了し工事現場から撤去されて倉庫に戻された仮設材料の評価額は，1,500円であった。なお，工事原価は未成工事支出金を経由して処理する方法によっている。

(材 料 貯 蔵 品)	1,500	(未成工事支出金)	1,500

▶▶▶ (借方) 資産価値の評価→会社の財産の増加→資産の増加
→借方　材料貯蔵品
(貸方) 費用処理した一部が資産になることが判明→資産部分を費用から控除
→費用の減少→貸方　未成工事支出金

24 労務費・外注費・経費
Theme

◆重要論点◆

労務費
1．労務費の範囲
2．支払時の処理
3．支払額と発生額の区別
4．時間外手当などの割増賃金の扱い

外注費
1．手付金・中間金の支払い
2．労務外注費

経　費
1．支払額と発生額の区別
2．人件費の把握

1 労務費

1. 労務費の範囲

労務費とは，現場作業員の賃金・手当・賞与発生額をいいます。

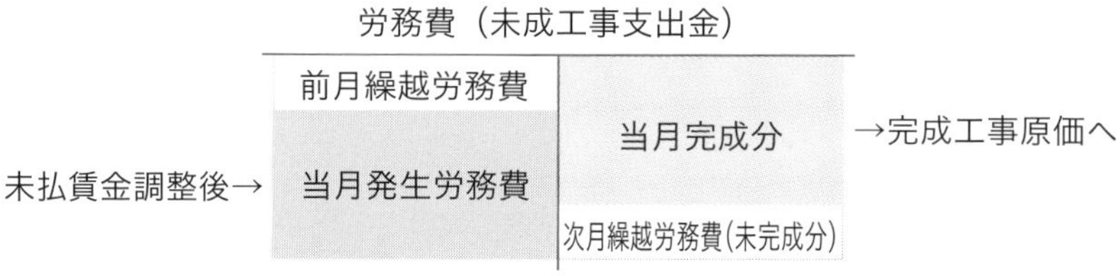

労務費（未成工事支出金）

	借方	貸方	
	前月繰越労務費	当月完成分	→完成工事原価へ
未払賃金調整後→	当月発生労務費	次月繰越労務費(未完成分)	

労務費の範囲は，現場作業員の賃金・手当・賞与のみに限定されていますので，現場管理者の給料・福利厚生費など通常は労務費といわれるものでも，建設業では**経費**になります。

試験では，労務費の範囲についてのひっかけ問題がよく出題されるので，十分注意してください。

2. 支払時の処理

賃金支払時には，賃金支給総額がそのまま支払われるわけではありません。労働の対価に対して課される源泉所得税・住民税，社会保険の個人負担額は，個人が直接税務署・県税事務所・社会保険組合等に納めると処理手続が煩雑になります。そこで，会社が徴収義務者として個人負担額を一時預かり，社会保険の会社負担額と合わせて後日まとめて税務署・県税事務所・社会保険組合等に納めることになっています。そのため，賃金の支払時には，賃金支給総額から各種個人負担額を差し引いて支払われます。一般的に賃金支給総額から控除することを**天引き**（てんびき）といいます。会社では，個人負担額は一時預かったお金として預り金で処理します。

賃金支給総額

天引き

実際支払額

仕訳例 01

当月の賃金として，所得税の預り金2,000円，住民税の預り金1,000円，社会保険料の預り金1,200円を控除した後，75,800円を現金で支払った。

借方	金額	貸方	金額
（労　務　費）	80,000	（所得税預り金）	2,000
		（住民税預り金）	1,000
		（社会保険料預り金）	1,200
		（現　　　金）	75,800

▶▶▶（借方）労務費の発生→費用の増加→借方　労務費
（貸方）所得税・住民税・社会保険料の個人負担額の一時預り→税務署・県税事務所・社会保険組合等に対する将来の支払義務の発生
→負債の増加→貸方　各種預り金　計4,200円
差し引き現金の支払い→会社の財産の減少→資産の減少
→貸方　現金75,800円

3. 支払額と発生額の区別

賃金は，**支払対象期間**（賃金支払の対象となる期間）をもとに支払われますが，必ずしも原価計算期間（通常，月初から月末までの１か月）と一致しません。たとえば，原価計算期間（４月１日～30日）に対し，支払対象期間が３月21日～４月20日で４月30日払いというように一致しないことがよくあります。

次の場合を考えてみましょう。

これは，未払費用（[テーマ15]）の論点と考え方は同じです。原価計算期間の負担額（**当月発生額**）は，（150,000円－50,000円）＋60,000円＝160,000円 です。

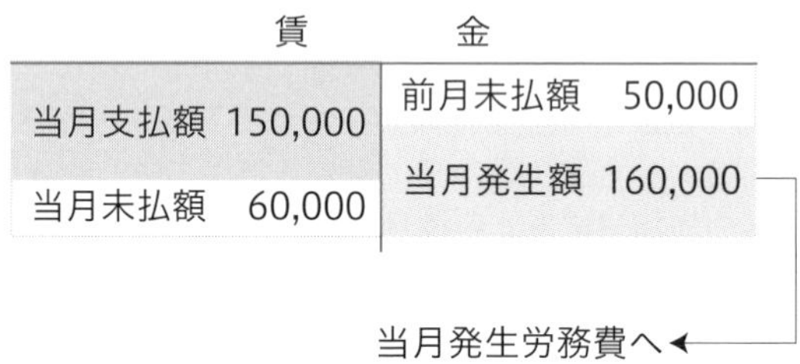

4. 時間外手当などの割増賃金の扱い

通常・定時作業時間内の1時間あたりの労働単価を，**時給**といいます。時給には，夜勤，休日出勤など時間外勤務分は含まれていません。時間外勤務については，時給に一定割合を加算した**割増賃金**（わりましちんぎん）として支払われます。

賃金＝（時給×通常・定時作業時間）＋夜勤・休日出勤など時間外勤務時間の割増賃金

基本例題20

ある現場作業員の当月の賃金は85,000円であった。作業内容は，A工事に30時間，B工事に50時間（うち夜勤手当が10時間15,000円）であった。A工事およびB工事の労務費はいくらか。

解　答20

A工事の労務費：30,000円

B工事の労務費：55,000円

解説

①時給の算定

$$\frac{85{,}000\text{円} - 15{,}000\text{円}}{30\text{時間} + (50\text{時間} - 10\text{時間})} = \text{時給}1{,}000\text{円}$$

②各工事の労務費の算定

A工事の労務費：@1,000円×30時間＝30,000円

B工事の労務費：@1,000円×（50時間－10時間）＋15,000円＝55,000円

2 外注費

外注費とは，**下請け**を依頼した場合の，下請契約にもとづく費用の発生額をいいます。

外注費（未成工事支出金）

前月繰越外注費	当月完成分
当月発生外注費	
	次月繰越外注費(未完成分)

→完成工事原価へ

1．手付金・中間金の支払い

外注を依頼された下請会社は，小規模な会社も多く，資金的に余裕がないことがあります。また，下請会社からみれば，元請会社の倒産により，下請会社が先払いした費用を回収できないリスクが生じます。そこで，あらかじめ手付金や前受金の形で元請会社から資金を提供してもらい，その資金で資材を調達し，作業員に賃金を支払うことがあります。工事物件の完成・引渡し前に下請会社に支払った場合は，未成工事支出金（外注費）で処理します。

仕訳例 02

下請契約を締結し，下請会社に手付金10,000円を現金で支払った。

（未成工事支出金）	10,000	（現　　　金）	10,000

▶▶▶（貸方）現金の支払い→会社の財産の減少→資産の減少→貸方　現金
（借方）工事物件完成・引渡し前の外注費の支払い→支出時に費用にしないための資産の増加→借方　未成工事支出金（外注費）

仕訳例 03

請負金額30,000円のうち50％が完了し，下請契約にもとづいて下請会社より中間金10,000円を支払うよう請求書が届いたので，現金で支払った。

（未成工事支出金）	10,000	（現　　　金）	10,000

▶▶▶（貸方）現金の支払い→会社の財産の減少→資産の減少→貸方　現金
（借方）工事物件完成・引渡し前の外注費の支払い→支出時に費用にしないための資産の増加→借方　未成工事支出金（外注費）

2. 労務外注費

外注する下請契約には，依頼者が準備した材料を使用して加工のみを行う労務の外注も含まれます。外注した労務契約により発生する費用を，**労務外注費**といいます。

労務外注費の内容は，会社が直接雇い入れた臨時雇用者に対する賃金の支払いと本質的に同じです。そのため，土木工事や塗装工事の外注など，外注の大部分が労務である場合には，労務外注費を外注費ではなく労務費として集計することが認められています。

当月発生・当月完成工事のうち，労務費が30,000円，外注費が40,000円（うち労務外注費35,000円）で，完成工事原価報告書において労務外注費を労務費の内書きとする場合，労務費は65,000円，外注費は5,000円と表示されます。

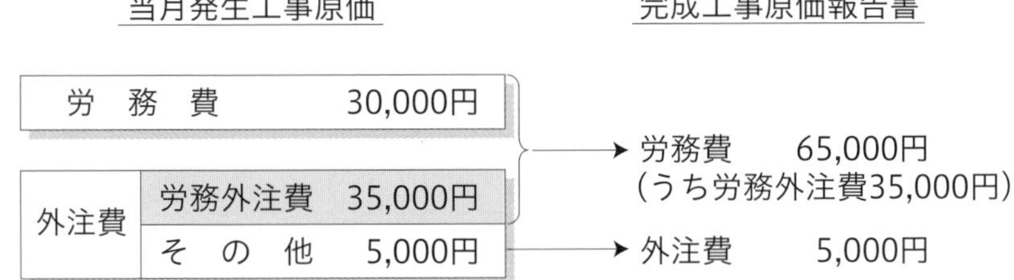

3 経　費

経費とは，工事に関する費用の発生額のうち，材料費，労務費，外注費以外の費用をいいます。たとえば，設計費，動力用水光熱費，現場監督者の給料などがあります。

また，経費は受注工事別の発生額を把握できる直接経費と，複数の工事にかかわり受注工事別の発生額を把握できない工事間接費に分類されます。

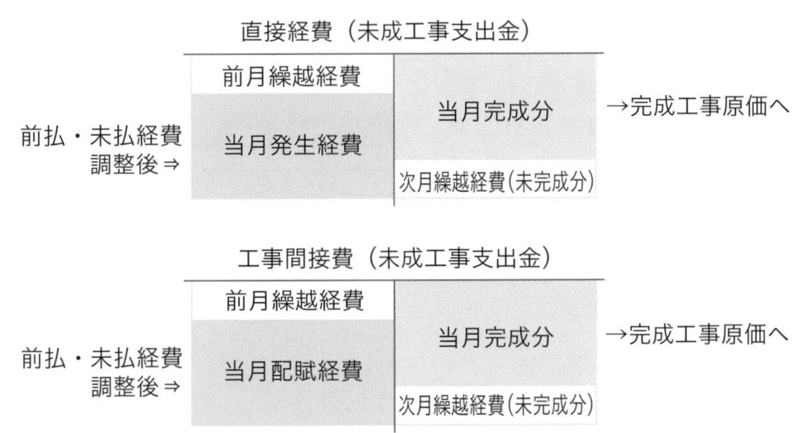

1. 支払額と発生額の区別

経費のなかには，現場車両の自動車保険のように前払いするものや，現場宿舎の家賃のように後払いするものがあります。日常の仕訳では，支払時に経費計上し，月末に当月負担分（当月発生額）だけを経費（未成工事支出金）とするため，前払経費と未払経費の調整が必要です。調整方法は，［テーマ11　仮払金・前払費用・未収収益 ❷前払費用］・［テーマ15　未払費用と前受収益 ❶未払費用］と同じです。当月支払額と当月発生額は違うので，注意してください。

〈前払経費の場合〉

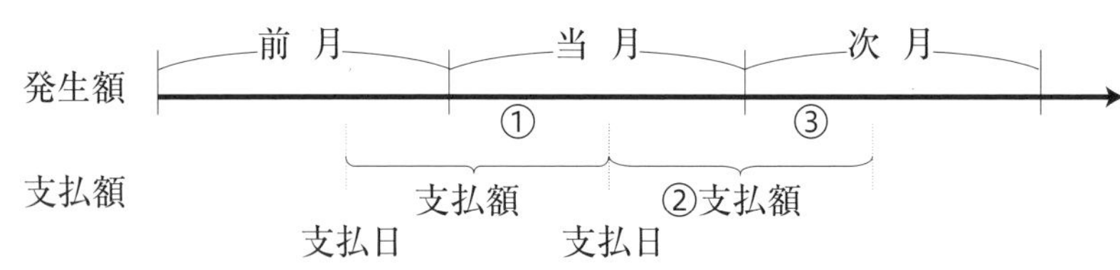

	経	費	
（再振替）	①当月分前月に前払い	当 月 発 生 額	→未成工事支出金へ
	② 当 月 支 払 額	③次月分当月に前払い	

〈未払経費の場合〉

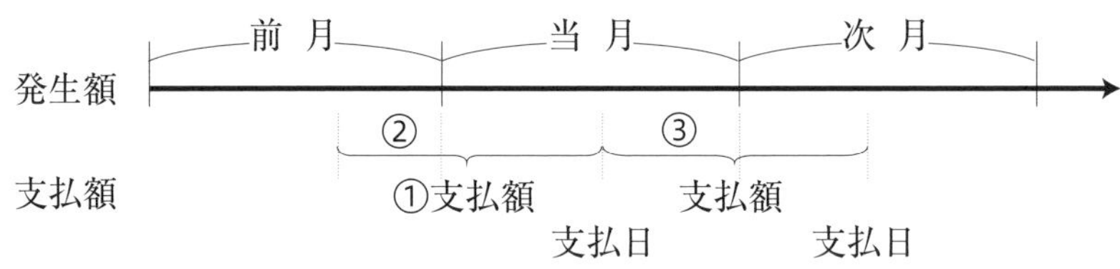

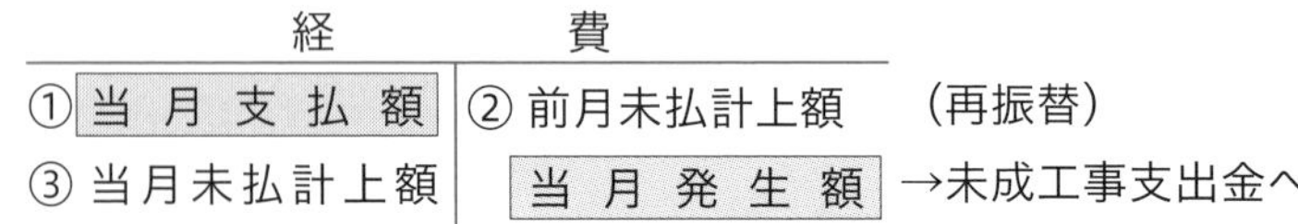

経	費	
① 当 月 支 払 額	② 前月未払計上額	（再振替）
③ 当月未払計上額	当 月 発 生 額	→未成工事支出金へ

2. 人件費の把握

完成工事原価を原価要素別に集計した完成工事原価報告書では，経費のうち人件費をカッコ書き（内書き）します。これは，経費に占める人件費の割合が大きいからです。したがって，経費のうちどれが人件費なのかを把握することが重要です。

経費に含まれる人件費は，次のとおりです。

① 現場監督者の給料
② 福利厚生費（慶弔（けいちょう）など）
③ 法定福利費（社会保険）
④ 退職給付費用
⑤ 退職金

なお，現場作業員の賃金・手当・賞与は労務費なので，十分注意してください。

25 Theme 工事間接費

◆重要論点◆

1．工事間接費の実際配賦法，予定配賦法
2．配賦基準の種類
3．工事間接費予算
4．基準操業度の種類
5．完成工事原価報告書での取り扱い

1 工事間接費の各工事への配賦方法

工事間接費とは，複数の工事にかかわるため受注工事別の発生額を直接的には把握できない経費をいい，仮設材料費，現場機械の減価償却費，現場機械の修繕費などがあります。

工事間接費発生額は，一定の合理的な基準（**配賦基準**）により各工事へ配賦します。

工事間接費を各工事に配賦する方法には，**実際（額）配賦法**と**予定（額）配賦法**の2つがあります。

実際配賦法：実際発生額を配賦基準にもとづいて各工事に配賦する方法

予定配賦法：1単位あたりの予定配賦単価（予定配賦率）をあらかじめ算定し，とりあえず「予定配賦率×各工事の配賦単位数」を各工事に配賦する方法。なお，最終的に算定される実際発生額とすでに配賦した予定配賦額の差額は，**工事間接費配賦差異**として処理します。

1．実際配賦法

実際に発生した工事間接費を配賦基準にもとづいて各工事に配賦する方法をいいます。

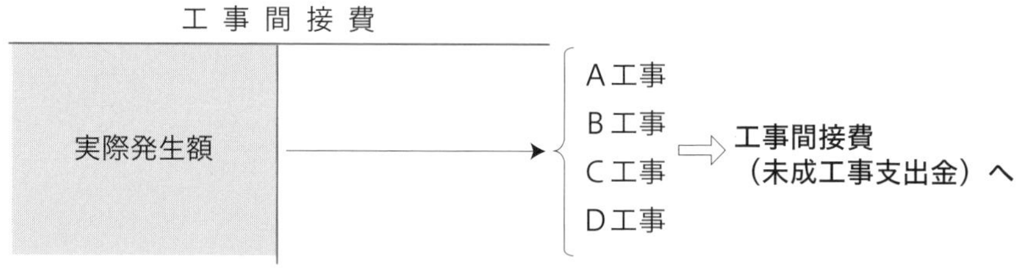

●試験上のテクニック●

〈実際配賦法の手順〉
1．実際発生額の算定
2．適当な配賦基準の決定
3．実際配賦率（配賦基準1単位あたりの実際単価）の算定

$$\frac{\text{実際発生額}}{\text{配賦基準の合計単位数}} = \text{実際配賦率}$$

4．（実際配賦率×各工事の配賦基準の単位数）により，工事間接費を各工事に配賦

2. 予定配賦法

工事間接費を実際額で配賦することは，いろいろな問題点があるため，予定額を配賦するのが一般的です。

なお，工事間接費を予定配賦すると，実際発生額と一致せず，差額が発生します。この差額を工事間接費配賦差異といいます。年間予算をもとに予定配賦率が算定されるので，毎月発生する工事間接費配賦差異は年度末までのため，決算時にまとめて処理します。

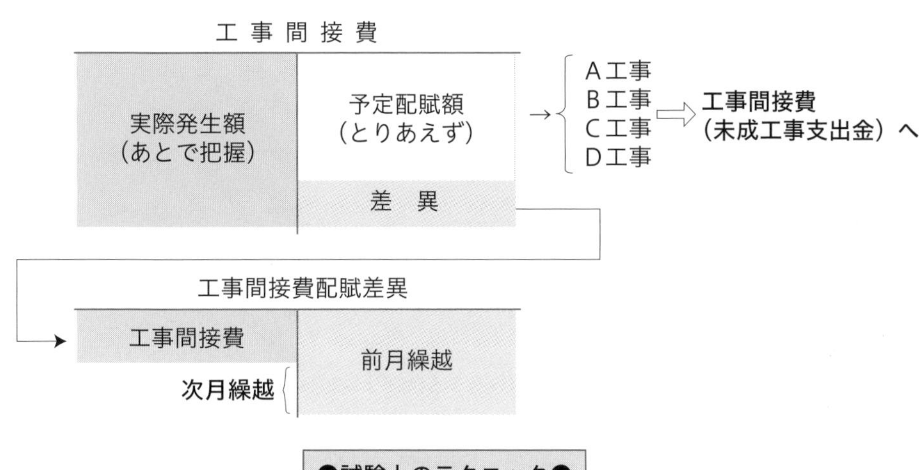

●試験上のテクニック●

〈予定配賦法の手順〉

1. 工事間接費の予算の算定
2. 予算に対応する配賦基準の予定合計単位数の算定
3. 予定配賦率の算定

$$\frac{\text{工事間接費予算}}{\text{配賦基準の予定合計単位数}} = \text{予定配賦率}$$

4. （予定配賦率×各工事の配賦基準の実際単位数）により，各工事に配賦
5. 工事間接費の実際発生額の算定
6. 実際発生額と予定配賦額の差として，工事間接費配賦差異を算定

基本例題21

当月発生した工事間接費は，仮設材料費10,000円，労務管理費15,000円，機械修繕費5,000円であった。また，当月の機械作業時間は，A工事300時間，B工事200時間，C工事100時間であった。

配賦基準が機械作業時間である場合，各工事に配賦される工事間接費はいくらか。

解　答21

A工事：15,000円
B工事：10,000円
C工事：　5,000円

解説

工事間接費の実際発生額	10,000円 + 15,000円 + 5,000円 = 30,000円
実際配賦率	30,000円 ÷ (300時間 + 200時間 + 100時間) = @50円
各工事への配賦	A工事　@50円 × 300時間 = 15,000円
	B工事　@50円 × 200時間 = 10,000円
	C工事　@50円 × 100時間 = 5,000円

基本例題22

当期の工事間接費の予算は，機械減価償却費24,000円，機械修繕費8,000円，その他18,000円であり，当期の機械作業時間は5,000時間を予定している。

当月の機械作業時間は，A工事240時間，B工事120時間，C工事40時間であった。また，当月の工事間接費の実際発生額は3,800円であった。

配賦基準が機械作業時間である場合，当月の各工事への予定配賦額はいくらか。また，当月の工事間接費配賦差異はいくらか。

解　答22

各工事への予定配賦額

A工事：2,400円

B工事：1,200円

C工事：　400円

工事間接費配賦差異　200円

解説

当期工事間接費予算	24,000円＋8,000円＋18,000円＝50,000円
予定配賦率	50,000円÷5,000時間＝@10円
各工事への配賦	A工事　@10円×240時間＝2,400円
	B工事　@10円×120時間＝1,200円
	C工事　@10円×　40時間＝　400円
	当月予定配賦額合計　　4,000円
当月実際発生額	3,800円

当月工事間接費配賦差異　4,000円－3,800円＝200円（有利差異）

有利差異と不利差異について

有利差異：**予定配賦額＞実際発生額** のケースを有利差異といいます。
予定では当月4,000円かかるところを，実際には3,800円ですんだとすると，200円節約したことになります。

不利差異：**予定配賦額＜実際発生額** のケースを不利差異といいます。
実際発生額が4,300円であれば，予定では当月4,000円かかるところを，実際には4,300円もかかったので，300円かかりすぎです。

2 配賦基準の種類

工事間接費にはさまざまな項目が含まれるので，**配賦基準**もさまざまなものが考えられます。主な配賦基準は，次のとおりです。

金額基準：直接材料費基準，直接労務費基準，素価基準，直接原価基準
時間基準：直接作業時間基準，機械運転時間基準
数量基準：材料個数基準，材料重量基準，材料長さ基準，製品個数基準，製品重量基準など

金額基準にある**素価**（そか）**基準**の素価とは，当月直接材料費と当月直接労務費の合計をいいます。

なお，試験では，配賦基準は明示されていますので，ここでは素価の意味だけ覚えてください。

3 工事間接費予算

工事間接費予算の設定方式には，固定予算方式と変動予算方式があります。

①固定予算方式

固定予算とは，次年度１年間に予定された生産量に対応する基準操業度を設定し，基準操業度水準で予想される工事間接費発生額を予算とする方法です。実際の操業水準いかんにかかわらず，予算として認める額が一定であることから，予算が固定されるという意味で固定予算とよばれます。

「原価計算基準」では，固定予算について次のように定義しています。

> 製造間接費（年間）予算を，予算期間（次期一年間）において予期される一定の操業度（基準操業度）に基づいて算定する場合に，これを固定予算と名づける。
> ……固定予算は，一定の限度内において原価管理に役立つのみでなく，製品に対する標準間接費配賦率の算定の基礎となる。

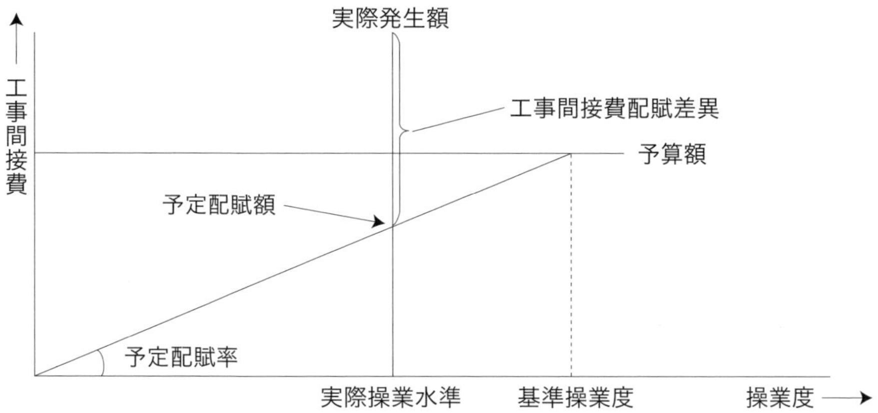

たとえば，工事間接費年間予算額が12,000円，基準操業度が120時間，当月の工事間接費実際発生額が1,100円，実際操業水準が9時間の場合，予定配賦率，予定配賦額，工事間接費配賦差異は，次のように計算されます。

予定配賦率：工事間接費年間予算÷基準操業度＝12,000円÷120時間
＝100円／時間

予定配賦額：予定配賦率×実際操業水準＝100円／時間×9時間＝900円

工事間接費配賦差異：予定配賦額－実際発生額＝900円－1,100円
＝△200円（不利差異＝借方差異）

②変動予算方式

工事間接費には，操業水準に比例して変動的に発生する費用（**変動費**）や操業水準に関係なく一定額発生する費用（**固定費**）など，費目ごとに発生態様が異なるものが混在しています。

変動予算とは，各費目の原価の発生態様（コスト・ビヘイビア）を見極め，変動費，固定費などに区分し，操業水準に応じて各費目の予算を設定し，集計していく方法です。操業水準に応じて予算が変動することから，変動予算（弾力性予算）とよばれます。

「原価計算基準」では，変動予算について次のように定義しています。

> 製造間接費の管理をさらに有効にするために，変動予算を設定する。変動予算とは，製造間接費（年間）予算を，予算期間（次期1年間）に予期される範囲内における種種の操業度に対応して算定した予算をいい，実際間接費額を当該操業度（実際操業水準）の予算と比較して，……業績を管理することを可能にする。

変動予算の設定方法には，公式法変動予算と実査法変動予算がありますが，ここでは公式法変動予算を学習します。公式法変動予算は，予算を 変動費率×実際操業水準＋固定費 として算式的に表します。

「原価計算基準」では，公式法変動予算について次のように定義しています。

公式法による場合には，製造間接費要素を……固定費と変動費に分け，固定費は，操業度の増減にかかわりなく一定とし，変動費は，操業度との関連における各変動費要素または変動費要素群の変動費率をあらかじめ測定しておき，これにその都度の関係操業度（実際操業水準）を乗じて算定する。

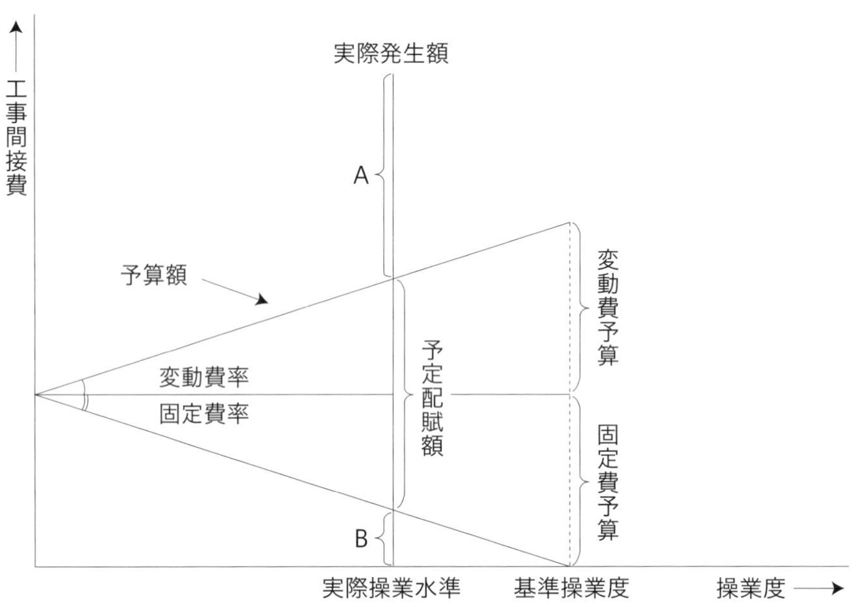

工事間接費年間予算額：工事間接費年間変動予算額＋工事間接費年間固定予算額
予定配賦率：変動費率＋固定費率
変動費率：工事間接費年間変動予算額÷基準操業度
固定費率：工事間接費年間固定予算額÷基準操業度
予定配賦額：予定配賦率×実際操業水準
工事間接費配賦差異：予定配賦額－実際発生額 → 上記図のＡ＋Ｂ

たとえば，工事間接費年間予算額が12,000円（工事間接費変動予算額8,400円，工事間接費固定予算額3,600円），基準操業度が120時間，当月の工事間接費実際発生額が1,100円，実際操業水準が9時間の場合，変動費率，固定費率，予定配賦率，月次予算額，予定配賦額，工事間接費配賦差異は，次のように計算されます。

変動費率：工事間接費変動予算額÷基準操業度＝8,400円÷120時間
＝70円/時間
固定費率：工事間接費固定予算額÷基準操業度＝3,600円÷120時間
＝30円/時間
予定配賦率：変動費率＋固定費率＝70円/時間＋30円/時間＝100円/時間
月次予算額：変動費率×実際操業水準＋月次固定費
＝70円/時間×９時間＋3,600円÷12か月＝930円
予定配賦額：予定配賦率×実際操業水準＝100円/時間×９時間＝900円
工事間接費配賦差異：予定配賦額－実際発生額＝900円－1,100円
＝△200円（不利差異＝借方差異）
（参考） A：月次予算額－実際発生額＝930円－1,100円＝△170円
B：固定費率×実際操業水準－固定費予算額
＝30円/時間×９時間－3,600円÷12か月＝△30円
A＋B＝－170円－30円＝△200円

Theme 25 工事間接費

4 基準操業度の種類

予定配賦率は，工事間接費予算を配賦基準の予定合計単位数で割って求めますが，配賦基準の予定合計単位数のことを，基準操業度といいます。

たとえば，配賦基準が機械運転時間とすれば，基準操業度は，機械を一定とした場合の年間予定機械運転時間となります。

年間予定機械運転時間をどのように設定するかにより，次の３つの操業度が考えられます。

①実現可能最大操業度

実現可能最大操業度とは，メンテナンス，労働休暇日など不可避的な機械停止時間を除いてフル稼働した場合の，年間機械運転可能時間をいい，現実的に実現可能な最大の運転時間を表します。

②次期予定操業度

次期予定操業度とは，次期１年間の利益計画にもとづいて算定された生産量を生産するのに必要な予定機械運転時間をいいます。

③長期正常操業度

次期予定操業度は，次期１年間の予定機械運転期間であり，長期的な景気変動などをあまり考慮していません。しかし，会社が存続するためには，長期的なビジョンにしたがった長期利益計画を達成していく必要があります。

そこで，長期利益計画（３年～５年）にもとづいて算定された生産量を生産するのに必要な予定機械運転時間を当該期間で割った１年間の平均予定機械運転時間を，基準操業度とすることが考えられます。長期的な予定機械運転時間を平均したのが，**長期正常操業度**です。

基本例題23

Ａ機械は，各現場で共通使用され，各工事原価への配賦は，機械運転時間に基づく予定配賦法を採用している。以下の資料から，Ａ機械の⑴実現可能最大操業度における予定配賦率，⑵次期予定操業度における予定配賦率，⑶長期正常操業度における予定配賦率を計算しなさい。

(資料)

1．Ａ機械に関する年間予算　2,976,000円

2．Ａ機械の最大運転時間　　年間200日　　１日８時間

3．次期以降のＡ機械の予定運転時間

１年目（次期）	1,500時間
２年目	1,550時間
３年目	1,580時間
４年目	1,570時間

解　答23

⑴　実現可能最大操業度における予定配賦率　　1,860円/時間

⑵　次期予定操業度における予定配賦率　　1,984円/時間

⑶　長期正常操業度における予定配賦率　　1,920円/時間

解説

⑴　実現可能操業度　200日×8時間/日＝1,600時間
　　予定配賦率　2,976,000円÷1,600時間＝1,860円/時間

⑵　次期予定操業度　1,500時間
　　予定配賦率　2,976,000円÷1,500時間＝1,984円/時間

⑶　長期正常操業度　（1,500時間＋1,550時間＋1,580時間＋1,570時間）÷４年＝1,550時間
　　予定配賦率　2,976,000円÷1,550時間＝1,920円/時間

5 完成工事原価報告書での取り扱い

完成工事原価報告書は，完成工事原価を原価要素である材料費，労務費，外注費，経費にまとめた表です。したがって，工事間接費という項目はありません。

工事間接費は経費に属するので，直接経費と工事間接費の合計が，完成工事原価計算書上の経費です。

具体的な数字を用いて直接経費（未成工事支出金），工事間接費（未成工事支出金），原価計算表，完成工事原価報告書の関係を示せば，次のとおりです。

なお，便宜的に説明するため，前期繰越部分は省略しています。

直接経費（未成工事支出金）

当期発生額	12,000	A工事へ	4,300
（うち人件費）	3,000	（うち人件費）	1,200
		B工事へ	6,200
		（うち人件費）	1,000
		C工事へ	1,500
		（うち人件費）	800

間接経費（未成工事支出金）

当期発生額	47,000	A工事へ	16,000
（うち人件費）	19,000	（うち人件費）	7,000
		B工事へ	24,000
		（うち人件費）	11,000
		C工事へ	7,000
		（うち人件費）	1,000

原　価　計　算　表

（単位：円）

	A工事	B工事	C工事	合計
当期発生工事原価				
直接経費	4,300	6,200	1,500	12,000
（うち人件費）	1,200	1,000	800	3,000
工事間接費	16,000	24,000	7,000	47,000
（うち人件費）	7,000	11,000	1,000	19,000
備　　考	完　　成	完　　成	未完成	

（単位：円）

完成工事原価報告書

Ⅳ経　　費	50,500（＊1）
（うち人件費　20,200（＊2））	
完成工事原価	××

（＊1）4,300円＋6,200円＋16,000円＋24,000円＝50,500円
（＊2）1,200円＋1,000円＋7,000円＋11,000円＝20,200円

26 Theme 部門別原価計算

◆重要論点◆

1．部門個別費と部門共通費
2．部門共通費の各部門への配賦
3．補助部門費の施工部門への配賦
4．施工部門費の各工事への配賦

1 部門別計算とは

会社の規模が大きくなると，効率的な管理・運営のため，会社内部の組織が分業化し，**部門**が形成されます。業務内容により，経理部門，総務部門，営業部門，工事部門などに分かれます。さらに，工事部門は，直接工事を担当する**施工部門**（せこうぶもん）と，直接工事はせず施工部門をサポートする**補助部門**に分かれます。

補助部門には，仮設部門，機械部門，運搬部門，修繕部門のように，施工部門の建設活動をサポートする部門と，現場管理部門のように工事現場の管理を行う部門などがあります。

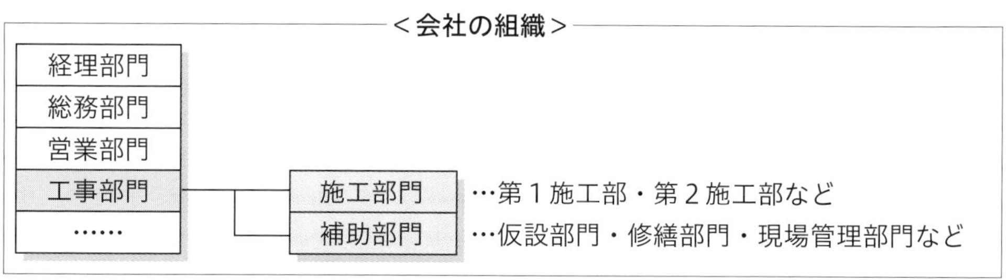

これまでみてきたような，部門がない場合の原価計算では，工事間接費を適当な配賦基準により各工事に配賦しました。

しかし，部門がある場合は，まず工事間接費を施工部門費と補助部門費に分け，次に補助部門費を施工部門に配賦し，さらに施工部門費を適当な配賦基準により各工事に配賦します。このような流れを**部門別計算**といいます。すなわち，工事間接費を各工事に配賦するのに，部門がない場合は1回の配賦計算ですみますが，部門がある場合は配賦計算が3回必要です。

1. 部門がない場合の工事間接費の配賦

部門がない場合には，工事間接費は次の図のようにすぐに各工事に配賦します。

2. 部門がある場合の工事間接費の配賦

部門がある場合，工事間接費は次のようになります。

①1回目の配賦

まず，工事間接費を施工部門と補助部門にそれぞれ分けます。

②2回目の配賦

補助部門に配賦された工事間接費（補助部門費）を，施工部門に適切な基準で配賦します。

③3回目の配賦

施工部門に集計された工事間接費（施工部門費）を，適切な配賦基準により各工事に配賦します。

このように，部門がある場合には配賦計算が3段階に分かれて行われることに注意してください。

なお，以下の図では，工事間接費は経費のみから発生するものと仮定しています。

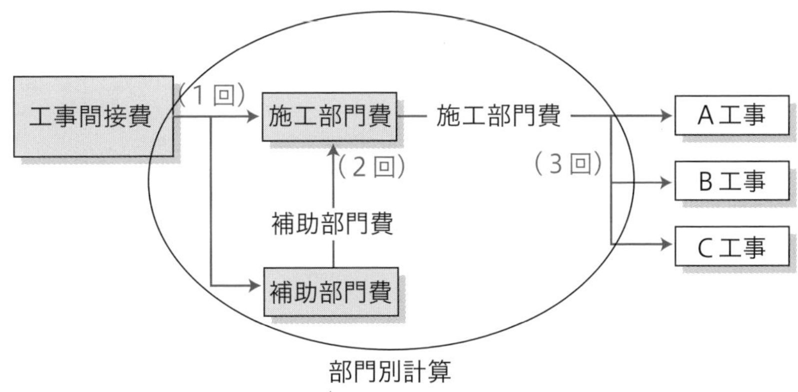

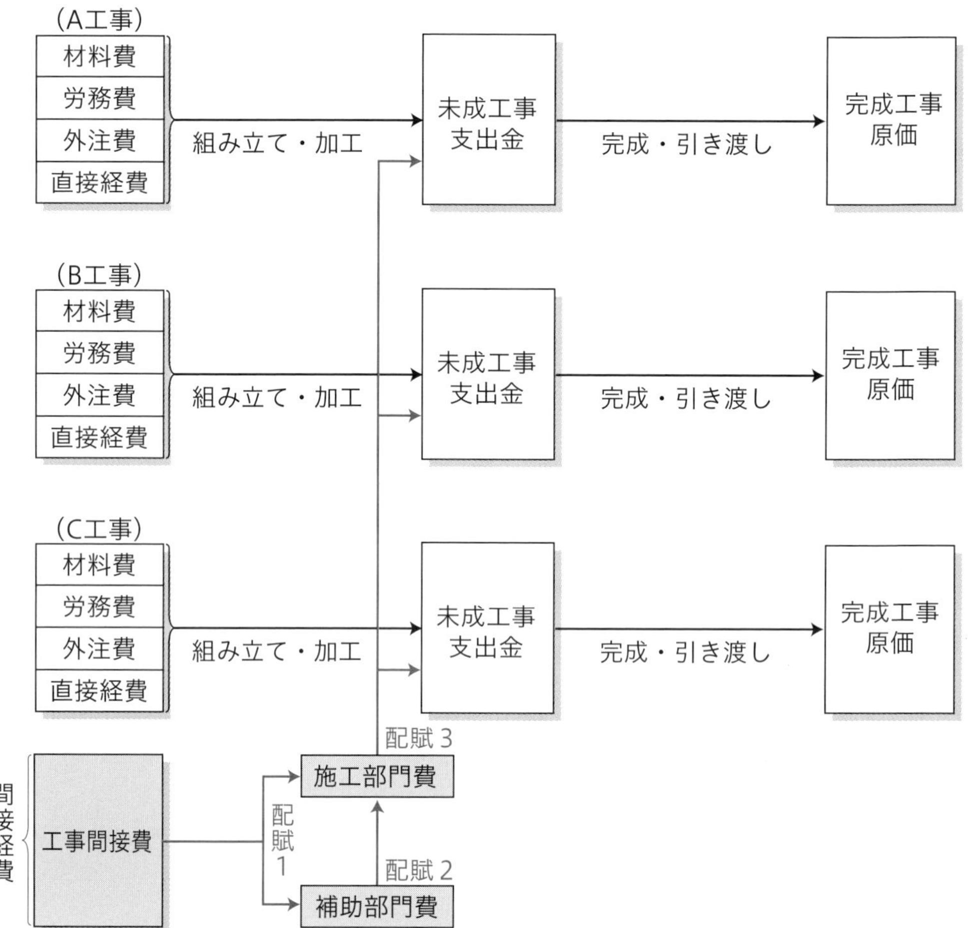

(A工事)
材料費
労務費
外注費
直接経費
組み立て・加工
未成工事支出金
完成・引き渡し
完成工事原価
(B工事)
材料費
労務費
外注費
直接経費
組み立て・加工
未成工事支出金
完成・引き渡し
完成工事原価
(C工事)
材料費
労務費
外注費
直接経費
組み立て・加工
未成工事支出金
完成・引き渡し
完成工事原価
間接経費
工事間接費
配賦1
施工部門費
配賦3
補助部門費
配賦2

以下では，具体的な数値例で流れをみていきます。

材　　料

期首残	1,000	現場払出	4,000	①
当期購入	5,000	期末残	2,000	

(直接）材料費

① 材料より	4,000	A工事へ	1,100	②
		B工事へ	2,200	②
		C工事へ	700	②

(直接）労務費

当期発生額	15,000	A工事へ	4,800	③
		B工事へ	6,300	③
		C工事へ	3,900	③

(直接）外注費

当期発生額	80,000	A工事へ	25,000	④
		B工事へ	38,000	④
		C工事へ	17,000	④

直　接　経　費

当期発生額	12,000	A工事へ	4,300	⑤
		B工事へ	6,200	⑤
		C工事へ	1,500	⑤

(注)流れをわかりやすくするため，人件費は省略します。

工 事 間 接 費

当期発生額	47,000	部門個別費		
		a 施工部門	12,000	⑥
		b 施工部門	21,000	⑥
		c 補助部門	3,000	⑥
		d 補助部門	5,000	⑥
		部門共通費	6,000	⑦

部門費配分表

（単位：円）

	費目	合計金額	施工部門		補助部門	
			a施工部門	b施工部門	c補助部門	d補助部門
⑥	部門個別費	41,000	12,000	21,000	3,000	5,000
⑦	部門共通費	6,000	2,100	2,400	500	1,000
⑧	部門費合計	47,000	14,100	23,400	3,500	6,000

配賦1

部門費配分表は，部門個別費および部門共通費を各部門に配賦するための表です。

部門費振替表

（単位：円）

	摘要	合計金額	施工部門		補助部門	
			a施工部門	b施工部門	c補助部門	d補助部門
⑧	部門費合計	47,000	14,100	23,400	3,500	6,000
⑨	c補助部門費	3,500	1,400	2,100	⑨	⑩
⑩	d補助部門費	6,000	2,700	3,300		
	部門費合計	47,000	18,200	28,800		
			⑪	⑫		

配賦2

部門費振替表は，補助部門費を施工部門に配賦するための表です。

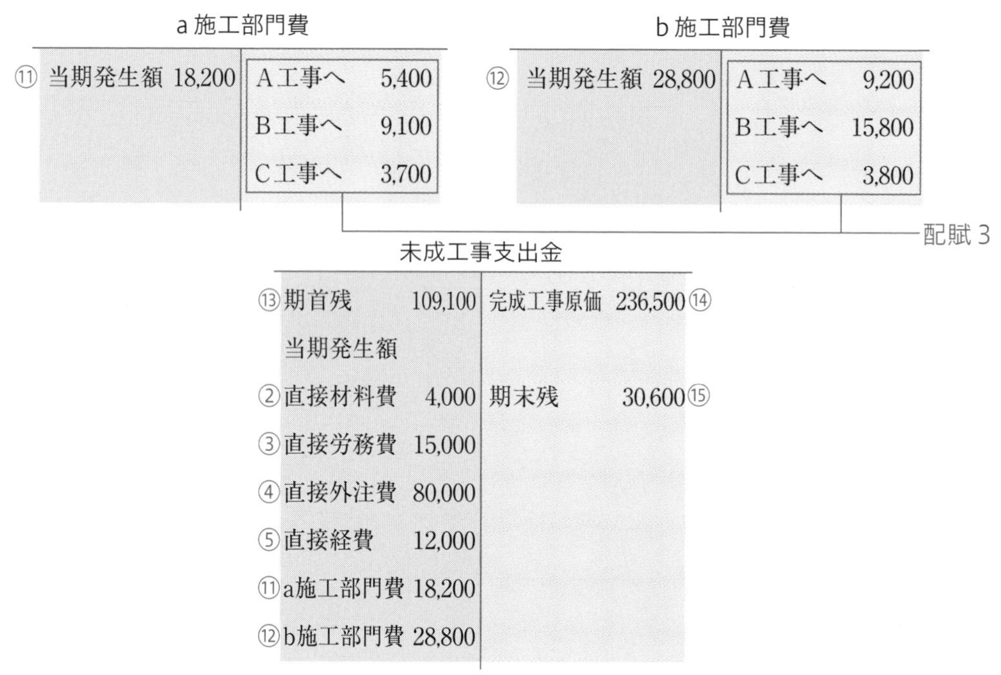

a施工部門費
⑪ 当期発生額 18,200
A工事へ 5,400
B工事へ 9,100
C工事へ 3,700
b施工部門費
⑫ 当期発生額 28,800
A工事へ 9,200
B工事へ 15,800
C工事へ 3,800
配賦3
未成工事支出金
⑬期首残 109,100
完成工事原価 236,500⑭
当期発生額
②直接材料費 4,000
期末残 30,600⑮
③直接労務費 15,000
④直接外注費 80,000
⑤直接経費 12,000
⑪a施工部門費 18,200
⑫b施工部門費 28,800

原　価　計　算　表

(単位：円)

	A工事	B工事	C工事	合　計	
期首未成工事原価					
材料費	500	700	—	1,200	
労務費	1,600	2,300	—	3,900	
外注費	41,000	57,000	—	98,000	
経　費	2,600	3,400	—	6,000	
計	45,700	63,400	—	109,100	⑬
当期発生工事原価					
材料費	1,100	2,200	700	4,000	②
労務費	4,800	6,300	3,900	15,000	③
外注費	25,000	38,000	17,000	80,000	④
経　費	4,300	6,200	1,500	12,000	⑤
a施工部門費	5,400	9,100	3,700	18,200	⑪
b施工部門費	9,200	15,800	3,800	28,800	⑫
計	49,800	77,600	30,600	158,000	
合　　計	95,500	141,000	30,600	267,100	
備　　考	完　成	完　成	未完成 ⑮		

236,500 ⑭

完成工事原価

⑭ 未成工事支出金　236,500	

←→ 完成工事高に対応

(単位：円)

完成工事原価報告書

Ⅰ材料費	4,500
Ⅱ労務費	15,000
Ⅲ外注費	161,000
Ⅳ経　費	56,000
完成工事原価	236,500 ⑭

(注) ○の番号は対応しますので，よく確認してください。

2 部門個別費と部門共通費

工事間接費は，まず**部門個別費**と**部門共通費**に分けます。

部門個別費：工事間接費のうち，各部門の発生額が個別的に把握できるものをいいます。たとえば，交際費や材料管理費などがあります。

部門共通費：工事間接費のうち，各部門で共通に発生するもので，たとえば，建物減価償却費，福利厚生費，動力用水費などがあります。部門共通費は，合理的な配賦基準にしたがい，各部門に配賦します。

なお，試験では，部門個別費および部門共通費の金額はすでに与えられていますので，ここでは部門個別費と部門共通費の内容だけ覚えてください。

3 部門共通費の各部門への配賦

分けられた部門共通費は，合理的な配賦基準により各部門に配賦します。
部門共通費を各部門に配賦するために作成する表を，**部門費配分表**といいます。

部 門 費 配 分 表

工事間接費	合計欄	施工部門	補助部門
部門個別費	合計	直課	直課
部門共通費	合計	配賦	配賦
部門費合計	合計	合計	合計

(注) 1．部門個別費は，各部門に**賦課**（ふか）（直課（ちょっか））します。賦課とは，発生額を配賦せず，それぞれ発生した部門ごとにその部門の費用とすることをいいます。
2．部門共通費は，配賦基準により各部門に配賦します。
なお，試験では表の様式は与えられているので，様式自体を覚える必要はありません。

部門共通費の配賦基準は、各種の観点から、以下のように分類されます。

①配賦費目のまとめ方による分類

費目別配賦基準
費目グループ別配賦基準
費目一括配賦基準

②配賦基準の単一性による分類

単一配賦基準
複合配賦基準（機械馬力数×運転時間など）

③配賦基準の性質による分類

サービス量配賦基準（動力使用量など）
活動量配賦基準（作業時間など）

規模配賦基準（建物占有面積など）

④基準数値の内容による分類

時間配賦基準

数量配賦基準

金額配賦基準

基本例題24

以下の資料から部門費配分表を作成しなさい。

(資料)

部門個別費の発生状況

A部門　2,000円

B部門　3,000円

C部門　1,000円

部門共通費の発生状況

建物減価償却費　1,000円

福利厚生費　500円

部門共通費の配賦基準

費　　用	配　賦　基　準	A部門	B部門	C部門
建物減価償却費	占有床面積（㎡）	500	300	200
福　利　厚　生　費	従　業　員　数（人）	40	40	20

部　門　費　配　分　表

(単位：円)

費　　用	配賦基準	合　計	A部門	B部門	C部門
部　門　個　別　費					
部　門　共　通　費					
建物減価償却費	占有床面積				
福　利　厚　生　費	従業員数				
	合　　計				

解　答24

部　門　費　配　分　表

(単位：円)

費　　目	配賦基準	合　計	A部門	B部門	C部門
部　門　個　別　費		6,000	2,000	3,000	1,000
部　門　共　通　費					
建物減価償却費	占有床面積	1,000	500	300	200
福　利　厚　生　費	従業員数	500	200	200	100
	合　　計	7,500	2,700	3,500	1,300

■解説

①部門個別費を記入します。

②建物減価償却費を各部門の占有床面積の比で按分(あんぶん)し，記入します。

たとえば，A部門は次のとおりです。

1,000円 ÷ (500㎡ + 300㎡ + 200㎡) × 500㎡ = 500円

③福利厚生費を各部門の従業員数の比で按分し，記入します。

たとえば，B部門は次のとおりです。

500円 ÷ (40人 + 40人 + 20人) × 40人 = 200円

④最後に各部門の縦計をそれぞれ計算し，記入します。

4 補助部門費の施工部門への配賦

部門費配分表により，施工部門と補助部門のそれぞれの部門費が算定されます。その結果を受けて，第2回目の配賦として，補助部門費を適切な配賦基準により施工部門に配賦します。

補助部門費を施工部門に配賦するために作成する表を，**部門費振替表**といいます。

部 門 費 振 替 表

	合計欄	施工部門	補助部門
部門費合計	合計	合計	合計
補助部門費	合計	配賦 ←	
施工部門費	合計	合計	

補助部門費を施工部門に配賦するための方法には，**直接配賦法**，**相互配賦法**，**階梯式配賦法**(かいていしきはいふほう)があります。

直接配賦法：それぞれの補助部門費を，施工部門への用役提供割合により，施工部門に配賦します。

相互配賦法：まず第1次配賦として，それぞれの補助部門費を，自部門以外への用役提供割合により，施工部門および自部門以外の補助部門に配賦します。次に第2次配賦として，第1次配賦後のそれぞれの補助部門費を，直接配賦法と同じ方法で施工部門に配賦します。

階梯式配賦法：部門費振替表のいちばん右に書かれている補助部門費から順に，自部門とすでに配賦が終わった補助部門を除く各部門へ，それぞれの用役提供割合により配賦していき，最後には，すべての補助部門費を施工部門に配賦します。

⑴直接配賦法

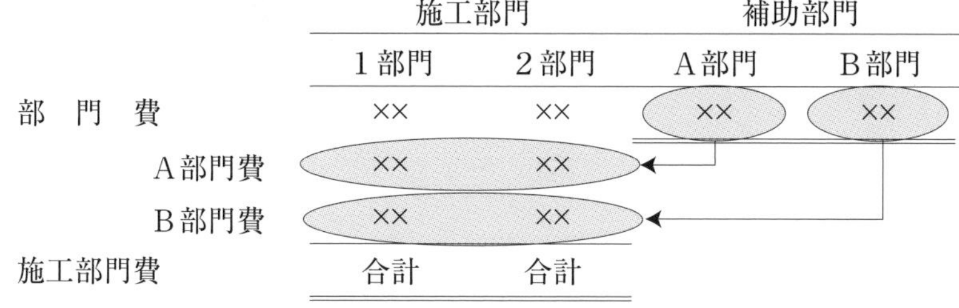

⑵相互配賦法

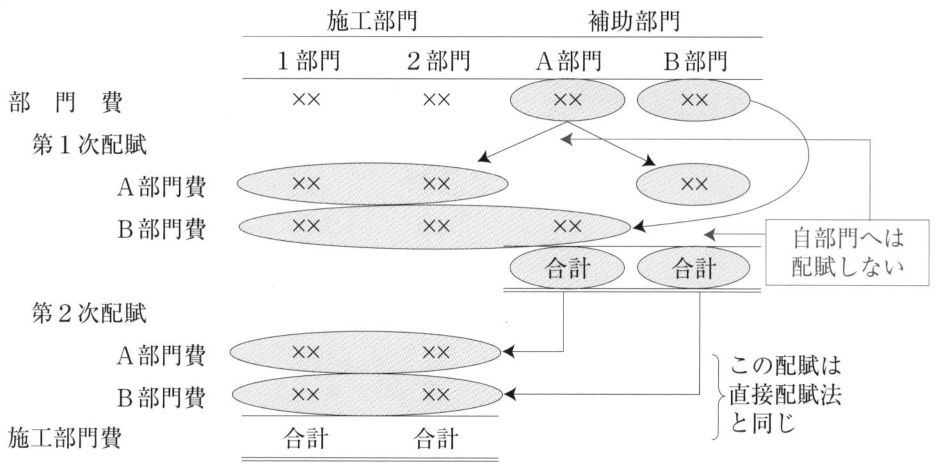

⑶階梯式配賦法

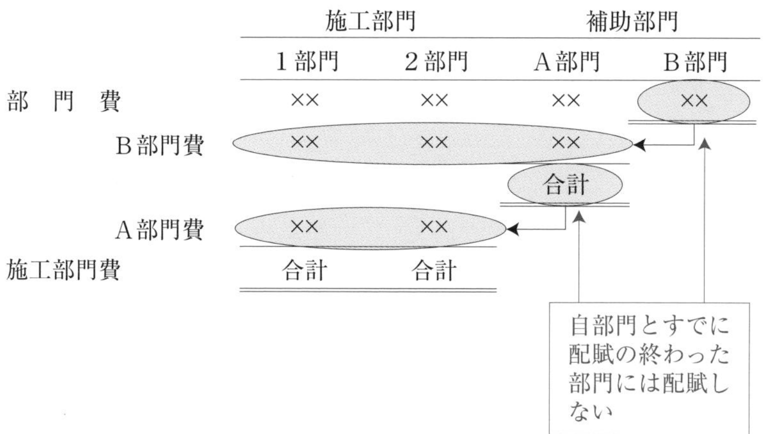

基本例題25

以下の資料から⑴直接配賦法，⑵相互配賦法，⑶階梯式配賦法による場合の，部門費振替表を作成しなさい。

(資料)

a. 補助部門用役提供割合

	施工部門		補助部門	
	A部門	B部門	機械部門	仮設部門
機械部門	50	40	20	10
仮設部門	60	30	10	5

b. 部門費合計額

(単位：円)

	A部門	B部門	機械部門	仮設部門
部門個別費	35,000	32,000	15,000	6,000
部門共通費	15,000	8,000	3,000	3,000
部門費合計	50,000	40,000	18,000	9,000

⑴直接配賦法

部門費振替表　(単位：円)

費目	合計	施工部門		補助部門	
		A部門	B部門	機械部門	仮設部門
部門個別費					
部門共通費					
部門費合計					
機械部門費					
仮設部門費					
合計					

⑵相互配賦法

部 門 費 振 替 表 (単位：円)

費 目	合 計	施工部門		補助部門	
		A部門	B部門	機械部門	仮設部門
部門個別費					
部門共通費					
部門費合計					
第1次配賦					
機械部門費					
仮設部門費					
第2次配賦					
機械部門費					
仮設部門費					
合 計					

⑶階梯式配賦法

部 門 費 振 替 表 (単位：円)

費 目	合 計	施工部門		補助部門	
		A部門	B部門	機械部門	仮設部門
部門個別費					
部門共通費					
部門費合計					
仮設部門費					
機械部門費					
合 計					

解　答25

⑴直接配賦法

部門費振替表

(単位：円)

費　目	合　計	施工部門		補助部門	
		A 部 門	B 部 門	機械部門	仮設部門
部門個別費	88,000	35,000	32,000	15,000	6,000
部門共通費	29,000	15,000	8,000	3,000	3,000
部門費合計	117,000	50,000	40,000	18,000	9,000
機械部門費		10,000	8,000		
仮設部門費		6,000	3,000		
合　計	117,000	66,000	51,000		

⑵相互配賦法

部門費振替表

(単位：円)

費　目	合　計	施工部門		補助部門	
		A 部 門	B 部 門	機械部門	仮設部門
部門個別費	88,000	35,000	32,000	15,000	6,000
部門共通費	29,000	15,000	8,000	3,000	3,000
部門費合計	117,000	50,000	40,000	18,000	9,000
第１次配賦					
機械部門費		9,000	7,200	——	1,800
仮設部門費		5,400	2,700	900	——
第２次配賦				900	1,800
機械部門費		500	400		
仮設部門費		1,200	600		
合　計	117,000	66,100	50,900		

⑶階梯式配賦法

部門費振替表

(単位：円)

費　目	合　計	施工部門		補助部門	
		A 部 門	B 部 門	機械部門	仮設部門
部門個別費	88,000	35,000	32,000	15,000	6,000
部門共通費	29,000	15,000	8,000	3,000	3,000
部門費合計	117,000	50,000	40,000	18,000	9,000
仮設部門費		5,400	2,700	900	
機械部門費		10,500	8,400	18,900	
合　計	117,000	65,900	51,100		

解説

⑴直接配賦法

①問題文から，部門個別費，部門共通費，部門費合計を記入します。

②機械部門費を，A部門およびB部門への用役提供割合により配賦します。

たとえば，A部門への配賦額は次のとおりです。

18,000円 ÷（50＋40）× 50＝10,000円

③同様に仮設部門費を配賦します。

たとえば，B部門への配賦額は次のとおりです。

9,000円 ÷（60＋30）× 30＝3,000円

④A部門およびB部門の縦計を計算し，記入します。

⑵相互配賦法

①問題文から，部門個別費，部門共通費，部門費合計を記入します。

②第1次配賦を行います。

まず，機械部門費を自部門以外への用役提供割合により各部門に配賦します。

たとえば，仮設部門への配賦額は次のとおりです。

18,000円 ÷（50＋40＋10）× 10＝1,800円

自部門以外が配賦対象なので，自部門への用役提供割合20は分母に加えません。注意してください。

同様に，仮設部門費を配賦します。

たとえば，A部門への配賦額は次のとおりです。

9,000円 ÷（60＋30＋10）× 60＝5,400円

③第2次配賦を行います。

まず，機械部門費をA部門およびB部門への用役提供割合により配賦します。

たとえば，B部門への配賦額は次のとおりです。

900円 ÷（50＋40）× 40＝400円

同様に，仮設部門費を配賦します。

たとえば，A部門への配賦額は次のとおりです。

1,800円 ÷（60＋30）× 60＝1,200円

④A部門およびB部門の縦計を計算し，記入します。

⑶階梯式配賦法

①問題文から，部門個別費，部門共通費，部門費合計を記入します。

②いちばん右の仮設部門を，自部門以外への用役提供割合により配賦します。

たとえば，機械部門への配賦額は次のとおりです。

9,000円 ÷（60＋30＋10）× 10＝900円

③次に右にあるのは機械部門ですので，機械部門を自部門およびすでに配賦が終わった補助部門（仮設部門）以外への用役提供割合，つまり，A部門およびB部門への用役提供割合により配賦します。

たとえば，A部門への配賦額は次のとおりです。

（18,000円＋900円）÷（50＋40）× 50＝10,500円

④A部門およびB部門の縦計を計算し，記入します。

5 施工部門費の各工事への配賦

部門費振替表により，施工部門費が算定されます。
第３回目の配賦として，施工部門費を配賦基準により各工事に配賦します。

たとえば，A部門費総額20,000円を各工事に配賦したときには，次のような仕訳になります。

(未成工事支出金)	20,000	(A　部　門　費)	20,000

施工部門費を各工事に配賦する方法には，実際配賦法と予定配賦法があります。考え方は，部門がない場合の原価計算における配賦方法と同じです。

基本例題26

以下の資料により，原価計算表のうち当月発生工事原価の部門費部分を作成し，各部門費の配賦差異を求めなさい。

なお，施工部門費の各工事への配賦は，予定配賦法による。

(資料)

①A部門費について

配賦基準は機械運転時間法で，当期の予定配賦率は1機械運転時間あたり300円である。

〈当月の機械運転状況〉

工事番号	99の1	99の2	99の3
機械運転時間	50	40	30

当月の実際発生金額は，35,000円であった。

②B部門費について

配賦基準は直接作業時間法で，当期の予定配賦率は1直接作業時間あたり200円である。

〈当月の直接作業状況〉

工事番号	99の1	99の2	99の3
直接作業時間	80	60	40

当月の実際発生金額は，38,000円であった。

〈原価計算表〉

(単位：円)

	99の1	99の2	99の3	合計
当月発生工事原価				
A部門費				
B部門費				

解　答26

（単位：円）

	99の1	99の2	99の3	合　計
当月発生工事原価				
A 部 門 費	15,000	12,000	9,000	36,000
B 部 門 費	16,000	12,000	8,000	36,000

A部門費配賦差異　　1,000円（有利差異）
B部門費配賦差異　　2,000円（不利差異）

解説

①A部門費の予定配賦

たとえば，99の1工事への配賦は次のとおりです。

@300円×50時間＝15,000円

②B部門費の予定配賦

たとえば，99の2工事への配賦は次のとおりです。

@200円×60時間＝12,000円

③A部門費配賦差異

予定配賦36,000円に対し，実際には35,000円ですんだので，1,000円の節約です。したがって，有利差異です。

④B部門費配賦差異

予定配賦36,000円に対し，実際には38,000円もかかったので，2,000円のかかりすぎです。したがって，不利差異です。

これまで，部門がない場合とある場合の原価計算の流れ，および原価を構成する原価要素に係る個別論点をみてきました。最後に建設業の原価計算に関する基礎知識のまとめとして，総合問題にチャレンジしましょう。

◇まとめ問題◇

次の資料から各問に答えなさい。

1．各工事の進行状況

	A工事	B工事
着　工	前月	当月
引き渡し	当月	来月

2．未成工事支出金の前月繰越の内訳（単位：円）

	A工事	B工事
材料費	10,000	—
労務費	20,000	—
外注費	10,000	—
経　費	30,000	—
（人件費）	10,000	—

なお，（人件費）は，経費の内書きである。

3．当月消費高（単位：円）

①材料

	数　量	購入単価	金　額	備　　考
前月末残	100	100	10,000	
4/10	100			*
4/15	100			A工事現場に搬入
4/20	100	95	9,500	購入
4/25	155			B工事現場に搬入
当月末残	45			

*：購入代価10,000円，仕入値引400円，仕入割引500円，仕入割戻し600円，引取運賃2,000円であった。

なお，材料払出高の計算方法は移動平均法による。また，4月末の実際有高は40個，再調達単価は@80円であった。

②労務費

現場作業員の当月の賃金は99,000円であり，その内訳は次のとおりである。

	A工事	B工事
作業時間	70	90

なお，B工事には，時間外作業が10時間（9,000円）含まれている。

③外注費

A工事：当月支払額50,000円のうち，前払分が10,000円ある。

B工事：当月支払額40,000円のほかに，未払分が10,000円ある。

④直接経費

	A工事	B工事
車両保険	13,000	14,000
福利厚生費	1,000	2,000
地代家賃	21,000	24,000
現場監督者給料	20,000	15,000

⑤工事間接費

i）部門個別費・部門共通費

	a施工部	b施工部	甲補助部	乙補助部
部門個別費	90,000	100,000	10,000	40,000

部門共通費の当月消費高は140,000円である。

なお，部門共通費は，a施工部，b施工部，甲補助部，乙補助部に3：2：1：1の割合で配賦する。

また，工事間接費はすべて経費である。

ii）補助部門費の施工部門への配賦方法

補助部門費の施工部門への配賦方法は，階梯式配賦法による。

なお，各部門の用役提供割合は，次のとおりである。

	a施工部	b施工部	甲補助部	乙補助部
乙補助部	60	40	20	—
甲補助部	40	40	—	20

iii）施工部門費の各工事への配賦方法

a施工部：機械運転時間法による予定配賦を行う。予定配賦率は@800円である。各工事のうち，30%は人件費である。

なお，各工事の当月機械運転時間は次のとおりである。

	A工事	B工事
機械運転時間	110	150

b施工部：素価基準により配賦する（当月発生額ベース）。

各工事のうち，60%は人件費である。

［問1］4/10の材料の購入単価を計算しなさい。

［問2］各工事の当月発生材料費を計算しなさい。

［問3］棚卸減耗損および材料評価損を計算しなさい。

［問4］各工事の当月発生労務費を計算しなさい。

［問5］各工事の当月発生外注費を計算しなさい。

［問6］各工事の当月発生直接経費のうち，人件費を計算しなさい。

［問7］a施工部門費の各工事への配賦額を計算しなさい。

［問8］a施工部門費配賦差異を計算しなさい。また，有利差異か不利差異かも答えなさい。

［問9］b施工部門費の各工事への配賦額を計算しなさい。

［問10］完成工事原価報告書を作成しなさい。なお，様式は次のとおりである。

完成工事原価報告書

Ⅰ材料費		
Ⅱ労務費		
Ⅲ外注費		
Ⅳ経　費		
（うち　人件費		）
完成工事原価		

解答と考え方

［問１］購入単価：@110円

▶▶▶ 購入価額＝10,000円－400円－600円＋2,000円＝11,000円
購入単価＝11,000円÷100個＝@110円

［問２］当月発生材料費：Ａ工事　10,500円
　　　　　　　　　　　Ｂ工事　15,500円

▶▶▶

	残高				消費額			
	数量	単価	金額		数量	単価	金額	
前月末	100	100	10,000					
4/10購入	100	110	11,000					
平均単価	200	105	21,000	①				
4/15払出	－100	105	－10,500		100	105	10,500	Ａ工事
残	100	105	10,500					
4/20購入	100	95	9,500					
平均単価	200	100	20,000	②				
4/25払出	－155	100	－15,500		155	100	15,500	Ｂ工事
当月末	45	100	4,500					

①：(10,000円＋11,000円)÷(100個＋100個)＝@105円
②：(10,500円＋9,500円)÷(100個＋100個)＝@100円

［問３］棚卸減耗損：500円
　　　　材料評価損：800円

▶▶▶

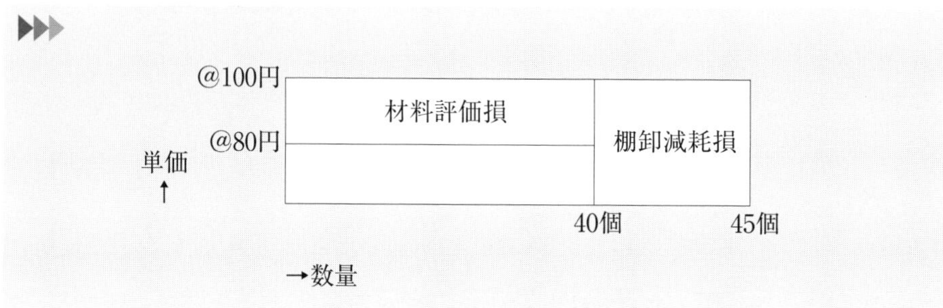

［問４］ 当月発生労務費：Ａ工事　42,000円
Ｂ工事　57,000円

▶▶▶ ①時給の算定
（99,000円−9,000円）÷（70時間＋（90時間−10時間））＝@600円
②各工事の労務費の算定
Ａ工事：@600円×70時間＝42,000円
Ｂ工事：@600円×（90時間−10時間）＋9,000円＝57,000円

［問５］ 当月発生外注費：Ａ工事　40,000円
Ｂ工事　50,000円

▶▶▶ Ａ工事：50,000円−10,000円＝40,000円
Ｂ工事：40,000円＋10,000円＝50,000円

［問６］ Ａ工事の人件費：21,000円
Ｂ工事の人件費：17,000円

▶▶▶ Ａ工事合計：13,000円＋1,000円＋21,000円＋20,000円＝55,000円
うち人件費は，福利厚生費と現場監督者給料
→1,000円＋20,000円＝21,000円
Ｂ工事合計：14,000円＋2,000円＋24,000円＋15,000円＝55,000円
うち人件費は，福利厚生費と現場監督者給料
→2,000円＋15,000円＝17,000円

［問７］ Ａ工事への配賦額： 88,000円
Ｂ工事への配賦額：120,000円

▶▶▶ 資料３⑤ⅲ）の予定配賦によります。
予定配賦率×機械運転時間 により予定配賦額を計算します。
Ａ工事：@800円×110時間＝88,000円
うち人件費は，30％→26,400円
Ｂ工事：@800円×150時間＝120,000円
うち人件費は，30％→36,000円
配賦額合計＝88,000円＋120,000円＝208,000円

［問８］ a施工部門費配賦差異：8,000円（有利差異）

▶▶▶ 配賦差異は，実際発生額と予定配賦額の差なので，実際発生額を求めます。資料３⑤ⅰ）・ⅱ）にもとづいて作成します。

部 門 費 振 替 表

	a施工部	b施工部	甲補助部	乙補助部
部門個別費	90,000	100,000	10,000	40,000
部門共通費	60,000	40,000	20,000	20,000
部門費合計	150,000	140,000	30,000	60,000
乙補助部門費	30,000	20,000	10,000	60,000
甲補助部門費	20,000	20,000	40,000	
合　　計	200,000	180,000		

①部門個別費の記入
②部門共通費の記入
たとえば，a施工部は，140,000円÷(3+2+1+1)×3=60,000円
③乙補助部門費の計算（縦計）
40,000円+20,000円=60,000円
④乙補助部門費を自部門以外に配賦（階梯式配賦法）
たとえば，甲補助部門へは60,000円÷(60+40+20)×20=10,000円
⑤甲補助部門費の計算（縦計）
10,000円+20,000円+10,000円=40,000円
⑥甲補助部門費を，自部門およびすでに配賦が終わった乙補助部門以外に配賦
たとえば，b施工部は，40,000円÷(40+40)×40=20,000円
⑦a施工部門費およびb施工部門費の計算（縦計）
以上より，a施工部の実際発生額は200,000円です。
これに対し，予定配賦額は［問７］より208,000円なので，8,000円の節約です。したがって，有利差異です。

［問９］ A工事への配賦額： 75,600円
B工事への配賦額：104,400円

▶▶▶ b施工部門費の実際発生額→［問８］の部門費振替表より180,000円。
資料３⑤iii）より，素価（直接材料費＋直接労務費）の割合により配賦しますから，まず，直接材料費と直接労務費（当月発生額ベース）を求めます。
直接材料費は［問２］から，直接労務費は［問４］からわかります。

	A工事	B工事	合　計
直接材料費	10,500	15,500	
直接労務費	42,000	57,000	
素　　価	52,500	72,500	125,000

A工事：180,000円÷125,000円×52,500円＝75,600円
　うち人件費は，60%→45,360円
B工事：180,000円÷125,000円×72,500円＝104,400円
　うち人件費は，60%→62,640円

［問10］

完成工事原価報告書

Ⅰ材料費		20,500
Ⅱ労務費		62,000
Ⅲ外注費		50,000
Ⅳ経　費		248,600
（うち　人件費	102,760	）
完成工事原価		381,100

▶▶▶ 完成工事原価報告書を作成するため，まず原価計算表を作成します。
原価計算表の各数値は，資料1．2．および［問1］から［問9］まででですべて明らかになります。

原価計算表

	A 工 事	B 工 事	合 計	
前月繰越				
材料費	10,000	——	10,000	資料2
労務費	20,000	——	20,000	
外注費	10,000	——	10,000	
経 費	30,000	——	30,000	
（うち人件費）	10,000	——	10,000	
当月消費				
材料費	10,500	15,500	26,000	［問2］
労務費	42,000	57,000	99,000	［問4］
外注費	40,000	50,000	90,000	［問5］
直接経費	55,000	55,000	110,000	［問6］
（うち人件費）	21,000	17,000	38,000	
a施工部門費	88,000	120,000	208,000	［問7］
（うち人件費）	26,400	36,000	62,400	
b施工部門費	75,600	104,400	180,000	［問9］
（うち人件費）	45,360	62,640	108,000	
合 計	381,100	401,900	783,000	
備 考	完 成	未完成		資料1

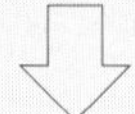

完成工事について，原価要素別に集計します。

材料費　10,000円＋10,500円＝20,500円
労務費　20,000円＋42,000円＝62,000円
外注費　10,000円＋40,000円＝50,000円
経　費　前月繰越　30,000円
　当月消費
　　直接経費　55,000円
　　a施工部門費　88,000円
　　b施工部門費　75,600円
　合　計　248,600円

経費のうちの人件費は，直接経費と同様に計算します。

MEMO

第4部

第5問を解くための基礎知識

ここでは，これまで学んだ個別の論点を前提として，決算のときに作成する精算表の作り方を学習します。いわば総合問題になりますので，いままで学習した論点で不安なところがあれば，復習をしておいてください。

27 決算整理事項
Theme

◆重要論点◆
1．決算整理仕訳

1 決算整理事項の分類

［テーマ05　簿記の基本(Ⅲ) 1試算表と精算表］に戻ってください。精算表の様式が記載されています。

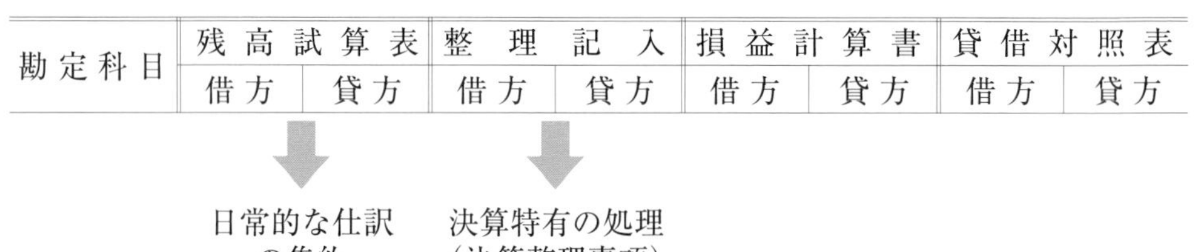

勘定科目	残高試算表		整理記入		損益計算書		貸借対照表	
	借方	貸方	借方	貸方	借方	貸方	借方	貸方

精算表は，残高試算表に決算整理事項を加えて，損益計算書および貸借対照表を作成するワークシートです。

毎日の取引は，日々，仕訳・入力されますが，それを集約したのが試算表です。

ところが，日々の仕訳を積み重ねただけでは，企業の現状は明らかになりません。日々の取引以外に，決算のために特に調整を要する項目があるからです。これを**決算整理事項**といいます。決算整理事項は，精算表上の整理記入欄に記入します。残高試算表に決算整理事項を加えることにより，企業の現状を明らかにするのに必要な仕訳がすべて織り込まれます（「整理記入」は「修正記入」とよぶこともあります）。

試験に出題される決算整理事項をランク順に並べれば，次のとおりです。個々の内容は本テキストの［〈第２部〉第１問・第２問を解くための基礎知識］ですべて学習済みです。該当箇所をもう一度確認してください。

〔Ａランク＝毎回のように出題される事項〕	該当テーマ
・有価証券評価損の計上（時価法）	08
・未成工事支出金の完成工事原価への振り替え	09
・仮払金の精算	11
・費用から前払費用への振り替え	11
・減価償却費の計上（定額法および定率法）	12
・仮設撤去費（または外注費）の工事未払金への計上	13
・仮受金の精算	14
・未払費用の計上	15
・貸倒引当金の計上（差額補充法）	16
・完成工事補償引当金の計上（差額補充法）	16
・退職給付引当金の計上	16
・法人税、住民税及び事業税の計上	18
・仮設物撤去時に仮設材料を未成工事支出金から材料貯蔵品に振り替え（すくい出し方式）	23

〔Ｂランク＝出題頻度が高い事項〕	該当テーマ
・現金過不足の雑収入または雑損失への振り替え	06
・当座預金における銀行からの連絡未通知の処理	06
・棚卸減耗損の計上	10
・建設仮勘定の本勘定への振り替え	12

〔Ｃランク＝過去に数回出題された事項〕	該当テーマ
・通貨代用証券の現金への計上仕訳	06
・未取付小切手（仕訳は不要）	06
・未渡小切手の振り替え	06
・手形貸付金について償却原価法による受取利息の計上	07
・受取手形の不渡手形への振り替え	07

2 決算整理仕訳

Ａから Ｃランクまでを織り込んだ設問を解き，本試験問題に慣れてください。

基本例題27

次の決算整理事項および付記事項にもとづき，決算整理仕訳を行いなさい。なお，工事原価は未成工事支出金を経由して処理する方法によっている（決算は年１回）。

また，販売費及び一般管理費に属する費目はすべて販売費及び一般管理費で処理し，現金及び預金は現金預金で処理する。

〈決算整理事項〉

①期限の到来した公社債の利札1,000円がある。

②現金預金は当座借越65,000円を差し引いた後の残高である。

③現金過不足800円（借方残）のうち，600円は事務員の交通費の記入漏れであることが判明したが，残りは原因不明のため，雑損失に振り替える。

④売買目的有価証券帳簿残高は10,000円，期末の時価は9,500円であった。

⑤材料の棚卸減耗損200円を工事原価に算入する。

⑥減価償却費

工事現場用機械装置　定率法　耐用年数15年（償却率0.133）
残存価額　０円

残高試算表の機械装置　503,780円
残高試算表の機械装置減価償却累計額　302,580円（付記事項参照）

一般管理用備品　定額法　耐用年数８年（償却率0.125）
残存価額　０円

残高試算表の備品　160,000円
残高試算表の備品減価償却累計額　40,000円

⑦退職給付引当金の当期繰入額は，本社事務員について15,000円，現場作業員について21,000円である（付記事項参照）。

⑧完成工事に係る仮設撤去費用の未払分19,000円を計上する。

⑨完成工事高1,000,000円に対して0.1％の工事補償費を計上する（洗替法）。
なお，残高試算表の完成工事補償引当金残は800円である。

⑩販売費及び一般管理費には，売上債権（前期発生分）の貸倒損失500円，保険料の前払分300円が含まれている。

⑪本社敷地の地代の未払い3,000円を計上する。

⑫預金利息の未収1,000円を計上する。

⑬受取手数料には，前受分700円が含まれている。

⑭仮払金3,500円は，下請企業に対する前払金1,500円と従業員の制服購入代金2,000円である。

⑮仮受金4,000円は，工事請負代金の前受分3,000円と完成工事未収代金1,000円の回収である。

⑯貸倒引当金は受取手形および完成工事未収入金の期末残高の２％を差額補充法により計上する（決算整理事項⑩・⑮参照）。なお，残高試算表では，受取手形210,000円，完成工事未収入金91,000円，貸倒引当金5,500円がある。

⑰未成工事支出金の次期繰越額は，12,000円である。なお，残高試算表の未成工事支出金は20,000円である。

〈付記事項〉

当社の月次原価計算において，機械装置の減価償却費については月額2,400円，現場作業員の退職給付引当金については月額1,700円の予定計算を実施している。これら２項目については，当期の予定計上額と実際発生額（決算整理事項⑥・⑦参照）との差額は，当期の工事原価に加減するものとする。

●試験上のテクニック●

1．問題文のなお書き「なお，工事原価は未成工事支出金を経由して処理する方法によっている」とは，工事に係る原価は材料費・労務費・外注費・経費勘定ではなく，すべて未成工事支出金勘定を用いなさいという意味です。

2．どうしても時間がない方は，ＡランクおよびＢランクの仕訳を暗記してください。

3．試験では，精算表の解答用紙の残高試算表欄がすでに記入されています。それぞれの勘定科目が増加する方に残高が書かれています。

　たとえば，現金預金は資産なので，増加する場合は借方です。したがって，残高試算表欄では，借方残になっています。この表は，仕訳問題でも活用できます。貸方・借方どちらにするのか迷った場合は，一度，精算表を見てください。

4．貸倒引当金の計上，未成工事支出金から完成工事原価への振り替え，法人税、住民税及び事業税の計上は，他の仕訳の影響を受けるので，最後にします。

解　答27

	借方科目	金額	貸方科目	金額
①	(現　金　預　金)	1,000	(有価証券利息)	1,000

▶▶▶ 期限の到来した公社債の利札は，通貨代用証券の一つで，現金扱いです。

	借方科目	金額	貸方科目	金額
②	(現　金　預　金)	65,000	(短　期　借　入　金)	65,000

▶▶▶ 期末に当座借越がある場合，実質は短期借入金なので，当座預金のマイナスとせず，短期借入金のプラスにします。

	借方科目	金額	貸方科目	金額
③	(販売費及び一般管理費)	600	(現　金　過　不　足)	800
	(雑　　損　　失)	200		

▶▶▶ 問題文より，交通費は，販売費及び一般管理費で処理します。

現金過不足はとりあえずの勘定です。原因不明分は，現金過不足勘定残高が0になるよう，雑損失または雑収入に振り替えます。

	借方科目	金額	貸方科目	金額
④	(有価証券評価損)	500	(有　価　証　券)	500

▶▶▶ 売買目的有価証券は，時価評価します。帳簿価額と時価の差額は，有価証券評価損です。

	借方科目	金額	貸方科目	金額
⑤	(未成工事支出金)	200	(材　料　貯　蔵　品)	200

▶▶▶ 問題文より，棚卸減耗損は工事に係るので，未成工事支出金で処理します。

⑥	(未成工事支出金)	1,790	(機械装置減価償却累計額)	1,790
	(販売費及び一般管理費)	20,000	(備品減価償却累計額)	20,000

▶▶▶ 工事現場用機械装置

予定による既計上額：2,400円×12か月＝28,800円

当期に計上すべき額：〔503,780円－(302,580円－28,800円)〕×0.133＝30,590円

追加計上額　　　　：30,590円－28,800円＝1,790円

工事に係る機械装置の減価償却費なので，未成工事支出金で処理します。

一般管理用備品

当期計上額　　　　：160,000円×0.125＝20,000円

一般管理用備品の減価償却費なので，問題文より，販売費及び一般管理費で処理します。

⑦	(販売費及び一般管理費)	15,000	(退職給付引当金)	15,000
	(未成工事支出金)	600	(退職給付引当金)	600

▶▶▶ 本社事務員

本社事務員は，一般管理活動に従事しているので，販売費及び一般管理費で処理します。

現場作業員

予定による既計上額：1,700円×12か月＝20,400円

追加計上額　　　　：21,000円－20,400円＝600円

工事に係る作業員の退職給付費用なので，未成工事支出金で処理します。

⑧	(未成工事支出金)	19,000	(工事未払金)	19,000

▶▶▶ 主たる営業活動から生じた未払金なので，工事未払金で処理します。

一方，仮設撤去費は，工事に係る費用なので，未成工事支出金で処理します。

⑨	（完成工事補償引当金）	800	（完成工事補償引当金戻入）	800
	（未成工事支出金）	1,000	（完成工事補償引当金）	1,000

▶▶▶ 1．残高試算表の残高を戻し入れ
2．当期要引当額の計上
1,000,000円×0.1%＝1,000円
完成工事引当金繰入は，工事に係る費用なので，未成工事支出金で処理します。

⑩	（貸倒引当金）	500	（販売費及び一般管理費）	800
	（前払保険料）	300	

▶▶▶ 貸倒引当金の修正
前期以前の売上債権に貸倒れが生じた場合は，貸倒引当金を取り崩します。

本来の仕訳

（貸倒引当金）	500	（売上債権）	500

ところが，貸倒引当金を取り崩さずに，販売費及び一般管理費で処理したので，正しい姿に修正します。
前払保険料
販売費及び一般管理費に計上した保険料のうち，翌期分は当期の費用にしないよう，当期の費用から控除します。

⑪	（販売費及び一般管理費）	3,000	（未払地代）	3,000

▶▶▶ 未払いであっても，当期分の費用は当期に計上します。なお，本社敷地の地代は一般管理のための費用なので，販売費及び一般管理費で処理します。

⑫	（未収利息）	1,000	（受取利息）	1,000

▶▶▶ 未収であっても，当期分の収益は当期に計上します。

⑬	(受取手数料)	700	(前受手数料)	700

▶▶▶ 当期の収益に計上した受取手数料のうち，翌期分は当期の収益にしないよう，収益から控除します。

⑭	(未成工事支出金)	1,500	(仮払金)	3,500
	(販売費及び一般管理費)	2,000		

▶▶▶ 仮払金は，精算します。

下請企業に対する前払金

下請企業は，工事に係るので，未成工事支出金で処理します。

従業員の制服購入代金

従業員は，一般管理活動に従事するので，販売費及び一般管理費で処理します。

⑮	(仮受金)	4,000	(未成工事受入金)	3,000
			(完成工事未収入金)	1,000

▶▶▶ 仮受金は，精算します。

工事請負代金の前受け

工事物件の引渡前の入金は，未成工事受入金で処理します。

完成工事未収代金の回収

完成工事未収代金の回収は，完成工事未収入金を減額させます。

⑯　(販売費及び一般管理費)　1,000　(貸 倒 引 当 金)　1,000

▶▶▶　1．修正後貸倒引当金残高

残高試算表の貸倒引当金残高	5,500円
⑩による修正	△500円
修正後残高	5,000円

2．当期末要引当額

残高試算表の受取手形残高	210,000円
残高試算表の完成工事未収入金残高	91,000円
⑮による修正	△1,000円
修正後債権残高	300,000円

よって，300,000円 × 2％ = 6,000円

3．差額補充法による追加引当額

6,000円 − 5,000円 = 1,000円

なお，貸倒引当金繰入は，販売後の債権の回収管理に係る費用なので，販売費及び一般管理費で処理します。

⑰　(完 成 工 事 原 価)　32,090　(未成工事支出金)　32,090

▶▶▶　問題文の「未成工事支出金の次期繰越額は，12,000円である」というのは，未成工事支出金残高を12,000円にし，余分な額は完成工事原価に振り替えなさいという意味です。

ところで，①から⑯までの決算整理仕訳で，未成工事支出金勘定は増加します。

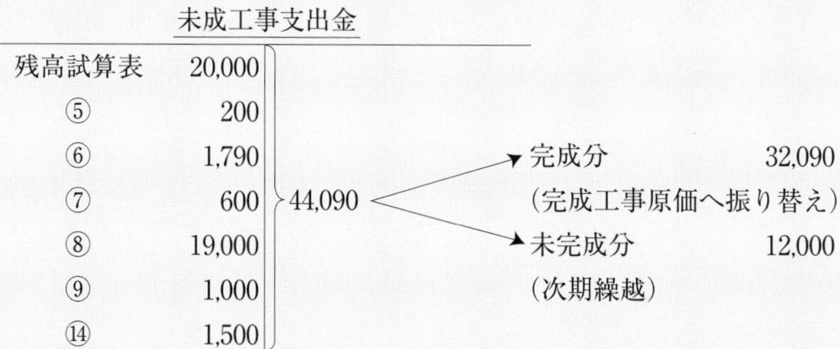

未成工事支出金残高44,090円が12,000円になるよう，32,090円だけ完成工事原価に振り替えます。

MEMO

28 Theme 精算表の作成方法

◆重要論点◆
1．各勘定科目の記入　　2．当期純利益金額の算定

1 各勘定科目の記入

残高試算表に整理記入を加えて，入力作業が完了します。あとは，企業の現状を明らかにする貸借対照表および損益計算書の作成を，**精算表**を用いて行います。

各勘定科目の記入方法は，次のとおりです。

① 各勘定科目が損益計算書項目なのか，貸借対照表項目なのかの判断
② 残高試算表欄と整理記入欄を合計し，借方残なのか貸方残なのかを算定
③ ②の残高を①で判断した方に記入

現金預金を例にみてみましょう。

精　算　表　（単位：円）

勘定科目	残高試算表		整理記入		損益計算書		貸借対照表	
	借方	貸方	借方	貸方	借方	貸方	借方	貸方
現金預金	19,000		1,000	2,000			18,000	
	A	B	A′	B′				

①現金預金は資産なので，貸借対照表項目です。
②残高試算表欄および整理記入欄の借方は借方で合計し，貸方は貸方で合計します。そして合計額の多い方から少ない方を差し引きます。
　借方合計A＋A′＝20,000円，貸方合計B＋B′＝2,000円
　より，借方残18,000円です。
③貸借対照表の借方に18,000円と記入します。

2 当期純利益金額の算定

各勘定科目ごとに損益計算書または貸借対照表に記入した後，最後に当期純利益金額を算定します。たとえば，次の精算表でみてみましょう。

精　　算　　表

(単位：円)

勘定科目	残高試算表		整理記入		損益計算書		貸借対照表	
	借方	貸方	借方	貸方	借方	貸方	借方	貸方
資産	200,000		10,000	5,000			205,000	
負債		100,000						100,000
資本(純資産)		50,000						50,000
収益		90,000		10,000		100,000		
費用	40,000		5,000		45,000			
当期(　　)								

(1) **各欄の縦計を計算**

精　　算　　表

(単位：円)

勘定科目	残高試算表		整理記入		損益計算書		貸借対照表	
	借方	貸方	借方	貸方	借方	貸方	借方	貸方
資産	200,000		10,000	5,000			205,000	
負債		100,000						100,000
資本(純資産)		50,000						50,000
収益		90,000		10,000		100,000		
費用	40,000		5,000		45,000			
	240,000	240,000						
			15,000	15,000	45,000	100,000	205,000	150,000
当期(　　)								

各欄を縦に合計します。
残高試算表欄および整理記入欄はそれぞれ 借方＝貸方 になります。
もし，一致しなければ，仕訳の転記ミスがあります。

Theme 28 精算表の作成方法

⑵ 当期純利益金額の算定

精　算　表　(単位：円)

勘定科目	残高試算表		整理記入		損益計算書		貸借対照表	
	借方	貸方	借方	貸方	借方	貸方	借方	貸方
資産	200,000		10,000	5,000			205,000	
負債		100,000						100,000
資本(純資産)		50,000						50,000
収益		90,000		10,000		100,000		
費用	40,000		5,000		45,000			
	240,000	240,000						
			15,000	15,000	45,000	100,000	205,000	150,000
当期(純利益金額)					55,000			55,000
					100,000	100,000	205,000	205,000

損益計算書の貸方から借方を差し引いて，当期純利益金額を算定します。そして，貸借を逆にして同額を貸借対照表に記入し，損益計算書欄および貸借対照表欄を縦計します。それぞれ，借方＝貸方 になることを確認してください。もし一致しなければ，損益計算書項目を貸借対照表に記入したり，その逆に貸借対照表項目を損益計算書に記入したりしている箇所があるということです。

●試験上のテクニック●

1．貸借対照表は，資産・負債・資本（純資産）から構成され，損益計算書は，収益・費用から構成されているので，資産・負債・資本（純資産）なのか，収益・費用なのかをまちがえないことが重要です。

ところで，試験の解答用紙の精算表の勘定科目は，上から資産・負債・資本（純資産）・収益・費用の順に並んでいます。したがって，資本（純資産）と収益の境目がわかれば，与えられている勘定科目については，損益計算書項目なのか貸借対照表項目なのかをまちがえることはありません。その境目は，収益である完成工事高です。その上の行は資本（純資産）です。繰越利益剰余金は資本（純資産）なので，注意してください。

2．決算整理事項で追加される勘定科目のうち，貸借対照表項目は４種類です。

⑴ **経過勘定**（経過期間の費用・収益を調整する勘定）
資産：前払○○，未収○○　　負債：未払○○，前受○○

⑵ **科目振り替え**
たとえば，仮受金から未成工事受入金への振り替え

⑶ **未払法人税等**
最近の出題傾向ですので，注意してください。

⑷ **引当金の新規設定**
最近の出題では，修繕引当金，工事損失引当金があります。

3．これら以外は損益計算書項目と考えてかまいません。

基本例題28

次の決算整理事項にもとづき，精算表を完成しなさい。

〈決算整理事項〉

①期限の到来した公社債の利札1,000円がある。

②精算表の有価証券は売買目的有価証券であり，期末の時価は9,500円であった。

③支払利息の未払分600円を計上する。

精算表 (単位：円)

勘定科目	残高試算表		整理記入		損益計算書		貸借対照表	
	借方	貸方	借方	貸方	借方	貸方	借方	貸方
現金預金	19,000							
有価証券	10,000							
その他資産	129,100							
負債		50,000						
資本金		50,000						
利益準備金		5,000						
繰越利益剰余金		13,000						
完成工事高		80,000						
完成工事原価	40,000							
支払利息	1,400							
有価証券利息		2,500						
その他費用	1,000							
	200,500	200,500						
(　　　)								
(　　　)								
当期(　　)								

便宜上，集約した勘定科目を使用している。

解　答28

精　算　表

(単位：円)

勘定科目	残高試算表		整理記入		損益計算書		貸借対照表	
	借方	貸方	借方	貸方	借方	貸方	借方	貸方
現金預金	19,000		1,000				20,000	
有価証券	10,000			500			9,500	
その他資産	129,100						129,100	
負　　債		50,000						50,000
資本金		50,000						50,000
利益準備金		5,000						5,000
繰越利益剰余金		13,000						13,000
完成工事高		80,000				80,000		
完成工事原価	40,000				40,000			
支払利息	1,400		600		2,000			
有価証券利息		2,500		1,000		3,500		
その他費用	1,000				1,000			
	200,500	200,500						
(有価証券評価損)			500		500			
(未払利息)				600				600
			2,100	2,100	43,500	83,500	158,600	118,600
当期(純利益金額)					40,000			40,000
					83,500	83,500	158,600	158,600

解説

1．決算整理仕訳を行います。

①（現　金　預　金）　1,000　（有価証券利息）　1,000

期限の到来した公社債の利札は，通貨代用証券の一つで，現金扱いです。

②（有価証券評価損）　500　（有　価　証　券）　500

売買目的有価証券は，時価評価します。
帳簿価額（残高試算表残高）10,000円－時価9,500円＝500円 は，有価証券評価損です。

③（支　払　利　息）　600　（未　払　利　息）　600

未払いであっても，当期分の費用は当期に計上します。

2．上記の仕訳を整理記入欄に記入します。
有価証券運用損益および未払利息は，勘定科目がないので，勘定科目欄の下の方に追加します。

3．整理記入欄の借方・貸方をそれぞれ縦計し，借方＝貸方 であることを確認します。

4．勘定科目ごとに，残高試算表の金額に整理記入の金額を加減して，損益計算書または貸借対照表の欄に記入します。

5．損益計算書および貸借対照表の借方・貸方を縦計します。

6．損益計算書の 借方＝貸方 となるよう，当期（　　）の行に差額を記入します。

7．6．の金額を，貸借逆にして貸借対照表欄に記入します。

8．損益計算書欄および貸借対照表欄を縦計し，それぞれ 借方＝貸方 であることを確認します。

9．当期（　　）のカッコの中に，純利益金額と書きます。

ここでのまとめとして，総合問題にチャレンジしましょう。

◇まとめ問題◇

次の決算整理事項および付記事項にもとづき，精算表を完成しなさい。なお，工事原価は未成工事支出金を経由して処理する方法によっている（会計期間は１年）。

〈決算整理事項〉

(1)　有価証券はすべて売買目的であり，期末時価は195,000円である。

(2)　貸倒引当金は債権の期末残高の３％を計上する（差額補充法）。

(3)　当期の減価償却費は次のとおりである。

　　機械装置（工事現場用）　26,000円（付記事項参照）

　　備品（一般管理部門用）　定額法　耐用年数６年　残存価額は０円

(4)　完成工事補償引当金を完成工事高に対して0.2％計上する（洗替法）。

(5)　退職給付引当金の当期繰入額は，本社事務員について15,000円，現場作業員について20,000円である（付記事項参照）。

(6)　完成工事に係（かか）る仮設撤去費の未払分1,000円を計上する。

(7)　仮受金は，工事請負代金の前受分である。

(8)　販売費及び一般管理費の中には保険料の前払分2,000円が含まれており，ほかに地代の未払分2,500円がある。

(9)　手数料の未収分は1,000円である。

(10)　未成工事支出金の次期繰越額は72,000円である。

(11)　当期の法人税、住民税及び事業税として，税引前当期利益の30％を計上する。ただし，中間納付額が仮払金として計上されているので，未払法人税等と相殺する。

〈付記事項〉

同社の月次原価計算において，機械装置の減価償却費については月額2,000円，現場作業員の退職給付引当金については月額1,500円の予定計算を実施している。これら２項目については，当期の予定計上額と実際発生額（決算整理事項の(3)および(5)参照）との差額を当期の工事原価（未成工事支出金）に加減するものとする。

精　算　表　(単位：円)

勘定科目	残高試算表		整理記入		損益計算書		貸借対照表	
	借方	貸方	借方	貸方	借方	貸方	借方	貸方
現金預金	125,000							
受取手形	250,000							
完成工事未収入金	650,000							
仮払金	5,000							
貸倒引当金		20,000						
有価証券	200,000							
未成工事支出金	350,000							
機械装置	500,000							
機械装置減価償却累計額		250,000						
備品	405,000							
備品減価償却累計額		155,000						
工事未払金		155,000						
仮受金		2,000						
借入金		130,000						
完成工事補償引当金		5,000						
退職給付引当金		150,000						
資本金		1,200,000						
完成工事高		3,000,000						
完成工事原価	2,500,000							
受取手数料		2,000						
販売費及び一般管理費	80,000							
支払利息	4,000							
	5,069,000	5,069,000						
(　　　)								
(　　　)								
(　　　)								
前払(　　　)								
未払(　　　)								
未収(　　　)								
未払法人税等								
(　　　)								
当期(　　　)								

解答

精　算　表

（単位：円）

勘定科目	残高試算表		整理記入		損益計算書		貸借対照表	
	借方	貸方	借方	貸方	借方	貸方	借方	貸方
現金預金	125,000						125,000	
受取手形	250,000						250,000	
完成工事未収入金	650,000						650,000	
仮払金	5,000			5,000				
貸倒引当金		20,000		7,000				27,000
有価証券	200,000			5,000			195,000	
未成工事支出金	350,000		2,000 6,000 2,000 1,000	289,000			72,000	
機械装置	500,000						500,000	
機械装置減価償却累計額		250,000		2,000				252,000
備品	405,000						405,000	
備品減価償却累計額		155,000		67,500				222,500
工事未払金		155,000		1,000				156,000
仮受金		2,000	2,000					
借入金		130,000						130,000
完成工事補償引当金		5,000	5,000	6,000				6,000
退職給付引当金		150,000		15,000 2,000				167,000
資本金		1,200,000						1,200,000
完成工事高		3,000,000				3,000,000		
完成工事原価	2,500,000		289,000		2,789,000			
受取手数料		2,000		1,000		3,000		
販売費及び一般管理費	80,000		7,000 67,500 15,000 2,500	2,000	170,000			
支払利息	4,000				4,000			
	5,069,000	5,069,000						
（有価証券評価損）			5,000		5,000			
（未成工事受入金）				2,000				2,000
（完成工事補償引当金戻入）				5,000		5,000		
前払（保険料）			2,000				2,000	
未払（地代）				2,500				2,500
未収（手数料）			1,000				1,000	
未払法人税等			5,000	12,000				7,000
（法人税、住民税及び事業税）			12,000		12,000			
			424,000	424,000	2,980,000	3,008,000	2,200,000	2,172,000
当期（純利益金額）					28,000			28,000
					3,008,000	3,008,000	2,200,000	2,200,000

▶▶▶　決算整理仕訳は，次のとおりです。

	借方科目	金額	貸方科目	金額
(1)	(有価証券評価損)	5,000	(有　価　証　券)	5,000

残高試算表200,000円－時価195,000円＝5,000円

	借方科目	金額	貸方科目	金額
(2)	(販売費及び一般管理費)	7,000	(貸　倒　引　当　金)	7,000

当期末要引当額：(250,000円＋650,000円)×３％＝27,000円
追加引当額　　：27,000円－20,000円＝7,000円
貸倒引当金繰入は，販売後の債権の回収管理に係る費用なので，販売費及び一般管理費で処理します。

	借方科目	金額	貸方科目	金額
(3)	(未成工事支出金)	2,000	(機械装置減価償却累計額)	2,000

機械装置
予定による既計上額：2,000円×12か月＝24,000円
追加計上額　　　　：26,000円－24,000円＝2,000円
工事に係る減価償却費なので，未成工事支出金で処理します。

借方科目	金額	貸方科目	金額
(販売費及び一般管理費)	67,500	(備品減価償却累計額)	67,500

備品
当期計上額：405,000円÷６年＝67,500円
一般管理に係る減価償却費なので，販売費及び一般管理費で処理します。

	借方科目	金額	貸方科目	金額
(4)	(完成工事補償引当金)	5,000	(完成工事補償引当金戻入)	5,000
	(未成工事支出金)	6,000	(完成工事補償引当金)	6,000

1．残高試算表の残高を戻し入れ
2．当期末要引当額の計上
　3,000,000円×0.2％＝6,000円

完成工事補償引当金繰入は，工事に係る費用なので，未成工事支出金で処理します。

	借方科目	金額	貸方科目	金額
(5)	(販売費及び一般管理費)	15,000	(退職給付引当金)	15,000
	(未成工事支出金)	2,000	(退職給付引当金)	2,000

本社事務員
本社事務員は，一般管理活動に従事するので，販売費及び一般管理費で処理します。

現場作業員
予定による既計上額：1,500円×12か月＝18,000円
追加計上額　　　　：20,000円－18,000円＝2,000円
現場作業員は，工事に従事するので，退職給付費用は未成工事支出金で処理します。

	借方	金額	貸方	金額
(6)	(未成工事支出金)	1,000	(工　事　未　払　金)	1,000

主たる営業活動から生じた未払金なので，工事未払金で処理します。

一方，仮設撤去費は，工事に係る費用なので，未成工事支出金で処理します。

	借方	金額	貸方	金額
(7)	(仮　　受　　金)	2,000	(未成工事受入金)	2,000

仮受金は，精算します。

工事物件の引渡し前の入金は，未成工事受入金です。

	借方	金額	貸方	金額
(8)	(前　払　保　険　料)	2,000	(販売費及び一般管理費)	2,000
	(販売費及び一般管理費)	2,500	(未　払　地　代)	2,500

保険料の前払い

販売費及び一般管理費に計上した保険料のうち，翌期分は当期の費用にしないよう，当期の費用から控除します。

地代の未払い

未払いであっても，当期分の費用は当期に計上します。

	借方	金額	貸方	金額
(9)	(未　収　手　数　料)	1,000	(受　取　手　数　料)	1,000

未収であっても，当期分の収益は当期に計上します。

	借方	金額	貸方	金額
(10)	(完　成　工　事　原　価)	289,000	(未成工事支出金)	289,000

(1)から(9)までで，未成工事支出金は増加します。

未成工事支出金

借方		貸方
残高試算表	350,000	完成分　289,000（完成工事原価へ振り替え）
(3)	2,000	
(4)	6,000	未完成分　72,000（次月繰越）
(5)	2,000	
(6)	1,000	

⑾（法人税、住民税及び事業税）	12,000	（未払法人税等）	12,000
（未払法人税等）	5,000	（仮払金）	5,000

1．当期税金計上額

①残高試算表上の当期純利益金額（収益項目－費用項目）

→残高試算表欄の完成工事高から支払利息まで

3,000,000円＋2,000円－2,500,000円－80,000円－4,000円＝418,000円

②決算整理仕訳での利益影響額｛＿＿＿の部分（貸方は＋，借方は－）｝

(1)－ 5,000円　(4)＋5,000円
(2)－ 7,000円　(8)＋2,000円
(3)－ 67,500円　(9)＋1,000円
(5)－ 15,000円
(8)－ 2,500円
⑽－289,000円

合　計　－378,000円

③税引前当期純利益金額：①＋②＝418,000円－378,000円＝40,000円

④当期税金計上額　：40,000円×30％＝12,000円

当期純利益金額（税引後）：40,000円－12,000円＝28,000円

→精算表の当期（純利益金額），損益計算書欄の借方および貸借対照表欄の貸方に記入

2．中間納付額の相殺

中間納付は，当期税額の前払分なので，未払法人税等と相殺します。

最近の出題傾向の特徴は，⑾です。税金計算のためには，税引前当期純利益金額を出すことが必要不可欠です。そのためには，資産・負債・資本（純資産）と，収益・費用を正確に区別することが要求されます。

特に，決算整理仕訳の中で収益・費用項目はどれなのかを十分理解してください。ここが試験の合否の分かれ目になるので，今後毎回の出題が予想されます。

第5部

過去問題

最後は過去問題にチャレンジしましょう。時間を計りながら実際にどの程度解けるのか試してみてください。なお，配点の内訳は公表されていないため，著者が作成したものであることをご了承ください。

第33回　問　題

第1問（20点）

次の各取引について仕訳を示しなさい。使用する勘定科目は下記の〈勘定科目群〉の中から選び、その記号（A～X）と勘定科目を書くこと。なお、解答は次に掲げた（例）に対する解答例にならって記入しなさい。

（例）現金¥100,000を当座預金に預け入れた。

(1) 株主総会において、別途積立金¥1,800,000を取り崩すことが決議された。

(2) 本社事務所の新築工事が完成し引渡しを受けた。契約代金¥21,000,000のうち、契約時に¥7,000,000を現金で支払っており、残額は小切手を振り出して支払った。

(3) 社債（額面総額：¥5,000,000、償還期間：5年、年利：1.825%、利払日：毎年9月と3月の末日）を¥100につき¥98で5月1日に買入れ、端数利息とともに小切手を振り出して支払った。

(4) 機械（取得原価：¥8,200,000、減価償却累計額：¥4,920,000）を焼失した。同機械には火災保険が付してあり査定中である。

(5) 前期に完成し引き渡した建物に欠陥があったため、当該補修工事に係る外注工事代¥500,000（代金は未払い）が生じた。なお、完成工事補償引当金の残高は¥1,500,000である。

〈勘定科目群〉

A	現金	B	当座預金	C	投資有価証券	D	建物
E	建設仮勘定	F	工事未払金	G	機械装置減価償却累計額	H	完成工事補償引当金
J	機械装置	K	別途積立金	L	繰越利益剰余金	M	社債
N	社債利息	Q	外注費	R	完成工事補償引当金繰入	S	有価証券利息
T	支払利息	U	火災未決算	W	保険差益	X	火災損失

第2問
（12点）

次の ＿＿ に入る正しい数値を計算しなさい。

⑴ 材料元帳の期末残高は数量が3,200個であり、単価は￥150であった。実地棚卸の結果、棚卸減耗50個が判明した。この材料の期末における取引価格が単価￥ ＿＿ である場合、材料評価損は￥25,200である。

⑵ 前期に請負金額￥80,000,000のＡ工事（工期は５年）を受注し、収益の認識については前期より工事進行基準を適用している。当該工事の前期における総見積原価は￥60,000,000であったが、当期末において、総見積原価を￥56,000,000に変更した。前期における工事原価の発生額は￥9,000,000であり、当期は￥10,600,000である。工事進捗度の算定を原価比例法によっている場合、当期の完成工事高は￥ ＿＿ である。

⑶ 次の４つの機械装置を償却単位とする総合償却を実施する。
機械装置Ａ（取得原価：￥2,500,000、耐用年数：５年、残存価額：￥250,000）
機械装置Ｂ（取得原価：￥5,200,000、耐用年数：９年、残存価額：￥250,000）
機械装置Ｃ（取得原価：￥600,000、耐用年数：３年、残存価額：￥90,000）
機械装置Ｄ（取得原価：￥300,000、耐用年数：３年、残存価額：￥30,000）
この償却単位に定額法を適用し、加重平均法で計算した平均耐用年数は ＿＿ 年である。なお、小数点以下は切り捨てるものとする。

⑷ 甲社（決算日は３月31日）は、就業規則において、賞与の支給月を６月と12月の年２回、支給対象期間をそれぞれ12月１日から翌５月末日、６月１日から11月末日と定めている。当期末において、翌６月の賞与支給額を￥12,000,000と見込み、賞与引当金を￥ ＿＿ 計上する。

第3問
（14点）

次の〈資料〉に基づき、適切な部門および金額を記入し、解答用紙の「部門費振替表」を作成しなさい。配賦方法は「階梯式配賦法」とし、補助部門費に関する配賦は第１順位を運搬部門、第２順位を機械部門、第３順位を仮設部門とする。また、計算の過程において端数が生じた場合には、円未満を四捨五入すること。

〈資　料〉

⑴ 各部門費の合計額

工事第１部　￥5,435,000　工事第２部　￥8,980,000　工事第３部　￥2,340,000
運搬部門　￥185,000　機械部門　￥425,300　仮設部門　￥253,430

⑵ 各補助部門の他部門へのサービス提供度合

（単位：％）

	工事第１部	工事第２部	工事第３部	仮設部門	機械部門	運搬部門
運搬部門	25	40	28	5	2	—
機械部門	32	35	25	8	—	—
仮設部門	30	40	30	—	—	—

以下の問に解答しなさい。

問１　次の費用あるいは損失は、原価計算制度によれば、下記の〈区分〉のいずれに属するものか、記号（A～C）で解答しなさい。

1．鉄骨資材の購入と現場搬入費
2．本社経理部職員の出張旅費
3．銀行借入金利子
4．資材盗難による損失
5．工事現場監督者の人件費

〈区　分〉
A　プロダクト・コスト（工事原価）
B　ピリオド・コスト（期間原価）
C　非原価

問２　次の〈資料〉により、解答用紙の「工事別原価計算表」を完成しなさい。また、工事間接費配賦差異の月末残高を計算しなさい。なお、その残高が借方の場合は「A」、貸方の場合は「B」を、解答用紙の所定の欄に記入しなさい。

〈資　料〉
1．当月は、繰越工事であるNo.501工事とNo.502工事、当月に着工したNo.601工事とNo.602工事を施工し、月末にはNo.501工事とNo.601工事が完成した。
2．前月から繰り越した工事原価に関する各勘定の前月繰越高は、次のとおりである。
⑴　未成工事支出金　　　　　　　　　（単位：円）

工事番号	No.501	No.502
材料費	235,000	580,000
労務費	329,000	652,000
外注費	650,000	1,328,000
経　費	115,000	218,400

⑵　工事間接費配賦差異　　¥3,500（借方残高）
（注）工事間接費配賦差異は月次においては繰り越すこととしている。
3．労務費に関するデータ
⑴　労務費計算は予定賃率を用いており、当会計期間の予定賃率は１時間当たり¥2,100である。
⑵　当月の直接作業時間
No.501　153時間　　No.502　253時間　　No.601　374時間　　No.602　192時間

4．当月の工事別直接原価額　　　　　　　　　　　　　　　　　　　（単位：円）

工事番号	No.501	No.502	No.601	No.602
材料費	258,000	427,000	544,000	175,000
労務費	（資料により各自計算）			
外注費	765,000	958,000	2,525,000	419,000
経　費	95,700	113,700	195,600	62,800

5．工事間接費の配賦方法と実際発生額

(1) 工事間接費については直接原価基準による予定配賦法を採用している。

(2) 当会計期間の直接原価の総発生見込額は¥56,300,000である。

(3) 当会計期間の工事間接費予算額は¥2,252,000である。

(4) 工事間接費の当月実際発生額は¥341,000である。

(5) 工事間接費はすべて経費である。

第5問
（30点）

次の〈決算整理事項等〉に基づき、解答用紙の精算表を完成しなさい。なお、工事原価は未成工事支出金を経由して処理する方法によっている。会計期間は１年である。また、決算整理の過程で新たに生じる勘定科目で、精算表上に指定されている科目はそこに記入すること。

〈決算整理事項等〉

(1) 期末における現金の帳簿残高は¥19,800であるが、実際の手許有高は¥18,400であった。原因を調査したところ、本社において事務用文房具¥800を現金購入していたが未処理であることが判明した。それ以外の原因は不明である。

(2) 材料貯蔵品の期末実地棚卸により、棚卸減耗損¥1,000が発生していることが判明した。棚卸減耗損については全額工事原価として処理する。

(3) 仮払金の期末残高は、以下の内容であることが判明した。

① ¥3,000は本社事務員の出張仮払金であった。精算の結果、実費との差額¥500が本社事務員より現金にて返金された。

② ¥25,000は法人税等の中間納付額である。

(4) 減価償却については、以下のとおりである。なお、当期中に固定資産の増減取引はない。

① 機械装置（工事現場用）　　実際発生額　¥56,000

なお、月次原価計算において、月額¥4,500を未成工事支出金に予定計上している。当期の予定計上額と実際発生額との差額は当期の工事原価に加減する。

② 備品（本社用）　　以下の事項により減価償却費を計上する。

取得原価 ¥90,000　　残存価額 ゼロ　　耐用年数 3年　　減価償却方法 定額法

(5) 有価証券（売買目的で所有）の期末時価は¥153,000である。

(6) 仮受金の期末残高は、以下の内容であることが判明した。

① ¥7,000は前期に完成した工事の未収代金回収分である。

② ¥21,000は当期末において着工前の工事に係る前受金である。

(7) 売上債権の期末残高に対して1.2%の貸倒引当金を計上する（差額補充法）。

(8) 完成工事高に対して0.2%の完成工事補償引当金を計上する（差額補充法）。

(9) 退職給付引当金の当期繰入額は本社事務員について¥2,800、現場作業員について¥8,600である。

(10) 上記の各調整を行った後の未成工事支出金の次期繰越額は¥132,000である。

(11) 当期の法人税、住民税及び事業税として税引前当期純利益の30%を計上する。

MEMO

第33回　解答用紙

第1問（20点）

仕訳　記号（A～X）も必ず記入のこと

No.	借方 記号	借方 勘定科目	借方 金額	貸方 記号	貸方 勘定科目	貸方 金額
(例)	B	当座預金	100000	A	現金	100000
(1)						
(2)						
(3)						
(4)						
(5)						

第2問（12点）

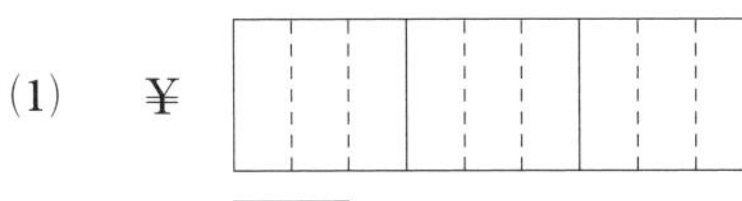

(1) ¥

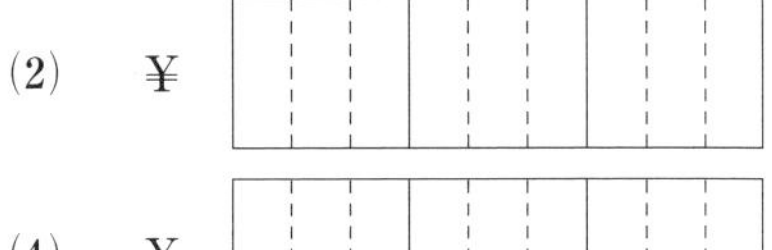

(2) ¥

(3) 年

(4) ¥

第3問（14点）

部門費振替表

（単位：円）

摘要	合計	施工部門			補助部門		
		工事第１部	工事第２部	工事第３部	（　）部門	（　）部門	（　）部門
部門費合計							
（　）部門							—
（　）部門							—
（　）部門						—	—
合計					—	—	—
（配賦金額）	—				—	—	—

第4問（24点）

問1

記号（A～C）

1	2	3	4	5

問2

工事別原価計算表

（単位：円）

摘　　要	No.501	No.502	No.601	No.602	計
月初未成工事原価			——	——	
当月発生工事原価					
材　料　費					
労　務　費					
外　注　費					
直接経費					
工事間接費					
当月完成工事原価		——		——	
月末未成工事原価	——		——		

工事間接費配賦差異月末残高 ＿＿＿＿ 円　記号（AまたはB） ＿＿＿＿

第5問（30点）

精　算　表

（単位：円）

勘定科目	残高試算表		整理記入		損益計算書		貸借対照表	
	借方	貸方	借方	貸方	借方	貸方	借方	貸方
現金	19800							
当座預金	214500							
受取手形	112000							
完成工事未収入金	565000							
貸倒引当金		7800						
有価証券	171000							
未成工事支出金	213500							
材料貯蔵品	2800							
仮払金	28000							
機械装置	300000							
機械装置減価償却累計額		162000						
備品	90000							
備品減価償却累計額		30000						
支払手形		43200						
工事未払金		102500						
借入金		238000						
未払金		124000						
未成工事受入金		89000						
仮受金		28000						
完成工事補償引当金		24100						
退職給付引当金		113900						
資本金		100000						
繰越利益剰余金		185560						
完成工事高		12300000						
完成工事原価	10670800							
販売費及び一般管理費	1167000							
受取利息配当金		23400						
支払利息	17060							
	13571460	13571460						
事務用消耗品費								
旅費交通費								
雑損失								
備品減価償却費								
有価証券評価損								
貸倒引当金繰入額								
退職給付引当金繰入額								
未払法人税等								
法人税、住民税及び事業税								
当期（　　　）								

第33回　解答・解説

第1問（20点）

仕訳　記号（A～X）も必ず記入のこと

No.	借方			貸方		
	記号	勘定科目	金額	記号	勘定科目	金額
(例)	B	当座預金	100000	A	現金	100000
(1)	K	別途積立金	1800000	L	繰越利益剰余金	1800000
(2)	D	建物	21000000	E B	建設仮勘定 当座預金	7000000 14000000
(3)	C S	投資有価証券 有価証券利息	4900000 7750	B	当座預金	4907750
(4)	G U	機械装置減価償却累計額 火災未決算	4920000 3280000	J	機械装置	8200000
(5)	H	完成工事補償引当金	500000	F	工事未払金	500000

仕訳1組につき4点を与える×5=20　　合計20点

第2問（12点）

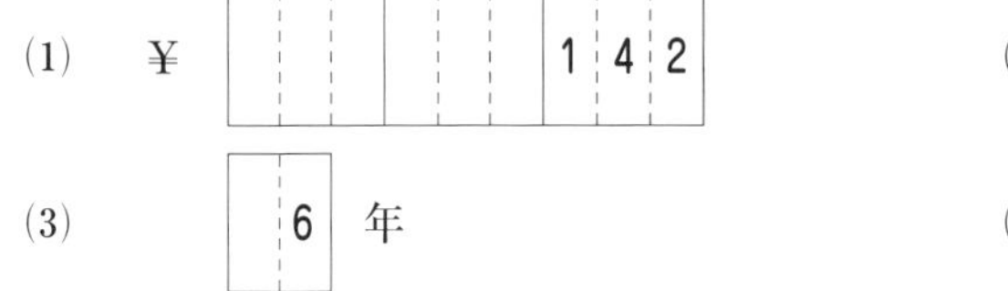
(1)　¥ 142　　(2)　¥ 16000000

(3)　6 年　　(4)　¥ 8000000

各3点を与える×4=12　　合計12点

第3問（14点）

部門費振替表

（単位：円）

摘要	合計	施工部門			補助部門		
		工事第1部	工事第2部	工事第3部	(仮設)部門	(機械)部門	(運搬)部門
部門費合計	1761873 0	543500 0	898000 0	234000 0	25343 0	42530 0	18500 0
(運搬)部門	18500 0	4625 0	7400 0	5180 0	925 0	370 0	—
(機械)部門	42900 0	13728 0	15015 0	10725 0	3432 0	42900 0	—
(仮設)部門	29700 0	8910 0	11880 0	8910 0	29700 0	—	—
合計	1761873 0	570763 0	932295 0	258815 0	—	—	—
(配賦金額)	—	27263 0	34295 0	24815 0	—	—	—

1つにつき2点を与える×7=14　　合計14点

第4問（24点）

問1

記号（A～C）

1	2	3	4	5
A	B	C	C	A

問2

工事別原価計算表

（単位：円）

摘要	No.501	No.502	No.601	No.602	計
月初未成工事原価	1329000	2778400	——	——	4107400
当月発生工事原価					
材料費	258000	427000	544000	175000	1404000
労務費	321300	531300	785400	403200	2041200
外注費	765000	958000	2525000	419000	4667000
直接経費	95700	113700	195600	62800	467800
工事間接費	57600	81200	162000	42400	343200
当月完成工事原価	2826600	——	4212000	——	7038600
月末未成工事原価	——	4889600	——	1102400	5992000

工事間接費配賦差異月末残高　1300 円　記号（AまたはB） A

問1は、各2点を与える×5＝10

問2は、［網掛け］ 1つにつき2点を与える×7＝14　　合計24点

第5問（30点）

精　算　表

（単位：円）

勘定科目	残高試算表 借方	残高試算表 貸方	整理記入 借方	整理記入 貸方	損益計算書 借方	損益計算書 貸方	貸借対照表 借方	貸借対照表 貸方
現金	19800		500	1400			18900	
当座預金	214500						214500	
受取手形	112000						112000	
完成工事未収入金	565000			7000			558000	
貸倒引当金		7800		240				8040
有価証券	171000			18000			153000	
未成工事支出金	213500		1000 2000 500 8600	93600			132000	
材料貯蔵品	2800			1000			1800	
仮払金	28000			3000 25000				
機械装置	300000						300000	
機械装置減価償却累計額		162000		2000				164000
備品	90000						90000	
備品減価償却累計額		30000		30000				60000
支払手形		43200						43200
工事未払金		102500						102500
借入金		238000						238000
未払金		124000						124000
未成工事受入金		89000		21000				110000
仮受金		28000	7000 21000					
完成工事補償引当金		24100		500				24600
退職給付引当金		113900		11400				125300
資本金		100000						100000
繰越利益剰余金		185560						185560
完成工事高		12300000				12300000		
完成工事原価	10670800		93600		10764400			
販売費及び一般管理費	1167000				1167000			
受取利息配当金		23400				23400		
支払利息	17060				17060			
	13571460	13571460						
事務用消耗品費			800		800			
旅費交通費			2500		2500			
雑損失			600		600			
備品減価償却費			30000		30000			
有価証券評価損			18000		18000			
貸倒引当金繰入額			240		240			
退職給付引当金繰入額			2800		2800			
未払法人税等				71000				71000
法人税、住民税及び事業税			96000		96000			
			285140	285140	12099400	12323400	1580200	1356200
当期（純利益）					224000			224000
					12323400	12323400	1580200	1580200

▒ 1つにつき2点を与える×15＝30　　合計30点

【解説】（令和４年12月１日現在で施行・適用されている関連法令等に基づきます。）

第1問

⑴　株主総会では、通常、当事業年度末までに獲得してきた利益のうち、まだ処分方針が決まっていない繰越利益剰余金をどのように分配するのかについて決議します。

したがって、繰越利益剰余金から分配先へ振り替える仕訳を行います。

なお、任意積立金のうち目的を特定せずに積み立てる（繰越利益剰余金とは区分して内部留保する）ものを、別途積立金といいます。

本問では、通常の剰余金の処分とは逆に、過去に積み立てていた別途積立金を取り崩し、繰越利益剰余金に戻します。すなわち、通常は、繰越利益剰余金から別途積立金に振り替える仕訳を行いますが、本問では、別途積立金から繰越利益剰余金に戻す仕訳を行います。

⑵　有形固定資産の引き渡しを受けるまで、購入の手付金や建設途中の支払額をためておく仮の勘定を建設仮勘定といいます。したがって、契約時の手付金7,000,000円は、支払時に建設仮勘定で処理しています。

（建　設　仮　勘　定）	7,000,000	（現　　　　　金）	7,000,000

目的物の引き渡しを受けた時点で、建設仮勘定から本勘定（本問では建物）に振り替えます。

⑶　社債などの債券には、利札が付いています。利札は、利息引換券であり、利払日ごとに債券から切り取り、銀行に持ち込んで換金します。

社債などを購入する場合、債券が交付されます。債券には利払期限未到来の利札も付いているため、直前利払日の翌日から購入日までの経過期間に対応する利息も付いていることになりますが、経過期間分の利息は、前の保有者が受け取るべきものです。

そこで、購入時には、経過期間分の利息を加えて前の保有者に支払い、次の利払日にその分も含めて利息を全額受け取ることにより、実質的に購入後の利息だけを計上します。

購入時にいったん支払う経過分の利息（本問では、４月１日から５月１日までの31日分）を端数利息といいます。端数利息は、利息を支払うので費用の発生と考えがちですが、次の利払日に受け取れる利息のマイナスの意味なので、収益のマイナスです。したがって、有価証券利息で処理します。

社債の取得価額：5,000,000円÷100円×98円＝4,900,000円

有価証券利息：5,000,000円×1.825％÷365日×31日＝7,750円

⑷　火災により機械が焼失し資産価値がなくなったため、帳簿価額を減額します。当該機械に対しては火災保険を掛けていますが、保険金受取額は保険会社から通知が来るまで確定しません。そこで、保険金受取額が確定するまで一時的に火災未決算勘定で処理します。火災未決算は、概算保険金受取権なので、資産にします。

（機械装置減価償却累計額）	4,920,000	（機　械　装　置）	8,200,000
（火　災　未　決　算）	3,280,000		

⑸　完成し引き渡した請負工事の修繕・補修について、引き渡し時より一定期間、無償で補修サービスする契約を結んでいる場合、無償補修支出に備えて引き当てるのが、完成工事補償引当金です。

過年度に完成させた建物の無償補修は、前期に計上した完成工事補償引当金の引き当ての対象になっています。したがって、補修工事代金全額について完成工事補償引当金を取り崩します。

補修工事に係る外注工事の代金は、未払いです。主たる営業活動から生じた未払いの金額なので、工事未払金で処理します。

第2問

⑴ 帳簿残高、実際有高（材料の次期繰越額）、棚卸減耗損、材料評価損の関係を図示すると、次のようになります。

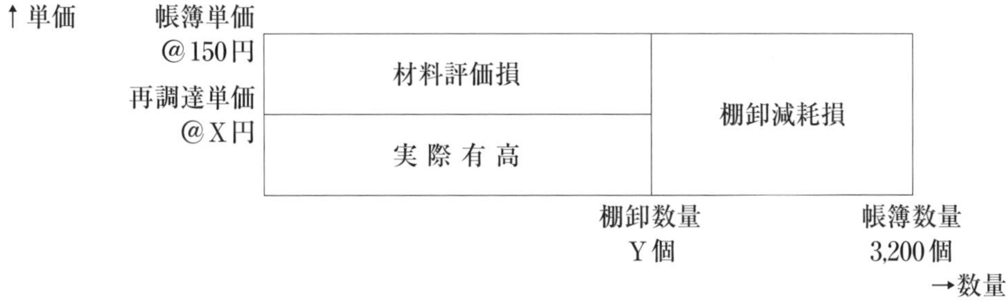

↑単価			
帳簿単価 @150円	材料評価損	棚卸減耗損	
再調達単価 @X円	実際有高		
		棚卸数量 Y個	帳簿数量 3,200個 →数量

帳 簿 残 高：帳簿数量×帳簿単価

実 際 有 高：棚卸数量×再調達単価

棚卸減耗損：（帳簿数量－棚卸数量）×帳簿単価

↓

棚卸減耗：50個　→Y＝3,150

材料評価損：棚卸数量×（帳簿単価－再調達単価）

3,150個×（@150円－@X円）＝25,200円

より、X＝142円

⑵ 工事進行基準とは、工事契約に関して、工事収益総額、工事原価総額、期末の工事進捗度（工事原価総額に対する当期までの発生工事原価累計額の割合）を合理的に見積もり、工事進捗度に応じて当期の工事収益および工事原価を認識する方法です。

前期の工事進捗度は、9,000,000円÷60,000,000円×100＝15%なので、工事収益は、80,000,000円×15%＝12,000,000円です。

当期までの工事進捗度は、（9,000,000円+10,600,000円）÷56,000,000円×100＝35%なので、工事収益累計額は、80,000,000円×35%＝28,000,000円です。このうち、前期に計上した12,000,000円を差し引いた16,000,000円が当期の完成工事高になります。

参考までに、仕訳は次のようになります。

【前期】

（完 成 工 事 原 価）	9,000,000	（未 成 工 事 支 出 金）	9,000,000
（完成工事未収入金）	12,000,000	（完　成　工　事　高）	12,000,000

【当期】

（完 成 工 事 原 価）	10,600,000	（未 成 工 事 支 出 金）	10,600,000
（完成工事未収入金）	16,000,000	（完　成　工　事　高）	16,000,000

⑶ 減価償却計算に際し、個々に減価償却費を計算する個別償却法のほか、総合して一体とみなして減価償却費を計上する総合償却法という方法があります。

総合償却法では、平均耐用年数を算定し、減価償却計算を行います。

平均耐用年数とは、個々の資産の償却基礎価額（取得価額から残存価額を控除した額）の合計額を個々の資産の年間減価償却額の合計額で割った年数をいい、１年未満の端数は切り捨てて算定します（加重平均法）。

	償却基礎価額	耐用年数	年間減価償却額
機械装置A	2,250,000円	5年	450,000円
機械装置B	4,950,000円	9年	550,000円
機械装置C	510,000円	3年	170,000円
機械装置D	270,000円	3年	90,000円
計	7,980,000円		1,260,000円

平均耐用年数 $= \frac{7{,}980{,}000円}{1{,}260{,}000円} = 6.3$年

小数点以下は切り捨てるので、６年が解答となります。

(4)

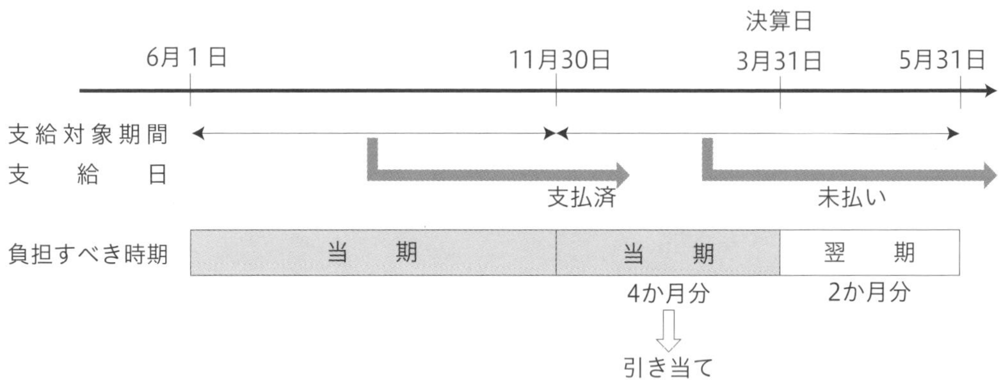

翌年６月の賞与支給額は、12,000,000円ですが、支給対象期間（賞与支給額の計算対象となる期間）は当年12月から翌年５月末までの６か月分です。このうち、当年12月から翌年３月末までの４か月分は、当期に属していることから、費用を負担すべき時期は当期となります。

そこで、将来、発生の可能性が高く、金額を合理的に算定できる特定の費用は、将来を見越して当期負担額をあらかじめ当期に費用計上する必要があり、賞与引当金を計上します。

賞与引当金：12,000,000円÷６か月分×４か月分＝8,000,000円

第3問

補助部門費を施工部門に配賦する方法には、直接配賦法、相互配賦法、階梯式配賦法がありますが、本問では階梯式配賦法によります。

階梯式配賦法は、部門費振替表の一番右に書かれている補助部門費から順（運搬部門、機械部門、仮設部門）に、自部門とすでに配賦が終わった部門を除く各部門へ、それぞれサービス提供度合により配賦していき、最後には、すべての補助部門費を施工部門（工事第１部・工事第２部・工事第３部）に配賦する方法です。

運搬部門費の配賦（配賦総額：185,000円）

工事第１部：185,000円÷（25＋40＋28＋５＋２）×25＝46,250円

工事第２部：185,000円÷（25＋40＋28＋５＋２）×40＝74,000円

工事第３部：185,000円÷（25＋40＋28＋５＋２）×28＝51,800円

仮設部門：185,000円÷（25＋40＋28＋５＋２）×５＝ 9,250円

機械部門：185,000円÷（25＋40＋28＋５＋２）×２＝ 3,700円

機械部門費の配賦（配賦総額：425,300円＋3,700円＝429,000円）

工事第１部：429,000円÷（32＋35＋25＋８）×32＝137,280円

工事第２部：429,000円÷（32＋35＋25＋８）×35＝150,150円

工事第３部：429,000円÷（32＋35＋25＋８）×25＝107,250円

仮設部門：429,000円÷（32＋35＋25＋８）×８＝ 34,320円

仮設部門費の配賦（配賦総額：253,430円＋9,250円＋34,320円＝297,000円）

工事第１部：297,000円÷（30＋40＋30）×30＝ 89,100円

工事第２部：297,000円÷（30＋40＋30）×40＝118,800円

工事第３部：297,000円÷（30＋40＋30）×30＝ 89,100円

以上の補助部門費の配賦の結果、施工部門費は次のようになります。

工事第１部費：5,435,000円＋46,250円＋137,280円＋ 89,100円＝5,707,630円

工事第２部費：8,980,000円＋74,000円＋150,150円＋118,800円＝9,322,950円

工事第３部費：2,340,000円＋51,800円＋107,250円＋ 89,100円＝2,588,150円

なお、解答用紙の「部門費振替表」のうち、(配賦金額）は、合計欄が「－」になっていることから、各補助部門から各施工部門へ配賦された金額の合計になります。たとえば、工事第１部の（配賦金額）は、46,250円＋137,280円＋89,100円＝272,630円になります。

第4問

問１

１．鉄骨資材の購入も現場搬入費も、いずれも工事に関する費用の発生額として、工事原価処理します。

２．本社経理部職員の出張旅費は、会社全般に係る管理費用であり、期間原価として処理します。

３．銀行借入金利子は、銀行から借入れにより資金を調達したことから生じる利息負担額です。財務活動に関して発生する財務費用は、経営目的に関連しない価値の減少に該当するので、非原価として処理します。

４．資材盗難による損失は、異常な状態を原因とする偶発的･臨時的な価値の減少に該当するので、非原価として処理します。

５．工事現場監督者の人件費は、工事に関する費用の発生額として、工事原価処理します。

問２

① 各工事の労務費

№501：@2,100円×153時間＝321,300円

№502：@2,100円×253時間＝531,300円

№601：@2,100円×374時間＝785,400円

No.602：@2,100円×192時間＝403,200円

② 工事間接費予定配賦率（直接原価基準）

2,252,000円÷56,300,000円＝0.04

③ 工事間接費の各工事への予定配賦額

No.501：（258,000円＋321,300円＋　765,000円＋　95,700円）×0.04＝　57,600円

No.502：（427,000円＋531,300円＋　958,000円＋113,700円）×0.04＝　81,200円

No.601：（544,000円＋785,400円＋2,525,000円＋195,600円）×0.04＝162,000円

No.602：（175,000円＋403,200円＋　419,000円＋　62,800円）×0.04＝　42,400円

合　計　343,200円

④ 工事間接費勘定と工事間接費配賦差異勘定

工事間接費

借方	貸方
実際発生額 341,000	予定配賦額 343,200
工事間接費配賦差異 2,200	

工事間接費配賦差異

借方	貸方
前月繰越 3,500	工事間接費 2,200
	次月繰越 1,300

工事間接費配賦差異勘定について、残高は、貸方2,200円、借方3,500円で借方の方が多いので、借方残です。一方、次月繰越額は貸借一致させるため貸方に記入します。残高と次月繰越の記入を混同しないように注意してください。

⑤ 工事別原価計算表

（単位：円）

摘　　要	No.501	No.502	No.601	No.602	計
月初未成工事原価	1,329,000	2,778,400	−	−	4,107,400
当月発生工事原価					
材　料　費	258,000	427,000	544,000	175,000	1,404,000
労　務　費	321,300	531,300	785,400	403,200	2,041,200
外　注　費	765,000	958,000	2,525,000	419,000	4,667,000
直接経費	95,700	113,700	195,600	62,800	467,800
工事間接費	57,600	81,200	162,000	42,400	343,200
計	2,826,600	4,889,600	4,212,000	1,102,400	13,030,600
着　工	前月以前	前月以前	当　月	当　月	
竣　工	当　月	来月以降	当　月	来月以降	
当月完成工事原価	2,826,600	−	4,212,000	−	7,038,600
月末未成工事原価	−	4,889,600	−	1,102,400	5,992,000

第5問

1．決算整理仕訳を行います。（単位：円）

(1)

（事務用消耗品費）	800	（現　　　金）	1,400
（雑　損　失）	600		

未処理となっている取引を処理します。本社における事務用文房具の購入代金は、販売費及び一般管理費ですが、事務用消耗品費勘定が与えられているので、事務用消耗品費で処理します。

残りは現金過不足として、決算時には、帳簿残高を実際有高まで修正するため、現金過不足額を雑収入または、雑損失に振り替えます。本問では、未処理取引処理後の帳簿残高19,000円を実際有高18,400円にするため、600円だけ現金勘定を減額します。

【実務上】

通常、実務では、現金の手許有高の確認（現金実査）は、期末日の業務終了直後または翌日の業務開始前に行います。

一方、仮払金については、期末日後にあらためて期末残高の内容を調査し、精算作業を行う会社が多いです。

したがって、時系列的には、現金実査のあとに仮払金の精算作業を行うことが多く、そういう意味では、本問の現金の手許有高に、〈決算整理事項等〉(3)①の現金は含まれていないと思われます。

ただし、出張仮払金は、過払い金が返金精算されることが多いため、特に期末月の出張仮払金は、帰社後ただちに精算している会社が多いです。したがって、本問のように現金実査後に現金が増加することは、レアケースと考えられます。

(2)

（未成工事支出金）	1,000	（材料貯蔵品）	1,000

棚卸減耗損のうち、盗難など異常な状態を原因として発生するもの以外は、原価性があると認められ、未成工事支出金（工事原価）に振り替えます。

(3)

（旅費交通費）	2,500	（仮　払　金）	3,000
（現　　　金）	500		

仮払金は、精算します。本社事務員の出張旅費なので、販売費及び一般管理費ですが、旅費交通費勘定が与えられているので、旅費交通費で処理します。

また、概算払い3,000円に対し、実際には2,500円で済んだため、実費との差額500円が生じ、事務員から現金を受け取っています。

なお、法人税等の中間納付額については、3．で後述します。

(4)① 機械装置

（未成工事支出金）	2,000	（機械装置減価償却累計額）	2,000

当期減価償却費：56,000円

月次原価計算における既計上額：4,500円×12か月＝54,000円

計上不足になっているので、差額を未成工事支出金（工事原価）に増額します。

② 備品

(備品減価償却費)	30,000	(備品減価償却累計額)	30,000

当期減価償却費：(90,000円－０円)÷３年＝30,000円

販売費及び一般管理費ですが、備品減価償却費勘定が与えられているので、備品減価償却費で処理します。

(5)

(有価証券評価損)	18,000	(有価証券)	18,000

売買目的で保有する有価証券の期末評価方法は、時価法です。時価が取得価額を下回っている場合には、取得価額を時価まで減額します。

(6)①

(仮受金)	7,000	(完成工事未収入金)	7,000

完成工事未収入金を回収したので、完成工事未収入金を減額します。

②

(仮受金)	21,000	(未成工事受入金)	21,000

工事請負代金の前受分なので、未成工事受入金に振り替えます。

(7)

(貸倒引当金繰入額)	240	(貸倒引当金)	240

貸倒引当金残高：7,800円

当期末要引当額：(112,000円＋565,000円－7,000円)×1.2％＝8,040円

（7,000円：1.(6)①）

追加計上額：240円

販売費及び一般管理費ですが、貸倒引当金繰入額勘定が与えられているので、貸倒引当金繰入額で処理します。

(8)

(未成工事支出金)	500	(完成工事補償引当金)	500

完成工事補償引当金残高：24,100円

当期末要引当額　：12,300,000円×0.2％＝24,600円

追加計上額　：500円

(9) 本社事務員

(退職給付引当金繰入額)	2,800	(退職給付引当金)	2,800

販売費及び一般管理費ですが、退職給付引当金繰入額勘定が与えられているので、退職給付引当金繰入額で処理します。

現場作業員

(未成工事支出金)	8,600	(退職給付引当金)	8,600

現場作業員に係る退職給付引当金の繰入は工事原価ですが、問題文より、工事原価は未成工事支出金を経由して処理するので、未成工事支出金で処理します。

(10)

(完成工事原価)	93,600	(未成工事支出金)	93,600

未成工事支出金残高のうち、完成工事に係る原価は完成工事原価に振り替えます。振り替え後の残高が次期繰越額132,000円となります。

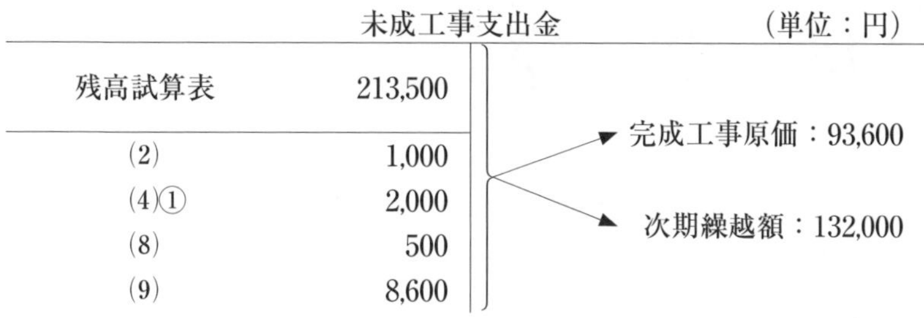

未成工事支出金 (単位：円)
残高試算表 213,500
(2) 1,000
(4)① 2,000
(8) 500
(9) 8,600
完成工事原価：93,600
次期繰越額：132,000

2．税引前当期純利益を求めます。

残高試算表に(1)から(10)までの決算整理仕訳を加減して、損益計算書に係る勘定残高から税引前当期純利益を求めます。

	損益計算書 (単位：円)	
	借 方	貸 方
完成工事高		12,300,000
完成工事原価	10,764,400	
販売費及び一般管理費	1,167,000	
受取利息配当金		23,400
支払利息	17,060	
事務用消耗品費	800	
旅費交通費	2,500	
雑損失	600	
備品減価償却費	30,000	
有価証券評価損	18,000	
貸倒引当金繰入額	240	
退職給付引当金繰入額	2,800	
小計	12,003,400	12,323,400
税引前当期純利益	320,000	

3．当期の法人税、住民税及び事業税について仕訳します。

当期の法人税、住民税及び事業税：320,000円×30％＝96,000円

〈決算整理事項等〉(3)②より、法人税等の中間納付額を仮払金（内容的には仮払法人税等）で処理しているので、未払法人税等から控除します。

(法人税、住民税及び事業税)	96,000	(仮払金)	25,000
		(未払法人税等)	71,000

4．当期純利益を求め、損益計算書及び貸借対照表に記載し、それぞれの縦計を求め、損益計算書の借方計と貸方計、貸借対照表の借方計と貸方計がそれぞれ一致していることを確かめ、精算表を完成させます。

当期純利益：税引前当期純利益320,000円－法人税、住民税及び事業税96,000円＝224,000円

第34回　問　題

第1問
（20点）

次の各取引について仕訳を示しなさい。使用する勘定科目は下記の〈勘定科目群〉から選び、その記号（A～X）と勘定科目を書くこと。なお、解答は次に掲げた（例）に対する解答例にならって記入しなさい。

（例）現金￥100,000を当座預金に預け入れた。

(1) 当期に売買目的で所有していたA社株式12,000株（売却時の１株当たり帳簿価額￥500）のうち、3,000株を１株当たり￥520で売却し、代金は当座預金に預け入れた。

(2) 本社事務所の新築のため外注工事を契約し、契約代金￥20,000,000のうち￥5,000,000を前払いするため約束手形を振り出した。

(3) 前期の決算で、滞留していた完成工事未収入金￥1,600,000に対して50％の貸倒引当金を設定していたが、当期において全額貸倒れとなった。

(4) 株主総会の決議により資本準備金￥12,000,000を資本金に組み入れ、株式500株を交付した。

(5) 前期に着工したＰ工事は、工期４年、請負金額￥35,000,000、総工事原価見積額￥28,700,000であり、工事進行基準を適用している。当期において、資材高騰の影響等により、総工事原価見積額を￥2,000,000増額したことに伴い、同額の追加請負金を発注者より獲得することとなった。前期の工事原価発生額￥4,592,000、当期の工事原価発生額￥6,153,000であるとき、当期の完成工事高に関する仕訳を示しなさい。

〈勘定科目群〉

A	現金	B	当座預金	C	有価証券	D	完成工事未収入金
E	受取手形	F	前払費用	G	建設仮勘定	H	建物
J	貸倒引当金	K	未払金	L	営業外支払手形	M	資本金
N	資本準備金	Q	完成工事高	R	完成工事原価	S	貸倒損失
T	貸倒引当金繰入額	U	貸倒引当金戻入	W	有価証券売却益	X	有価証券売却損

第2問
（12点）

次の [ ] に入る正しい金額を計算しなさい。

(1) 当月の賃金について、支給総額￥4,260,000から源泉所得税等￥538,000を控除し、現金にて支給した。前月賃金未払高が￥723,000で、当月賃金未払高が￥821,000であったとすれば、当月の労務費は￥ [ ] である。

(2) 本店における支店勘定は期首に￥152,000の借方残高であった。期中に、本店から支店に備品￥85,000を発送し、支店から本店に￥85,000の送金があり、支店が負担すべき交際費￥15,000を本店が立替払いしたとすれば、本店の支店勘定は期末に￥ [ ] の借方残高となる。

(3) 期末に当座預金勘定残高と銀行の当座預金残高の差異分析を行ったところ、次の事実が判明した。①銀行閉店後に現金￥10,000を預け入れたが、翌日の入金として取り扱われていた。②工事代金の未収分￥32,000の振込みがあったが、その通知が当社に届いていなかった、③銀行に取立依頼した小切手￥43,000の取立てが未完了であった、④通信代￥9,000が引き落とされていたが、その通知が当社に未達であった。このとき、当座預金勘定残高は、銀行の当座預金残高より￥ [ ] 多い。

(4) A社を￥5,000,000で買収した。買収直前のA社の資産・負債の簿価は、材料￥800,000、建物￥2,200,000、土地￥500,000、工事未払金￥1,200,000、借入金￥1,800,000であり、土地については時価が￥1,200,000であった。この取引により発生したのれんについて、会計基準が定める最長期間で償却した場合の1年分の償却額は￥ [ ] である。

第3問
（14点）

次の〈資料〉に基づき、解答用紙に示す各勘定口座に適切な勘定科目あるいは金額を記入し、完成工事原価報告書を作成しなさい。なお、記入すべき勘定科目については、下記の〈勘定科目群〉から選び、その記号（A～G）で解答しなさい。

〈資　料〉

（単位：円）

	材料費	労務費	外注費	経費（うち、人件費）
工事原価期首残高	186,000	765,000	1,735,000	94,000 (9,000)
工事原価次期繰越額	292,000	831,000	2,326,000	111,000 (12,000)
当期の工事原価発生額	863,000	3,397,000	9,595,000	595,000 (68,000)

〈勘定科目群〉

A　完成工事高　　B　未成工事受入金　　C　支払利息　　D　未成工事支出金
E　完成工事原価　　F　損益　　G　販売費及び一般管理費

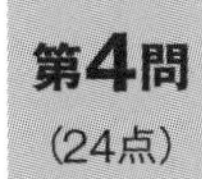

次の各問に解答しなさい。

問１　当月に、次のような費用が発生した。No.101工事の工事原価に算入すべき項目については「A」、工事原価に算入すべきでない項目については「B」を解答用紙の所定の欄に記入しなさい。

１．No.101 工事現場の安全管理講習会費用
２．No.101 工事を管轄する支店の総務課員給与
３．本社営業部員との懇親会費用
４．No.101 工事現場での資材盗難による損失
５．No.101 工事の外注契約書印紙代

問２　次の〈資料〉に基づき、解答用紙の部門費振替表を完成しなさい。なお、配賦方法については、直接配賦法によること。

〈資　料〉

１．補助部門費の配賦基準と配賦データ

補助部門	配賦基準	A工事	B工事	C工事
仮設部門	セット×日数	?	?	?
車両部門	運搬量	135 t/km	?	115 t/km
機械部門	馬力数×時間	10 × 40 時間	12 × 50 時間	?

２．各補助部門の原価発生額は次のとおりである。

（単位：円）

仮設部門	車両部門	機械部門
?	1,200,000	1,440,000

第5問（30点）

次の〈決算整理事項等〉に基づき、解答用紙の精算表を完成しなさい。なお、工事原価は未成工事支出金を経由して処理する方法によっている。会計期間は１年である。また、決算整理の過程で新たに生じる勘定科目で、精算表上に指定されている科目はそこに記入すること。

〈決算整理事項等〉

(1) 期末における現金帳簿残高は¥17,500であるが、実際の手元有高は¥10,500であった。調査の結果、不足額のうち¥5,500は郵便切手の購入代金の記帳漏れであった。それ以外の原因は不明である。

(2) 仮設材料費の把握はすくい出し方式を採用しているが、現場から撤去されて倉庫に戻された評価額¥1,500について未処理であった。

(3) 仮払金の期末残高は、次の内容であることが判明した。

① ¥5,000は過年度の完成工事に関する補修費であった。

② ¥23,000は法人税等の中間納付額である。

(4) 減価償却については、次のとおりである。なお、当期中の固定資産の増減取引は③のみである。

① 機械装置（工事現場用）　実際発生額　¥60,000
　なお、月次原価計算において、月額¥5,500を未成工事支出金に予定計上している。当期の予定計上額と実際発生額との差額は当期の工事原価（未成工事支出金）に加減する。

② 備品（本社用）　次の事項により減価償却費を計上する。
　取得原価　¥45,000　残存価額　ゼロ　耐用年数　３年　減価償却方法　定額法

③ 建設仮勘定　適切な科目に振り替えた上で、次の事項により減価償却費を計上する。
　当期首に完成した本社事務所（取得原価　¥36,000　残存価額　ゼロ　耐用年数　24年　減価償却方法　定額法）

(5) 仮受金の期末残高は、次の内容であることが判明した。

① ¥9,000は前期に完成した工事の未収代金回収分である。

② ¥16,000は当期末において未着手の工事に係る前受金である。

(6) 売上債権の期末残高に対して 1.2 %の貸倒引当金を計上する（差額補充法）。

(7) 完成工事高に対して 0.2 %の完成工事補償引当金を計上する（差額補充法）。

(8) 退職給付引当金の当期繰入額は、本社事務員について¥3,200、現場作業員について¥8,400である。

(9) 上記の各調整を行った後の未成工事支出金の次期繰越額は¥102,100である。

(10) 当期の法人税、住民税及び事業税として、税引前当期純利益の30%を計上する。

第34回　解答用紙

第1問（20点）　仕訳　記号（A～X）も必ず記入のこと

No.	借方			貸方		
	記号	勘定科目	金額	記号	勘定科目	金額
(例)	B	当座預金	100000	A	現金	100000
(1)						
(2)						
(3)						
(4)						
(5)						

第2問（12点）

(1)　¥ 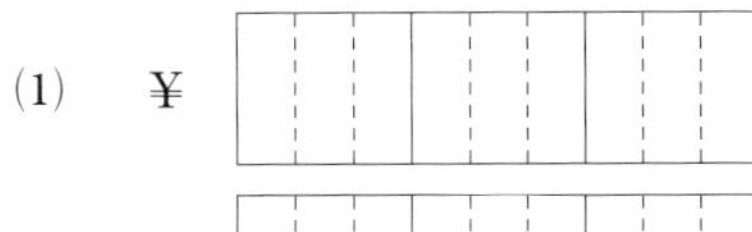

(2)　¥ 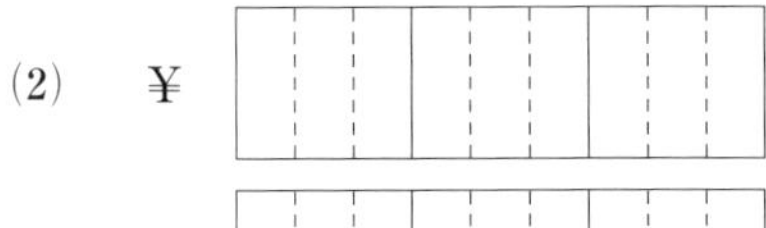

(3)　¥ 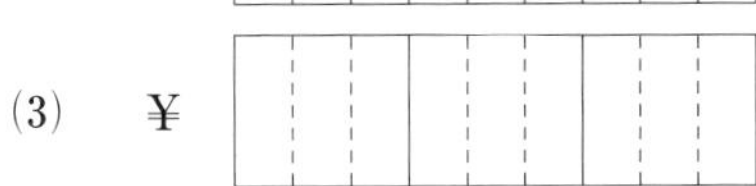

(4)　¥ 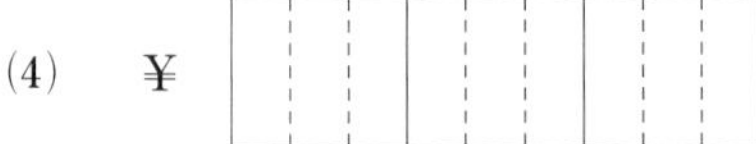

第3問（14点）

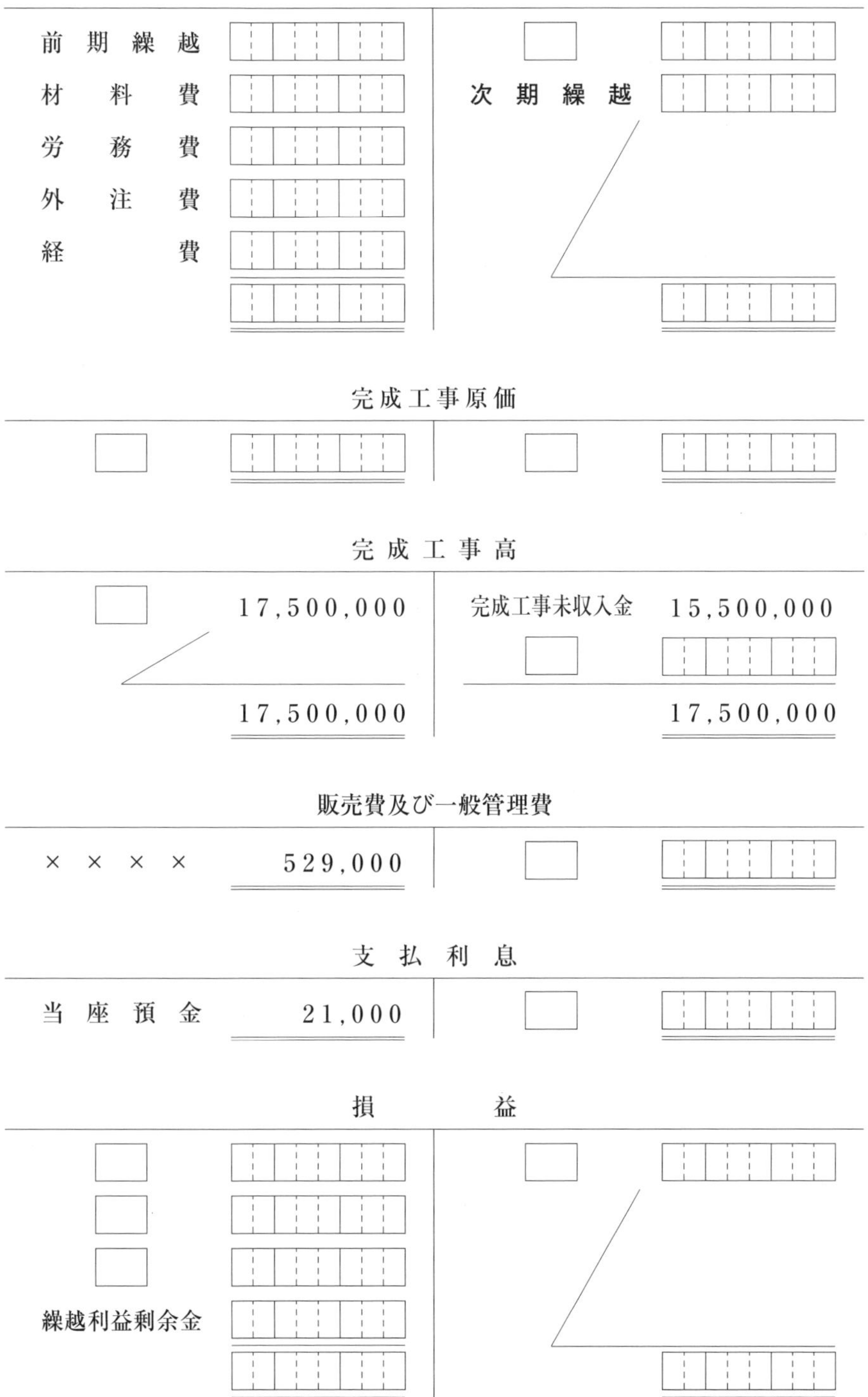

未成工事支出金

前期繰越			
材料費		次期繰越	
労務費			
外注費			
経費			

完成工事原価

完成工事高

	17,500,000	完成工事未収入金	15,500,000
	17,500,000		17,500,000

販売費及び一般管理費

××××	529,000		

支払利息

当座預金	21,000		

損益

繰越利益剰余金			

完成工事原価報告書

自　20×1年4月1日
至　20×2年3月31日

（単位：円）

Ⅰ．材　料　費	
Ⅱ．労　務　費	
Ⅲ．外　注　費	
Ⅳ．経　　　費	
（うち人件費　　）	
完成工事原価	

第4問（24点）

問1

記号（AまたはB）

1	2	3	4	5

問2

部門費振替表

（単位：円）

摘　要	工事現場			補助部門		
	A工事	B工事	C工事	仮設部門	車両部門	機械部門
部門費合計	8,530,000	4,290,000	2,640,000			
仮設部門費	336,000	924,000	420,000			
車両部門費		600,000				
機械部門費			240,000			
補助部門費配賦額合計						
工事原価						

第5問（30点）

精　算　表

（単位：円）

勘定科目	残高試算表		整理記入		損益計算書		貸借対照表	
	借方	貸方	借方	貸方	借方	貸方	借方	貸方
現金	17500							
当座預金	283000							
受取手形	54000							
完成工事未収入金	497500							
貸倒引当金		6800						
未成工事支出金	212000							
材料貯蔵品	2800							
仮払金	28000							
機械装置	500000							
機械装置減価償却累計額		122000						
備品	45000							
備品減価償却累計額		15000						
建設仮勘定	36000							
支払手形		72200						
工事未払金		122500						
借入金		318000						
未払金		129000						
未成工事受入金		65000						
仮受金		25000						
完成工事補償引当金		33800						
退職給付引当金		182600						
資本金		100000						
繰越利益剰余金		156090						
完成工事高		15200000						
完成工事原価	13429000							
販売費及び一般管理費	1449000							
受取利息配当金		25410						
支払利息	19600							
	16573400	16573400						
通信費								
雑損失								
備品減価償却費								
建物								
建物減価償却費								
建物減価償却累計額								
貸倒引当金戻入								
退職給付引当金繰入額								
未払法人税等								
法人税、住民税及び事業税								
当期（　　　）								

第34回　解答・解説

第1問（20点）

仕訳　記号（A～X）も必ず記入のこと

No.	借方			貸方		
	記号	勘定科目	金額	記号	勘定科目	金額
(例)	B	当座預金	100000	A	現金	100000
(1)	B	当座預金	1560000	C	有価証券	1500000
				W	有価証券売却益	60000
(2)	G	建設仮勘定	5000000	L	営業外支払手形	5000000
(3)	J	貸倒引当金	800000	D	完成工事未収入金	1600000
	S	貸倒損失	800000			
(4)	N	資本準備金	12000000	M	資本金	12000000
(5)	D	完成工事未収入金	7350000	Q	完成工事高	7350000

仕訳1組につき4点を与える×5=20　　合計20点

第2問（12点）

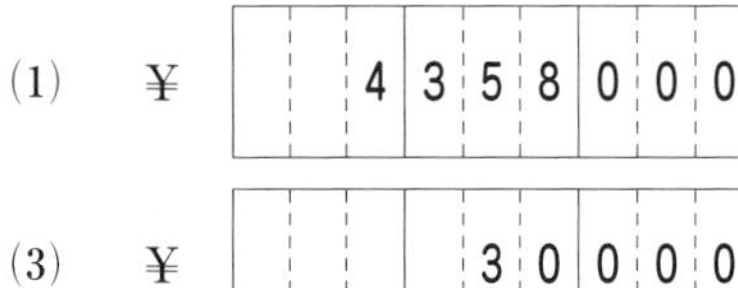

(1) ¥ 4358000　　(2) ¥ 167000

(3) ¥ 30000　　(4) ¥ 190000

各3点を与える×4=12　　合計12点

第3問（14点）

未成工事支出金

前期繰越	2,780,000	E	13,670,000
材料費	863,000	次期繰越	3,560,000
労務費	3,397,000		
外注費	9,595,000		
経費	595,000		
	17,230,000		17,230,000

完成工事原価

D	13,670,000	F	13,670,000

完成工事高

F	17,500,000	完成工事未収入金	15,500,000
		B	2,000,000
	17,500,000		17,500,000

販売費及び一般管理費

××××	529,000	F	529,000

支払利息

当座預金	21,000	F	21,000

損益

E	13,670,000	A	17,500,000
G	529,000		
C	21,000		
繰越利益剰余金	3,280,000		
	17,500,000		17,500,000

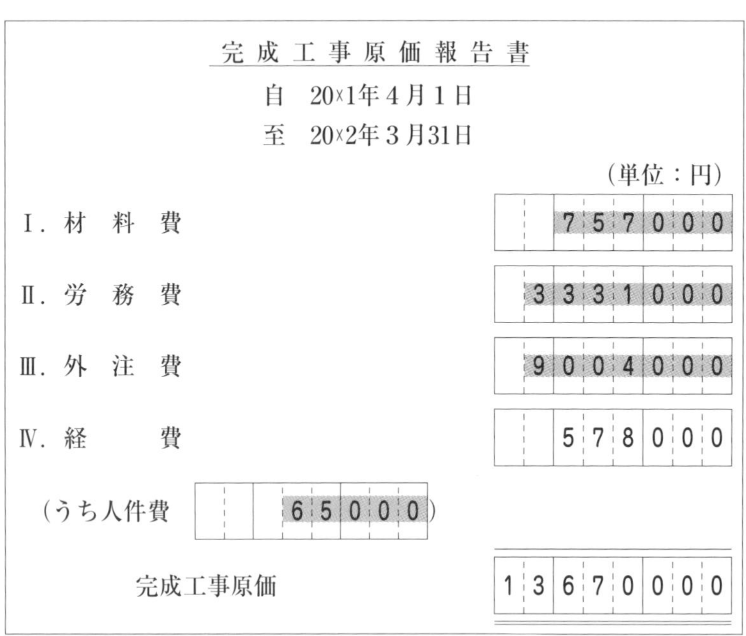

完成工事原価報告書
自　20x1年4月1日
至　20x2年3月31日
（単位：円）

Ⅰ．材　料　費		757000
Ⅱ．労　務　費		3331000
Ⅲ．外　注　費		9004000
Ⅳ．経　　　費		578000
（うち人件費	65000）	
完成工事原価		13670000

■ 1つにつき2点を与える×7=14　　合計14点

第4問（24点）

問1

記号（AまたはB）

1	2	3	4	5
A	B	B	B	A

問2

部門費振替表

（単位：円）

摘　要	工事現場			補助部門		
	A工事	B工事	C工事	仮設部門	車両部門	機械部門
部門費合計	8,530,000	4,290,000	2,640,000	1680000	1200000	1440000
仮設部門費	336,000	924,000	420,000			
車両部門費	324000	600,000	276000			
機械部門費	480000	720000	240,000			
補助部門費配賦額合計	1140000	2244000	936000			
工事原価	9670000	6534000	3576000			

問1は、各2点を与える×5=10

問2は、■ 1つにつき2点を与える×7=14　　合計24点

第5問（30点）

精　　算　　表

（単位：円）

勘定科目	残高試算表		整理記入		損益計算書		貸借対照表	
	借方	貸方	借方	貸方	借方	貸方	借方	貸方
現金	17500			7000			10500	
当座預金	283000						283000	
受取手形	54000						54000	
完成工事未収入金	497500			9000			488500	
貸倒引当金		6800	290					6510
未成工事支出金	212000		1600 8400	1500 6000 112400			102100	
材料貯蔵品	2800		1500				4300	
仮払金	28000			5000 23000				
機械装置	500000						500000	
機械装置減価償却累計額		122000	6000					116000
備品	45000						45000	
備品減価償却累計額		15000		15000				30000
建設仮勘定	36000			36000				
支払手形		72200						72200
工事未払金		122500						122500
借入金		318000						318000
未払金		129000						129000
未成工事受入金		65000		16000				81000
仮受金		25000	25000					
完成工事補償引当金		33800	5000	1600				30400
退職給付引当金		182600		11600				194200
資本金		100000						100000
繰越利益剰余金		156090						156090
完成工事高		15200000				15200000		
完成工事原価	13429000		112400		13541400			
販売費及び一般管理費	1449000				1449000			
受取利息配当金		25410				25410		
支払利息	19600				19600			
	16573400	16573400						
通信費			5500		5500			
雑損失			1500		1500			
備品減価償却費			15000		15000			
建物			36000				36000	
建物減価償却費			1500		1500			
建物減価償却累計額				1500				1500
貸倒引当金戻入				290		290		
退職給付引当金繰入額			3200		3200			
未払法人税等				33700				33700
法人税、住民税及び事業税			56700		56700			
			279590	279590	15093400	15225700	1523400	1391100
当期（純利益）					132300			132300
					15225700	15225700	1523400	1523400

（網掛け）1つにつき2点を与える×15=30　　合計30点

【解説】（令和5年6月1日現在で施行・適用されている関連法令等に基づきます。）

第1問

⑴　売買目的で株式を所有していたので、有価証券で処理します。
　売却額は、売却価額から売却手数料を差し引いた額（本問ではゼロとみなします）です。
　3,000株×@520円＝1,560,000円
　有価証券売却益は、売却額から売却分の取得価額を差し引いた額です。
　1,560,000円－3,000株×@500円＝60,000円

⑵　有形固定資産（本問では建物）の引き渡しを受けるまでの支払いは、建設仮勘定にためます。
　営業取引に基づいて振り出した約束手形は、支払手形勘定で処理しますが、固定資産や有価証券など営業取引以外で振り出した約束手形は、営業外支払手形勘定で処理します。

⑶　前期末の売上債権残高の貸倒れに備えて貸倒引当金800,000円（1,600,000円×50％）を計上しており、対象債権が当期に回収不能になったので、対象債権のうち800,000円までは貸倒引当金を取り崩して充当します。差額800,000円（1,600,000円－800,000円）については、貸倒引当金を設定していないので、貸倒れによる損失の発生として貸倒損失勘定で処理します。

⑷　資本準備金を資本金に組み入れるということは、既存株主に新株式を交付することであり、資本金が増えるので債権者保護が強化されるとともに、会社の財産が変化せずに発行済株式数が増える結果、1株の相対的価値が下がり株式売買金額が引き下がるため、株式流通が活性化するという効果を持ちます。処理としては、資本準備金から資本金に振り替えます。

⑸　工事進行基準とは、工事契約に関して、工事収益総額、工事原価総額、期末の工事進捗度（工事原価総額に対する当期までの発生工事原価累計額の割合）を合理的に見積もり、工事進捗度に応じて当期の工事収益および工事原価を認識する方法です。
　工事進行基準では、請負代金に工事進捗度を掛けた額を完成工事高として計上します。前期の工事進捗度は、4,592,000円÷28,700,000円×100＝16％なので、前期の完成工事高は、35,000,000円×16％＝5,600,000円です。
　当期までの工事進捗度は、（4,592,000円＋6,153,000円）÷（28,700,000円＋2,000,000円）×100＝35％なので、当期までの完成工事高は、（35,000,000円＋2,000,000円）×35％＝12,950,000円です。このうち、前期までの完成工事高は、5,600,000円なので、当期の完成工事高は、7,350,000円となります。主たる営業活動から生じた未収なので、完成工事未収入金で処理します。

第2問

⑴　当月の労務費とは、原価計算期間（通常、月初から月末までの1か月）の労務費負担額（当月発生額）のことです。一方、賃金は、支払対象期間（賃金支払いの対象となる期間）をもとに支払われますが、必ずしも原価計算期間と一致しません。そこで、未払費用の論点と同様に、賃金支給総額に賃金未払高を加減して当月の労務費を計算します。
　前月末からの仕訳は次のようになります（支払対象期間は、前月の21日から当月の20日までとします）。

【前月末（前月21日から前月末までの労務費）】

（労　　務　　費）	723,000	（未　払　賃　金）	723,000

【当月初め＝再振替（前月21日から前月末までの労務費）】

（未　払　賃　金）	723,000	（労　　務　　費）	723,000

【当月支払時（前月21日から当月20日までの労務費）】

（労　　務　　費）	4,260,000	（現　　　　　金）	3,722,000
		（所 得 税 預 り 金）	538,000

【当月末（当月21日から当月末までの労務費）】

（労　　務　　費）	821,000	（未　払　賃　金）	821,000

となります。

当月の労務費は、－723,000円＋4,260,000円＋821,000円＝4,358,000円です。

(2) 本店と支店で期中に行った仕訳は、次のようになります。

① 本店から支店に備品を発送

【本店の仕訳】（支　　店）85,000　（備　　品）85,000

【支店の仕訳】（備　　品）85,000　（本　　店）85,000

② 支店から本店に送金

【本店の仕訳】（現　　金）85,000　（支　　店）85,000

【支店の仕訳】（本　　店）85,000　（現　　金）85,000

③ 支店が負担すべき交際費を本店が立替払い

【本店の仕訳】（支　　店）15,000　（現　　金）15,000

【支店の仕訳】（交 際 費）15,000　（本　　店）15,000

以上から、本店の支店勘定残高は、152,000円（借方）＋85,000円（借方）－85,000円（貸方）＋15,000円（借方）＝167,000円（借方）となります。

(3) 会社と銀行の記帳のタイミングのずれや会社での誤記入などにより、当座預金出納帳の残高と銀行から取り寄せた銀行残高証明書の残高が一致しないことがあります。一致しない場合は、不一致原因を明らかにし、両者を調整するために銀行勘定調整表を作成します。

銀行勘定調整表　（単位：円）

当座預金勘定残高	X	残高証明書残高	Y
（加算）		（加算）	
②入金未通知	32,000	①時間外預入れ	10,000
		③未取立小切手	43,000
（減算）		（減算）	
④支払未通知	9,000		
調整後残高	X＋23,000	調整後残高	Y＋53,000

以上から、X＋23,000円＝Y＋53,000円が成り立ちます。

ただし、Xは、会社の当座預金勘定残高、Yは、銀行の残高証明書残高であり、本問では会社の当座預金勘定残高と銀行の残高証明書残高との差異が問われているので、X－Yを求めることになります。

X − Y = 53,000円 − 23,000円 = 30,000円です。ケアレスミスに注意してください。

(4) 買収時には、受け入れ資産・負債とも時価で評価（本問では、土地を時価評価）し、支払対価との差額をのれんとして処理します。

受け入れる正味財産は、800,000円 + 2,200,000円 + 1,200,000円 − 1,200,000円 − 1,800,000円 = 1,200,000円です。この受け入れる正味財産に対し5,000,000円を支払うので、のれんは、5,000,000円 − 1,200,000円 = 3,800,000円です。

会計基準では、のれんは20年以内の効果の及ぶ期間にわたって、定額法その他の合理的な方法により規則的に償却するよう規定しており、本問では、会計基準が定める最長期間で償却する指示があるので、20年で償却します。

１年分の償却額は、3,800,000円 ÷ 20年 = 190,000円です。

第3問

本問は、大陸式決算法による帳簿の締め切りに関するおおまかな勘定の流れのほか、さらに、完成工事原価について原価要素別に集約する完成工事原価報告書の作成までが問われており、通常よりボリュームがあります。

まず、帳簿の締め切りを行います。大陸式決算法では、損益計算書を構成する科目を損益勘定に振り替え、当期純利益を損益勘定から繰越利益剰余金勘定に振り替え、貸借対照表を構成する科目を決算残高勘定に振り替える仕訳を行い、帳簿を締め切ります。

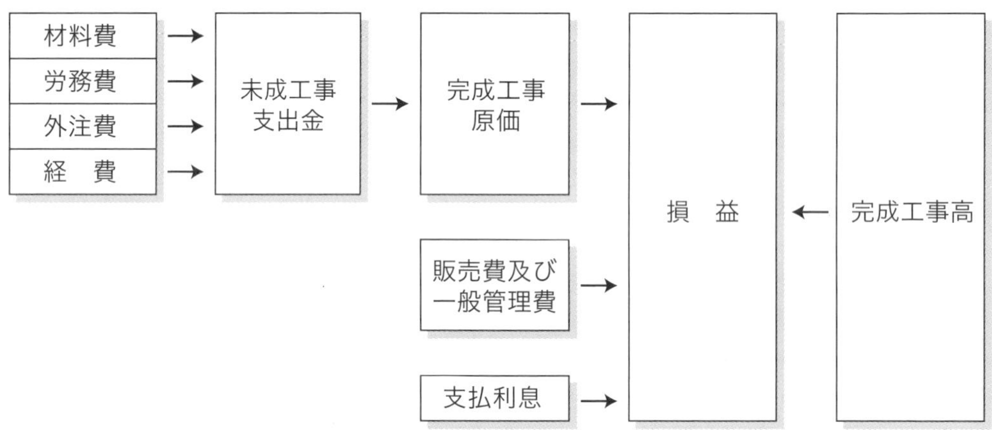

未成工事支出金の前期繰越：工事原価期首残高の合計（2,780,000円）
未成工事支出金の次期繰越：工事原価次期繰越額の合計（3,560,000円）
未成工事支出金の材料費：当期の工事原価発生額のうち材料費（863,000円）
未成工事支出金の労務費：当期の工事原価発生額のうち労務費（3,397,000円）
未成工事支出金の外注費：当期の工事原価発生額のうち外注費（9,595,000円）
未成工事支出金の経費：当期の工事原価発生額のうち経費（595,000円）
未成工事支出金の貸方空欄科目および金額
：当期中に完成した工事に対する原価は、未成工事支出金から完成工事原価に振り替えるので、未成工事支出金の貸方空欄科目は完成工事原価となり、完成工事原価の借方空欄科目は未成工事支出金となります。金額は、未成工事支出金借方合計額から次期繰越を差し引いて算定します。

2,780,000円 ＋863,000円 ＋3,397,000円 ＋9,595,000円 ＋595,000円 －3,560,000円＝13,670,000円

完成工事高の貸方空欄科目および金額

：建設業では、請負工事物件を引き渡す前に工事代金の一部をあらかじめ受け取る（前受金）慣習があり、販売収益を計上する前の入金を集計しておくのが、未成工事受入金です。工事物件の引き渡しにより未成工事受入金は販売代金に充当されます（未成工事受入金から完成工事高への振り替え）。

したがって、完成工事高の貸方空欄科目は、未成工事受入金となり、金額は、17,500,000円－15,500,000円＝2,000,000円です。

損益の繰越利益剰余金：完成工事高17,500,000円－（完成工事原価13,670,000円＋販売費及び一般管理費529,000円＋支払利息21,000円）＝3,280,000円

次に、完成工事原価報告書を作成します。

完成工事原価報告書は、完成工事原価を原価要素別に集計した表ですので、いいかえれば、未成工事支出金の内容を原価要素別に把握できれば、未成工事支出金から完成工事原価に振り替える分を算定して、完成工事原価報告書を作成できます。

未成工事支出金　（単位：円）

前期繰越	2,780,000	完成工事原価	13,670,000
材料費	186,000	材料費	757,000
労務費	765,000	労務費	3,331,000
外注費	1,735,000	外注費	9,004,000
経　費	94,000	経　費	578,000
（人件費）	9,000	（人件費）	65,000
当期発生工事原価	14,450,000		
材料費	863,000		
労務費	3,397,000	次期繰越	3,560,000
外注費	9,595,000	材料費	292,000
経　費	595,000	労務費	831,000
（人件費）	68,000	外注費	2,326,000
		経　費	111,000
		（人件費）	12,000

第4問

問１

1．No.101工事現場の安全管理講習会費用は、No.101という特定の工事の安全確保のために開催したものです。したがって、No.101工事の工事原価に算入すべき項目です。

2．支店の総務課は、通常、管理部門として支店全体を維持管理する業務を行っていると考えられます。

小規模な支店では、現場サポート分を工事間接費として工事原価に含めることも考えられますが、通常のケースを想定して解くのが妥当と思われます。

3．本社営業部員は、通常、広く販売促進活動に従事しているものと考えられます。懇親会参加者がNo.101工事の現場作業員であるなど特殊ケースが考えられますが、通常のケースを想定して解くのが妥当と思われます。

4．資材盗難は、資材管理を怠らなければ、通常生じないものです。したがって、資材盗難による損失は、異常な状態を原因とする価値の減少に該当するので、№101工事の工事原価に算入すべき項目ではなく、非原価項目とすべきものです。

5．№101工事の外注契約書印紙代は、№101工事の一部を下請けに依頼する際に締結する外注契約書に貼るための印紙代です。したがって、№101という特定の工事に必要な費用なので、№101工事の工事原価に算入すべき項目です。

問2

工事間接費を部門別に計算する場合、まず部門費配分表により、施工部門と補助部門のそれぞれの部門費が算定されます。次に、補助部門費を施工部門に配賦するために部門費振替表を作成しますが、補助部門費を施工部門に配賦する方法には、直接配賦法、相互配賦法、階梯式配賦法があります。

直接配賦法は、それぞれの補助部門費を、施工部門への用役提供割合（サービス提供度合）により施工部門に配賦します。

（仮設部門費の合計）

336,000円＋924,000円＋420,000円＝1,680,000円

（車両部門費の配賦）

車両部門費の原価発生額は1,200,000円で、そのうち、B工事への配賦額が600,000円なので、残りの600,000円をA工事とC工事に配賦することになります。したがって、A工事とC工事へは、配賦基準である135ｔ/㎞と115ｔ/㎞の割合により配賦すればいいことになります。

A工事：600,000円÷（135ｔ/㎞＋115ｔ/㎞）×135ｔ/㎞＝324,000円

C工事：600,000円÷（135ｔ/㎞＋115ｔ/㎞）×115ｔ/㎞＝276,000円

（機械部門費の配賦）

機械部門費の原価発生額は1,440,000円で、そのうち、C工事への配賦額が240,000円なので、残りの1,200,000円をA工事とB工事に配賦することになります。したがって、A工事とB工事へは、配賦基準である400時間と600時間の割合により配賦すればいいことになります。

A工事：1,200,000円÷（400時間＋600時間）×400時間＝480,000円

B工事：1,200,000円÷（400時間＋600時間）×600時間＝720,000円

以上をまとめると、

補助部門費配賦額合計

A工事：336,000円＋324,000円＋480,000円＝1,140,000円

B工事：924,000円＋600,000円＋720,000円＝2,244,000円

C工事：420,000円＋276,000円＋240,000円＝ 936,000円

工事原価

A工事：8,530,000円＋1,140,000円＝9,670,000円

B工事：4,290,000円＋2,244,000円＝6,534,000円

C工事：2,640,000円＋ 936,000円＝3,576,000円

です。

第5問

1．決算整理仕訳を行います。（単位：円）

(1)

（通　信　費）	5,500	（現　金）	7,000
（雑　損　失）	1,500		

未処理となっている取引を処理します。郵便切手の購入代金は、販売費及び一般管理費ですが、通信費勘定が与えられているので、通信費で処理します。

残りは現金過不足として、決算時には、帳簿残高を実際有高まで修正するため、現金過不足額を雑収入または、雑損失に振り替えます。本問では、未処理取引処理後の帳簿残高12,000円を実際有高10,500円にするため、1,500円だけ現金勘定を減額します。

(2)

（材料貯蔵品）	1,500	（未成工事支出金）	1,500

仮設材料費の把握方法には、社内損料計算方式とすくい出し方式があります。すくい出し方式とは、仮設物を設置し始めた時点において、取得価額の全額を当該工事の原価（未成工事支出金）として処理し、仮設物の撤去時に資産価値がある場合には、その評価額を当該工事原価から控除し材料貯蔵品勘定に振り替える方式です。材料費について購入時材料費処理法を採用している場合は、次のような仕訳になります。

【購入時】

（材料貯蔵品）	××	（工事未払金）	××
（未成工事支出金）	××	（材料貯蔵品）	××

【撤去時】

（材料貯蔵品）	○○	（未成工事支出金）	○○

(3)

（完成工事補償引当金）	5,000	（仮　払　金）	5,000

仮払金は、精算します。

完成し引き渡しも済んだ請負工事について、一定期間無償で修繕・補修する契約を締結している場合に、その修繕・補修に備えるために完成工事補償引当金を計上しています。該当事象が発生したので、完成工事補償引当金を取り崩して充当します。

なお、法人税等の中間納付額については、３．で後述します。

(4)① 機械装置

（機械装置減価償却累計額）	6,000	（未成工事支出金）	6,000

当期減価償却費：60,000円

月次原価計算における既計上額：5,500円×12か月＝66,000円

計上過大になっているので、差額を未成工事支出金（工事原価）から減額します。

② 備品

（備品減価償却費）	15,000	（備品減価償却累計額）	15,000

当期減価償却費：（45,000円－０円）÷３年＝15,000円

販売費及び一般管理費ですが、備品減価償却費勘定が与えられているので、備品減価償却費で処理します。

③　建物

（建　　　　　　物）	36,000	（建　設　仮　勘　定）	36,000
（建物減価償却費）	1,500	（建物減価償却累計額）	1,500

建設仮勘定は、目的物の引き渡しを受けた時点で本勘定（本問では建物）に振り替えます。

当期減価償却費：(36,000円－０円)÷24年＝1,500円

販売費及び一般管理費ですが、建物減価償却費勘定が与えられているので、建物減価償却費で処理します。

(5)①

（仮　　受　　金）	9,000	（完成工事未収入金）	9,000

完成工事未収入金を回収したので、完成工事未収入金を減額します。

②

（仮　　受　　金）	16,000	（未成工事受入金）	16,000

工事請負代金の前受分なので、未成工事受入金に振り替えます。

(6)

（貸　倒　引　当　金）	290	（貸倒引当金戻入）	290

貸倒引当金残高：6,800円

当期末要引当額：(54,000円＋497,500円－9,000円)×1.2％＝6,510円
（9,000円：1．(5)①）

過大計上額　　：290円

前期に過大に見積計上してしまったため、貸倒引当金を減額する必要があります。過年度損益修正益なので、通常の科目ではなく貸倒引当金戻入で処理します。

(7)

（未成工事支出金）	1,600	（完成工事補償引当金）	1,600

完成工事補償引当金残高：33,800円－5,000円＝28,800円
（5,000円：1．(3)）

当期末要引当額　　　：15,200,000円×0.2％＝30,400円

追加計上額　　　　　：1,600円

(8)　本社事務員

（退職給付引当金繰入額）	3,200	（退職給付引当金）	3,200

販売費及び一般管理費ですが、退職給付引当金繰入額勘定が与えられているので、退職給付引当金繰入額で処理します。

現場作業員

（未成工事支出金）	8,400	（退職給付引当金）	8,400

現場作業員に係る退職給付引当金の繰入は工事原価ですが、問題文より、工事原価は未成工事支出金を経由して処理するので、未成工事支出金で処理します。

(9)

（完成工事原価）	112,400	（未成工事支出金）	112,400

未成工事支出金残高のうち、完成工事に係る原価は完成工事原価に振り替えます。振り替え後の残高が次期繰越額102,100円となります。

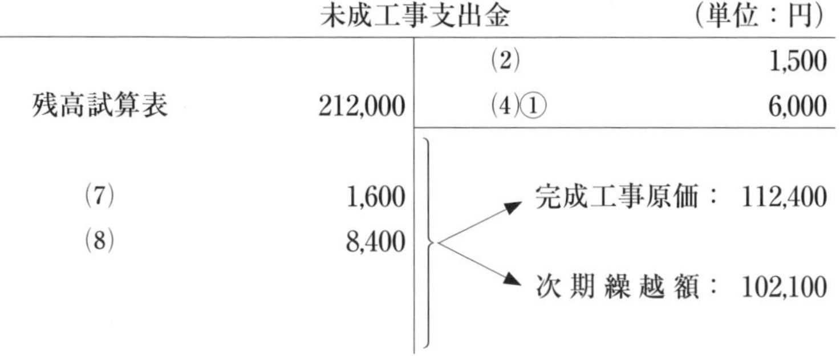

未成工事支出金
(単位：円)
残高試算表 212,000
(2) 1,500
(4)① 6,000
(7) 1,600
(8) 8,400
完成工事原価： 112,400
次期繰越額： 102,100

2．税引前当期純利益を求めます。

残高試算表に(1)から(9)までの決算整理仕訳を加減して、損益計算書に係る勘定残高から税引前当期純利益を求めます。

	損益計算書　(単位：円)	
	借　方	貸　方
完成工事高		15,200,000
完成工事原価	13,541,400	
販売費及び一般管理費	1,449,000	
受取利息配当金		25,410
支払利息	19,600	
通信費	5,500	
雑損失	1,500	
備品減価償却費	15,000	
建物減価償却費	1,500	
貸倒引当金戻入		290
退職給付引当金繰入額	3,200	
小計	15,036,700	15,225,700
税引前当期純利益	189,000	

3．当期の法人税、住民税及び事業税について仕訳します。

当期の法人税、住民税及び事業税：189,000円×30％＝56,700円

〈決算整理事項等〉(3)②より、法人税等の中間納付額を仮払金（内容的には仮払法人税等）で処理しているので、未払法人税等から控除します。

(法人税、住民税及び事業税)	56,700	(仮払金)	23,000
		(未払法人税等)	33,700

4．当期純利益を求め、損益計算書及び貸借対照表に記載し、それぞれの縦計を求め、損益計算書の借方計と貸方計、貸借対照表の借方計と貸方計がそれぞれ一致していることを確かめ、精算表を完成させます。

当期純利益：税引前当期純利益189,000円－法人税、住民税及び事業税56,700円＝132,300円

さくいん

さ

た

な

は

ま

や

ら

わ

さくいん

MEMO

執筆者 プロフィール

西村　一幸

1966年（昭和41年）　仙台市生まれ
1988年（昭和63年）　東北学院大学経済学部商学科（現・経営学部経営学科）卒業
1995年（平成７年）　公認会計士登録
2005年（平成17年）　東北大学大学院経済学研究科准教授
2011年（平成23年）　東北大学大学院経済学研究科教授
2019年（令和元年）　仙台市外郭団体経営検討委員会委員（現任）

現在，仙台を中心に，会社法監査，学校法人監査，労働組合監査等の監査業務を行っている。

イッキにうかる！　建設業経理士２級　速習テキスト　第13版

2012年５月25日　初　版　第１刷発行
2024年５月27日　第13版　第１刷発行

編著者　ＴＡＣ株式会社（建設業経理士検定講座）
発行者　多田敏男
発行所　ＴＡＣ株式会社　出版事業部（ＴＡＣ出版）

〒101-8383
東京都千代田区神田三崎町3-2-18
電話 03（5276）9492（営業）
FAX 03（5276）9674
https://shuppan.tac-school.co.jp

印刷　株式会社　ワコー
製本　株式会社　常川製本

ISBN 978-4-300-11205-2
N.D.C 336

建設業経理士検定講座のご案内

Web通信講座　DVD通信講座　資料通信講座（1級総合本科生のみ）

オリジナル教材　合格までのノウハウを結集！

これが TAC

テキスト

試験の出題傾向を徹底分析。最短距離での合格を目標に、確実に理解できるように工夫されています。

トレーニング

合格を確実なものとするためには欠かせないアウトプットトレーニング用教材です。出題パターンと解答テクニックを修得してください。

的中答練

講義を一通り修了した段階で、本試験形式の問題練習を繰り返しトレーニングします。これにより、一層の実力アップが図れます。

DVD

TAC専任講師の講義を収録したDVDです。画面を通して、講義の迫力とポイントが伝わり、よりわかりやすく、より効率的に学習が進められます。［DVD通信講座のみ送付］

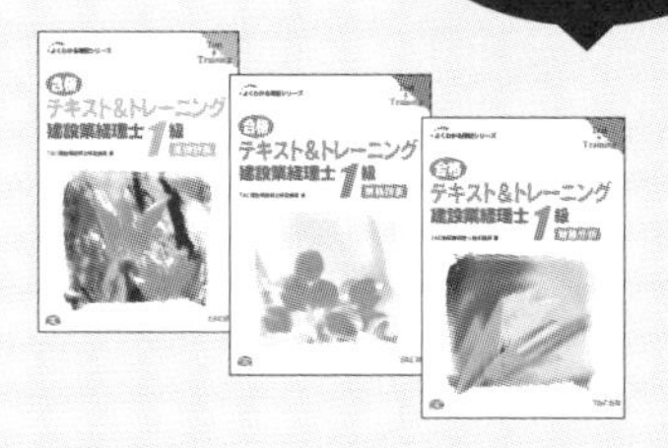

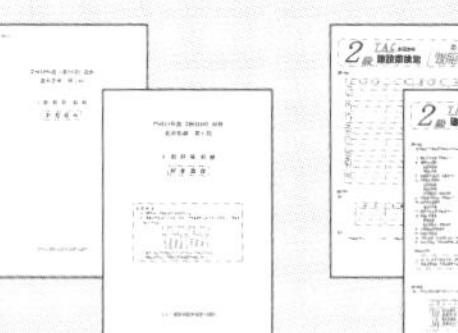

学習メディア　ライフスタイルに合わせて選べる！

Web通信講座

スマホやタブレットにも対応

講義をブロードバンドを利用し動画で配信します。ご自身のペースに合わせて、24時間いつでも何度でも繰り返し受講することができます。また、講義動画は専用アプリにダウンロードして2週間視聴可能です。有効期間内は何度でもダウンロード可能です。

※Web通信講座の配信期間は、受講された試験月の末日までです。

TAC WEB SCHOOL ホームページ URL https://portal.tac-school.co.jp/

※お申込み前に、右記のサイトにて必ず動作環境をご確認ください。

DVD通信講座

講義を収録したデジタル映像をご自宅にお届けします。
配信期限やネット環境を気にせず受講できるので安心です。

※DVD-Rメディア対応のDVDプレーヤーでのみ受講が可能です。パソコンやゲーム機での動作保証はいたしておりません。

資料通信講座

（1級総合本科生のみ）

テキスト・添削問題を中心として学習します。

Webでも無料配信中！　「TAC動画チャンネル」

- **入門セミナー**　※収録内容の変更のため、配信されない期間が生じる場合がございます。
- **1回目の講義（前半分）が視聴できます**

詳しくは、TACホームページ「TAC動画チャンネル」をクリック！

TAC動画チャンネル　建設業　［検索］

コースの詳細は、建設業経理士検定講座パンフレット・TACホームページをご覧ください。

パンフレットのご請求・お問い合わせは、TACカスタマーセンターまで

通話無料 0120-509-117（ゴウカク イイナ）

※営業時間短縮の場合がございます。詳細はHPでご確認ください。

受付時間　月〜金　9:30〜19:00　土・日・祝　9:30〜18:00

TAC建設業経理士検定講座ホームページ

TAC建設業　［検索］

合格カリキュラム　ご自身のレベルに合わせて無理なく学習!

1級受験対策コース ▶ 財務諸表　財務分析　原価計算

1級総合本科生　対象　日商簿記2級・建設業2級修了者、日商簿記1級修了者

財務諸表		財務分析		原価計算	
財務諸表本科生		財務分析本科生		原価計算本科生	
財務諸表講義	財務諸表的中答練	財務分析講義	財務分析的中答練	原価計算講義	原価計算的中答練

※上記の他、1級的中答練セットもございます。

2級受験対策コース

2級本科生（日商3級講義付）　対象　初学者（簿記知識がゼロの方）

日商簿記3級講義	2級講義	2級的中答練

2級本科生　対象　日商簿記3級・建設業3級修了者

2級講義	2級的中答練

日商2級修了者用2級セット　対象　日商簿記2級修了者

日商2級修了者用2級講義	2級的中答練

※上記の他、単科申込みのコースもございます。※上記コース内容は予告なく変更される場合がございます。あらかじめご了承ください。

合格カリキュラムの詳細は、TACホームページをご覧になるか、パンフレットにてご確認ください。

安心のフォロー制度　充実のバックアップ体制で、学習を強力サポート!

＝Web・DVD・資料通信講座でのフォロー制度です。

1. 受講のしやすさを考えた制度

随時入学

“始めたい時が開講日”。視聴開始日・送付開始日以降ならいつでも受講を開始できます。

2. 困った時、わからない時のフォロー

質問電話

講師とのコミュニケーションツール。疑問点・不明点は、質問電話ですぐに解決しましょう。

質問カード

講師と接する機会の少ない通信受講生も、質問カードを利用すればいつでも疑問点・不明点を講師に質問し、解決できます。また、実際に質問事項を書くことによって、理解も深まります（利用回数：10回）。

質問メール

受講生専用のWebサイト「マイページ」より質問メール機能がご利用いただけます（利用回数：10回）。

※質問カード、メールの使用回数の上限は合算で10回までとなります。

3. その他の特典

再受講割引制度

過去に、本科生（1級各科目本科生含む）を受講されたことのある方が、同一コースをもう一度受講される場合には再受講割引受講料でお申込みいただけます。

※以前受講されていた時の会員証をご提示いただき、お手続きをしてください。

※テキスト・問題集はお渡ししておりませんのでお手持ちのテキスト等をご使用ください。テキスト等のver.変更があった場合は、別途お買い求めください。

TAC出版 書籍のご案内

TAC出版では、資格の学校TAC各講座の定評ある執筆陣による資格試験の参考書をはじめ、資格取得者の開業法や仕事術、実務書、ビジネス書、一般書などを発行しています！

TAC出版の書籍

＊一部書籍は、早稲田経営出版のブランドにて刊行しております。

資格・検定試験の受験対策書籍

- 日商簿記検定
- 建設業経理士
- 全経簿記上級
- 税　理　士
- 公認会計士
- 社会保険労務士
- 中小企業診断士
- 証券アナリスト
- ファイナンシャルプランナー(FP)
- 証券外務員
- 貸金業務取扱主任者
- 不動産鑑定士
- 宅地建物取引士
- 賃貸不動産経営管理士
- マンション管理士
- 管理業務主任者
- 司法書士
- 行政書士
- 司法試験
- 弁理士
- 公務員試験(大卒程度・高卒者)
- 情報処理試験
- 介護福祉士
- ケアマネジャー
- 電験三種　ほか

実務書・ビジネス書

- 会計実務、税法、税務、経理
- 総務、労務、人事
- ビジネススキル、マナー、就職、自己啓発
- 資格取得者の開業法、仕事術、営業術

一般書・エンタメ書

- ファッション
- エッセイ、レシピ
- スポーツ
- 旅行ガイド（おとな旅プレミアム/旅コン）

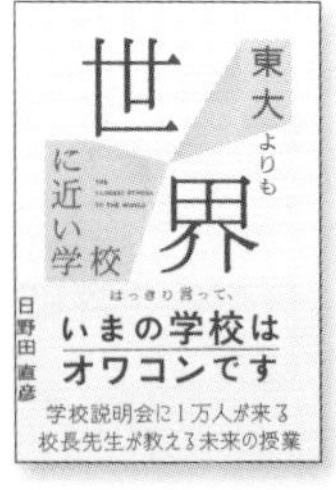

TAC出版

(2024年2月現在)

書籍のご購入は

1 全国の書店、大学生協、ネット書店で

2 TAC各校の書籍コーナーで

資格の学校TACの校舎は全国に展開!
校舎のご確認はホームページにて

資格の学校TAC ホームページ
https://www.tac-school.co.jp

3 TAC出版書籍販売サイトで

CYBER BOOK STORE TAC出版書籍販売サイト

24時間 ご注文 受付中

https://bookstore.tac-school.co.jp/

新刊情報をいち早くチェック!

たっぷり読める立ち読み機能

学習お役立ちの特設ページも充実!

TAC出版書籍販売サイト「サイバーブックストア」では、TAC出版および早稲田経営出版から刊行されている、すべての最新書籍をお取り扱いしています。
また、会員登録(無料)をしていただくことで、会員様限定キャンペーンのほか、送料無料サービス、メールマガジン配信サービス、マイページのご利用など、うれしい特典がたくさん受けられます。

サイバーブックストア会員は、特典がいっぱい!(一部抜粋)

通常、1万円(税込)未満のご注文につきましては、送料・手数料として500円(全国一律・税込)頂戴しておりますが、1冊から無料となります。

専用の「マイページ」は、「購入履歴・配送状況の確認」のほか、「ほしいものリスト」や「マイフォルダ」など、便利な機能が満載です。

メールマガジンでは、キャンペーンやおすすめ書籍、新刊情報のほか、「電子ブック版TACNEWS(ダイジェスト版)」をお届けします。

書籍の発売を、販売開始当日にメールにてお知らせします。これなら買い忘れの心配もありません。

書籍の正誤に関するご確認とお問合せについて

書籍の記載内容に誤りではないかと思われる箇所がございましたら、以下の手順にてご確認とお問合せをしてくださいますよう、お願い申し上げます。
なお、正誤のお問合せ以外の**書籍内容に関する解説および受験指導などは、一切行っておりません。**
そのようなお問合せにつきましては、お答えいたしかねますので、あらかじめご了承ください。

1 「Cyber Book Store」にて正誤表を確認する

TAC出版書籍販売サイト「Cyber Book Store」の
トップページ内「正誤表」コーナーにて、正誤表をご確認ください。

CYBER BOOK STORE TAC出版書籍販売サイト

URL:https://bookstore.tac-school.co.jp/

2 1の正誤表がない、あるいは正誤表に該当箇所の記載がない ⇒ 下記①、②のどちらかの方法で文書にて問合せをする

★ご注意ください★

お電話でのお問合せは、お受けいたしません。
①、②のどちらの方法でも、お問合せの際には、「お名前」とともに、
「対象の書籍名(○級・第○回対策も含む)およびその版数(第○版・○○年度版など)」
「お問合せ該当箇所の頁数と行数」
「誤りと思われる記載」
「正しいとお考えになる記載とその根拠」
を明記してください。
なお、回答までに1週間前後を要する場合もございます。あらかじめご了承ください。

① ウェブページ「Cyber Book Store」内の「お問合せフォーム」より問合せをする

【お問合せフォームアドレス】

https://bookstore.tac-school.co.jp/inquiry/

② メールにより問合せをする

【メール宛先 TAC出版】

syuppan-h@tac-school.co.jp

※土日祝日はお問合せ対応をおこなっておりません。
※正誤のお問合せ対応は、該当書籍の改訂版刊行月末日までといたします。

乱丁・落丁による交換は、該当書籍の改訂版刊行月末日までといたします。なお、書籍の在庫状況等により、お受けできない場合もございます。
また、各種本試験の実施の延期、中止を理由とした本書の返品はお受けいたしません。返金もいたしかねますので、あらかじめご了承くださいますようお願い申し上げます。

TACにおける個人情報の取り扱いについて
■お預かりした個人情報は、TAC(株)で管理させていただき、お問合せへの対応、当社の記録保管にのみ利用いたします。お客様の同意なしに業務委託先以外の第三者に開示、提供することはございません(法令等により開示を求められた場合を除く)。その他、個人情報保護管理者、お預かりした個人情報の開示等及びTAC(株)への個人情報の提供の任意性については、当社ホームページ(https://www.tac-school.co.jp)をご覧いただくか、個人情報に関するお問い合わせ窓口(E-mail:privacy@tac-school.co.jp)までお問合せください。

(2022年7月現在)